“十三五”职业教育课程改革项目成果
工 程 造 价 专 业 系 列 规 划 教 材

工程造价控制

徐锡权　刘永坤　申淑荣　主　编
厉彦菊　朱溢楠　张　玲　副主编
荀志远　主审

科 学 出 版 社
北　京

内 容 简 介

本书根据《建设工程工程量清单计价规范》(GB 50500—2013)和《建筑安装工程费用项目组成》(建标[2013]44 号)等国家最新颁发的有关工程造价管理方面的政策、法规，同时按照中国建设工程造价管理协会组织制订的《建设项目全过程造价咨询规程》(CECA/GC 4—2009)的要求，编写了工程造价全过程控制的基本知识和典型案例分析。编写中充分考虑高等职业教育教学要求，在编写体例上注重学生能力的培养，突出案例教学的特点。全书共分 6 个单元，主要内容包括：工程造价控制基础知识、建设项目决策阶段工程造价控制、建设项目设计阶段工程造价控制、建设项目发承包阶段工程造价控制、建设项目施工阶段工程造价控制、建设项目竣工阶段工程造价控制。

本书可作为全国高职类工程造价和建设工程管理类等相关专业的教学用书，同时可作为工程造价管理从业人员的培训、学习用书。

图书在版编目(CIP)数据

工程造价控制/徐锡权，刘永坤，申淑荣主编. —北京：科学出版社，2016
("十三五"职业教育课程改革项目成果・工程造价专业系列规划教材)
ISBN 978-7-03-046819-2

Ⅰ.①工… Ⅱ.①徐… ②刘… ③申… Ⅲ.①工程造价控制 Ⅳ.①TU723.3

中国版本图书馆 CIP 数据核字(2016)第 001509 号

责任编辑：万瑞达 / 责任校对：刘玉靖
责任印制：吕春珉 / 封面设计：曹 来

科学出版社 出版
北京东黄城根北街 16 号
邮政编码：100717
http://www.sciencep.com
北京市京宇印刷厂印刷
科学出版社发行 各地新华书店经销
*
2016 年 3 月第 一 版 开本：787×1092 1/16
2021 年 1 月第五次印刷 印张：19 1/4
字数：440 000

定价：53.00 元

(如有印装质量问题，我社负责调换〈北京京宇〉)
销售部电话 010-62136230 编辑部电话 010-62135120-2001(VA03)

教材编写指导委员会

前　言

“工程造价控制”是工程造价专业的专业核心能力课程，是介绍工程造价计价与控制方法的专业课。本书按照教育部职业教育与成人教育司发布的高等职业学校工程造价专业教学标准的要求编写。

本书根据住房和城乡建设部及财政部印发的《建筑安装工程费用项目组成》建标[2013]44 号文件、住房和城乡建设部发布的《建设工程工程量清单计价规范》（GB 50500—2013）等最新的文件和标准规范，按照中国建设工程造价管理协会组织制订的《建设项目全过程造价咨询规程》（CECA/GC 4—2009）的要求，结合《建设项目投资估算编审规程》（CECA/GC 1—2007）、《建设项目设计概算编审规程》（CECA/GC 2—2007）、《建设工程招标控制价编审规程》（CECA/GC 6—2011）、《建设项目施工图预算编审规程》（CECA/GC 5—2010）、《建设项目工程结算编审规程》（CECA/GC 3—2010）、《中华人民共和国标准施工招标文件》（2010 版）等新规范、规程编写了建设项目全过程工程造价控制的内容与方法。

全书介绍了工程造价控制基础知识和建设项目决策阶段、设计阶段、发承包阶段、施工阶段、竣工阶段工程造价控制的内容与方法。分 6 个单元，注重案例教学，通过应用案例突出重点知识点和技能点，通过综合应用案例串联各单元知识点和技能点，注重培养学生的造价控制能力。

按照专业课程教学标准，本书在使用时，建议课程总学时为 48 学时，各单元控制学时建议如下。

单元	内容	建议学时
1	工程造价控制基础知识	8
2	建设项目决策阶段工程造价控制	8
3	建设项目设计阶段工程造价控制	8
4	建设项目发承包阶段工程造价控制	6
5	建设项目施工阶段工程造价控制	12
6	建设项目竣工阶段工程造价控制	6
合　计		48

本书由日照职业技术学院徐锡权（注册造价师）、刘永坤、申淑荣担任主编，日照职业技术学院厉彦菊、枣庄科技职业学院朱溢楠、山东水利职业学院张玲担任副主编，青岛理工大学荀志远教授担任主审。

本书在编写过程中参考了一些院校优秀教材的内容，吸收了国内外众多同行专家的最新研究成果，在此表示感谢。由于编者水平有限，加上时间仓促，书中不妥之处在所难免，衷心地希望广大读者批评指正。

编 者

2015 年 10 月

目　　录

单元 1

工程造价控制基础知识

教学目标 通过本单元的学习，掌握工程造价的含义与特点；熟悉工程计价的含义及其特征；熟悉工程造价管理的内容；掌握工程造价控制的含义与原则；掌握工程造价控制的原则和重点；熟悉构成工程造价的工程费用、工程建设其他费用、预备费、建设期利息的内容及其相关计算。

学习提示 建筑业是国民经济的重要物质生产部门，工程造价管理在建筑业中具有举足轻重的地位。为做好工程造价管理工作，我国在1985 年成立了中国工程建设概预算定额委员会。1988 年开始，工程造价管理工作划归原建设部，成立标准定额司，1990 年成立了中国建设工程造价管理协会，1996 年原国家人事部和原建设部确定并行文建立注册造价工程师制度，对“工程造价管理”学科的建设与发展起了重要作用，标志着该学科已发展成为一个独立的、完整的学科体系。

对从事工程造价管理的人员来说，主要的工作就是准确计价和有效控制工程造价，在保证工程质量和进度的情况下，节约资金，提高投资效益。

本单元中，我们来学习什么是工程造价，什么是工程计价，什么是工程造价管理，什么是工程造价控制以及工程造价的构成，为建设工程项目各阶段工程造价控制的学习进行概念上的铺垫。

课题 1.1　工程造价的基本概念

1.1.1　工程造价的含义

工程造价的含义

工程造价通常是指按照确定的建设内容、建设规模、建设标准、功能要求和使用要求等将工程项目全部建成，在建设期预计或实际支出的费用。由于所处的角度不同，工程造价有不同的含义。

1. 第一种含义（从业主或投资者的角度来定义）

工程造价是指建设一项工程预期开支或实际开支的全部固定资产投资费用。这些费用主要包括建筑安装工程费、设备及工器具购置费、工程建设其他费用、预备费、建设期利息、固定资产投资方向调节税等。例如某单位投资建设一个附属小学，从前期的策划直到附属小学建成使用的全部过程所投入的所有资金，就构成了该单位在这所附属小学上的工程造价。从这个意义上说，工程造价就是建设项目固定资产总投资。

2. 第二种含义（从承包商、供应商、设计市场供给主体来定义）

工程造价是指工程价格，即为建成一项工程，预计或实际在土地、设备、技术劳务以及承包等市场上，通过招投标等交易方式所形成的建筑安装工程费用或建设工程总费用。有时也称建设工程承发包（交易）价格。

上述工程造价的两种含义，一种是从项目建设角度提出的建设项目工程造价，它是一个广义的概念；另一种是从工程交易或工程承包、设计范围角度提出的建筑安装工程造价，它是一个狭义的概念。

工程造价的两种含义既有联系也有区别。两者的区别在于：其一，两者对合理性的要求不同。工程投资的合理性主要取决于决策的正确与否，建设标准是否适用以及设计方案是否优化，而不取决于投资额的高低；工程价格的合理性在于价格是否反映价值，是否符合价格形成机制的要求，是否具有合理的利税率。其二，两者形成的机制不同。工程投资形成的基础是项目决策、工程设计、设备材料的选购以及工程的施工及设备的安装，最后形成工程投资；而工程价格形成的基础是价值，同时受价值规律、供求规律的支配和影响。其三，存在的问题不同。工程投资存在的问题主要是决策失误、重复建设、建设标准脱离实情等；而工程价格存在的问题主要是价格偏离价值。

【知识链接】

建设项目全寿命周期指建设项目从筹建到报废的全过程，包括建设期（含建设前期）、使用期（运营期）及拆除期，按阶段划分为决策阶段、设计阶段和施工阶段、运营阶段和拆除阶段。通常所说的工程造价是指建设期的工程费用。

应用案例 1-1

单项选择：工程造价有两种含义，从业主和承包商的角度可以分别理解为（　　）。

A. 建设项目总投资和建设工程承发包价格

B. 建设项目固定资产总投资和建设工程承发包价格

C. 建设项目总投资和建设项目固定资产投资

D. 建设工程动态投资和建设工程静态投资

答案：B

【案例点评】 本题的关键是要对工程造价的两种含义进行准确理解。

工程造价的特点

1.1.2　工程造价的特点

1. 大额性

任何一项建设工程，不仅实物形态庞大，且造价高昂，需投资几百万、几千万甚至上亿的资金。因此，工程造价具有大额性的特点。

2. 单个性

任何一项建设工程其功能、用途各不相同，使得每一项工程的结构、造型、平面布置、设备配置和内外装饰都有不同的要求，这决定了工程造价必然具有单个性的特点。

3. 动态性

任何一项建设工程从决策到竣工交付使用，都有一个较长的建设期。在这一期间，如工程变更、材料价格、费率、利率、汇率等会发生变化。这种变化必然会影响工程造价的变动，直至竣工决算后才能最终确定工程造价。因此，工程造价具有动态性的特点。

4. 层次性

一个建设项目往往含有多个单项工程，一个单项工程又是由多个单位工程组成。与此相适应，工程造价有建设项目总造价、单项工程造价和单位工程造价等多个层次。

5. 兼容性

工程造价既可以指建设项目的固定资产投资，也可以指建筑安装工程造价；既可以指招标的标底、招标控制价，也可以指投标报价。同时，工程造价的构成因素非常广泛、复杂，包括成本因素、建设用地支出费用、项目可行性研究和设计费用等。因此，工程造价具有兼容性的特点。

1.1.3　工程造价计价

1. 含义

建设工程造价计价就是计算和确定建设项目的工程造价，简称工程计价，也称工程估价。具体是指工程造价人员在项目实施的各个阶段，根据各个阶段的不同要求，遵循计价原则和程序，采用科学的计价方法，对投资项目最可能实现的合理价格做出科学的计算，从而确定投资项目的工程造价，编制工程造价的经济文件。

2. 特征

工程造价计价具有以下特征：

1）计价的单件性

产品的单件性决定了每项工程都必须单独计算造价。

2）计价的多次性

建设项目周期长、规模大、造价高，需要按建设程序决策和实施，工程造价的计价也需要在不同阶段多次进行，以保证工程造价计算的准确性和控制的有效性。多次计价是个逐步深化、逐步细化和逐步接近实际造价的过程。工程多次计价过程如图 1.1 所示。

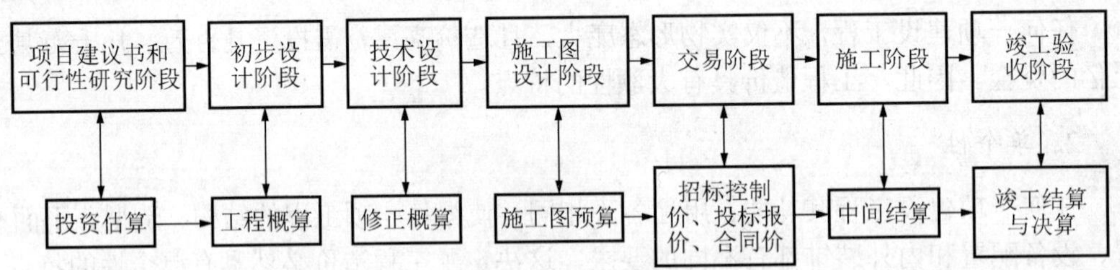

图 1.1　工程多次计价过程

（1）投资估算。投资估算是指在项目建议书和可行性研究阶段，通过编制估算文件预先测算和确定的工程造价。投资估算是建设项目进行决策、筹集资金和合理控制造价的主要依据。

（2）工程概算。工程概算是指在初步设计阶段，根据设计意图，通过编制工程概算文件预先测算和确定的工程造价，又称初步设计概算。与投资估算造价相比，概算造价的准确性有所提高，但受估算造价的控制。概算造价一般又可分为建设项目概算总造价、各个单项工程概算综合造价和各单位工程概算造价。

（3）修正概算。修正概算是指在技术设计阶段，根据技术设计的要求，通过编制修正概算文件预先测算和确定的工程造价，又称修正设计概算。修正概算是对初步设计阶段工程概算的修正与调整，比工程概算准确，但受工程概算控制。

（4）施工图预算。施工图预算是指在施工图设计阶段，根据施工图纸，通过编制预算文件预先测算和确定的工程造价。它比工程概算或修正概算更为详尽和准确，但同样要受前一阶段工程造价的控制。目前按工程量清单计价规范，有些工程项目需要确定招标控制价以限制最高投标报价。

（5）合同价。合同价是指在工程发承包阶段通过签订总承包合同、建筑安装工程承包合同、设备材料采购合同，以及技术和咨询服务合同所确定的价格。合同价属于市场价格，它是由承发包双方（即商品和劳务买卖双方）根据市场行情共同议定和认可的成

交价格，但它并不等同于最终结算的实际工程造价。按计价方法不同，建设工程合同有许多类型，不同类型合同的合同价内涵也有所不同。

（6）中间结算。中间结算是指在工程施工过程和竣工验收阶段，按合同调价范围和调价方法，对实际发生的工程量增减、设备和材料价差等进行调整后计算和确定的价格，反映的是工程项目实际造价。竣工结算文件一般由承包单位编制，由发包单位审查，也可以委托具有相应资质的工程造价咨询机构进行审查。

（7）竣工决算。竣工决算是指工程竣工决算阶段，以实物数量和货币指标为计量单位，综合反映竣工项目从筹建开始到项目竣工交付使用为止的全部建设费用。竣工决算文件一般由建设单位编制，上报相关主管部门审查。

应用案例 1-2

多项选择：建设工程进行多次计价，它们之间的关系是（　　）。

A. 投资估算控制设计概算

B. 设计概算控制施工图预算

C. 设计概算是对投资估算的落实

D. 投资估算作为工程造价的目标限额，应比设计概算更为准确

E. 在正常情况下投资估算小于设计概算

答案：A、B、C

【案例解析】 工程造价计价具有多次计价的特点，是上一级造价控制下一级造价，投资估算作为最高级是不精确的，是个大体估算的价格。

3）计价依据的复杂性

工程的多次计价有各不相同的计价依据，有投资估算指标、概算定额、预算定额等。

4）计价方法的多样性

工程造价每次计价的精确度要求各不相同，其计价方法具有多样性的特征。例如计算投资估算的方法有设备系数法、生产能力指数估算法等；计算概、预算造价的方法有单价法和实物法等。不同的方法也有不同的适用条件，计价时应根据具体情况加以选择。

5）计价的组合性

工程造价的计算过程和顺序对应为：分部分项工程造价→单位工程造价→单项工程造价→建设项目总造价。这说明了工程造价的计价过程是一个逐步组合的过程。

课题 1.2　工程造价管理与控制

工程造价管理的含义

1.2.1　工程造价管理的含义与内容

1. 含义

工程造价管理是指综合运用管理学、经济学和工程技术等方面的知识与技能，对工

程造价进行预测、计划、控制、核算等过程。工程造价管理既涵盖了宏观层次的工程建设投资管理，也涵盖了微观层次的工程项目费用管理。

（1）工程造价的宏观管理。工程造价的宏观管理是指政府部门根据社会经济发展的实际需要，利用法律、经济和行政等手段，规范市场主体的价格行为，监控工程造价的系统活动。

（2）工程造价的微观管理。工程造价的微观管理是指工程参建主体根据工程有关计价依据和市场价格信息等预测、计划、控制、核算工程造价的系统活动。

2. 内容

工程造价管理的基本内容就是准确地计价和有效地控制造价。

工程造价的准确计价，就是在工程建设的各个阶段，要客观真实地反映工程项目的价值量，合理计算和确定投资估算、工程概算、修正概算、施工图预算、合同价、中间结算、竣工结算与决算的过程。

有效地控制造价，就是在工程建设的各个阶段，围绕预定的造价目标，对造价形成过程的一切费用进行计算、监控，出现偏差时，要分析偏差的原因，并采取相应的措施进行纠正，保证工程造价控制目标的实现。

全过程工程造价管理各阶段的主要任务、内容和成果可以用图 1.2 来表示。

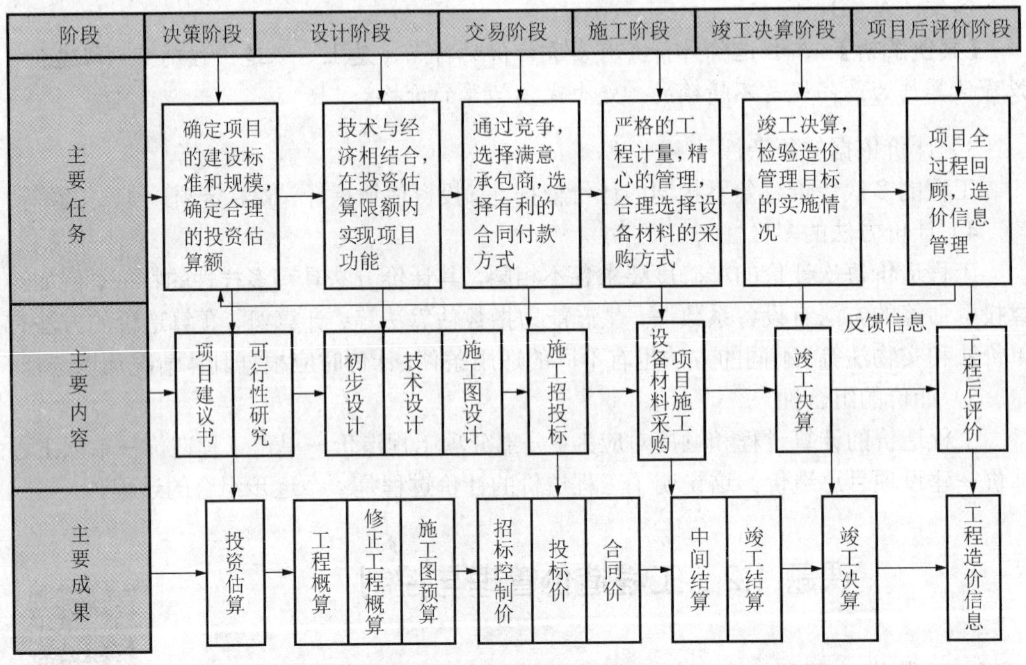

图 1.2　全过程工程造价管理各阶段的主要任务、内容和成果

1.2.2　工程造价控制的含义与原则

工程造价控制的含义

1. 含义

工程造价控制，就是在优化建设方案、设计方案的基础上，在建设程序的各个阶段，采用一定的方法和措施把工程造价控制在合理的范围和核定的造价限额以内。具体说，要用投资估算价控制设计方案的选择和初步设计概算造价；用概算造价控制技术设计和修正概算造价；用概算造价或修正概算造价控制施工图设计和预算造价，以求合理使用人力、物力和财力，取得较好的投资效益。控制造价在这里强调的是控制项目投资。

2. 原则

有效的工程造价控制应体现以下三项原则：

（1）以设计阶段为重点的全过程造价控制原则。工程建设分为多个阶段，工程造价控制也应该涵盖从项目建议书阶段开始，到竣工验收为止的整个建设期间的全过程。投资决策一经做出，设计阶段就成为工程造价控制的最重要阶段。设计阶段对工程造价高低具有能动的、决定性的影响作用。设计方案确定后，工程造价的高低也就确定了，也就是说全程控制的重点在前期。因此，以设计阶段为重点的造价控制才能积极、主动、有效地控制整个建设项目的投资。

（2）主动控制与被动控制相结合的原则。长期以来，人们一直把控制理解为目标值与实际值的比较，以及当目标值偏离实际值时，分析其产生偏差的原因，并确定下一步的对策。这是一种被动控制，因为这样做只能发现偏离，不能预防可能发生的偏离。为尽可能减少以及避免目标值与实际值的偏离，还必须立足于事先主动的采取控制措施，实施主动控制。也就是说，工程造价控制不仅要反映投资决策，反映设计、发包与施工，被动的控制工程造价，更要能动地影响投资决策，影响设计、发包与施工，主动地控制工程造价。

（3）技术与经济相结合的原则。有效地控制工程造价，可以采用组织、技术、经济、合同等多种措施。其中技术与经济相结合是工程造价控制的最有效手段。以往，在我国的工程建设领域，存在技术与经济相分离的现象。技术人员和财务管理人员往往只注重各自职责范围内的工作，其结果是技术人员只关心技术问题，不考虑如何降低工程造价，而财会人员只单纯地从财务制度角度审核费用开支，而不了解项目建设中各种技术指标与造价的关系，使技术、经济这两个原本密切相关的方面对立起来。因此，要提高工程造价控制水平，就要在工程建设过程中把技术与经济有机结合起来，通过技术比较、经济分析和效果评价，正确处理技术先进性与经济合理性两者之间的关系，力求在技术先进适用的前提下使项目的造价合理，在经济合理的条件下保证项目的技术先进适用。

应用案例 1-3

单项选择：有效控制工程造价应体现在以（　　）为重点的建设全过程造价控制。

A. 投资决策阶段　　B. 设计阶段　　C. 招投标阶段　　D. 施工阶段

答案：B

【案例解析】工程造价是贯穿于建设全过程的，但必须重点突出。设计费一般只相当于建设工程全寿命费用的 1%以下，但正是这少于 1%的费用对工程造价的影响度占75%以上。

1.2.3 工程造价控制的重点和关键环节

1. 各阶段的控制重点

1）项目决策阶段

根据拟建项目的功能要求和使用要求，做出项目定义，包括项目投资定义，并按照项目规划的要求和内容以及项目分析和研究的不断深入，逐步地将投资估算的误差率控制在允许的范围之内。

2）初步设计阶段

运用设计标准与标准设计、价值工程和限额设计方法等，以可行性研究报告中被批准的投资估算为工程造价目标书，控制和修改初步设计直至满足要求。

3）施工图设计阶段

以被批准的工程概算为控制目标，应用限额设计、价值工程等方法，控制和修改施工图设计。通过对设计过程中所形成的工程造价层层限额设计，以实现工程项目设计阶段的工程造价控制目标。

4）招标投标（交易）阶段

以工程设计文件（包括概、预算）为依据，结合工程施工的具体情况，如现场条件、市场价格、业主的特殊要求等，按照招标文件的制定，编制招标工程的招标控制（标底）价，明确合同计价方式，初步确定工程的合同价。

5）工程施工阶段

以施工图预算或招标控制（标底）价、工程合同价等为控制依据，通过工程计量、控制工程变更等方法，按照承包人实际完成的工程量，严格确定施工阶段实际发生的工程费用。以合同价为基础，考虑物价上涨、工程变更等因素，合理确定进度款和结算款，控制工程实际费用的支出。

6）竣工验收阶段

全面汇总工程建设中的全部实际费用，编制竣工决算，如实体现建设项目的工程造价，并总结经验，积累技术经济数据和资料，不断提高工程造价管理水平。

2. 关键控制环节

从各阶段的控制重点可见，要有效控制工程造价，关键应把握以下四个环节：

1）决策阶段做好投资估算

投资估算对工程造价起到指导性和总体控制的作用。在投资决策过程中，特别是从工程规划阶段开始，预先对工程投资额度进行估算，有助于业主对工程建设各项技术经济方案做出正确决策，从而对今后工程造价的控制起到决定性的作用。

2）设计阶段强调限额设计

设计是工程造价的具体化，是仅次于决策阶段影响投资的关键。为了避免浪费，采取限额设计是控制工程造价的有力措施。强调限额设计并不是意味着一味追求节约资金，而是体现了尊重科学，实事求是，保证设计科学合理，确保投资估算真正起到工程造价控制的作用。经批准的投资估算作为工程造价控制的最高限额，是限额设计控制工程造价的主要依据。

3）招标投标（交易）阶段重视施工招标

业主通过施工招标择优选定承包商，不仅有利于确保工程质量和缩短工期，更有利于降低工程造价，是工程造价控制的重要手段。施工招标应根据工程建设的具体情况和条件，采用合适的招标形式，编制招标文件时应符合法律法规，内容齐全。招标工作最终结果是实现工程双方签订施工合同。

4）施工阶段加强合同管理与事前控制

施工阶段是工程造价的执行和完成阶段。在施工中通过跟踪管理，对承发包双方的实际履约行为掌握第一手资料，经过动态纠偏，及时发现和解决施工中的问题，有效地控制工程质量、进度和造价。事前控制工作重点是控制工程变更和防止发生索赔。施工过程要搞好工程计量与结算，做好与工程造价相统一的质量、进度等各方面的事前、事中、事后控制。

应用案例 1-4

多项选择：建设项目投资控制贯穿于项目建设全过程，但各阶段程度不同，应以（　）为控制重点。

A. 决策阶段　　B. 竣工决算阶段　　C. 招投标阶段

D. 设计阶段　　E. 施工阶段

答案：A、D

【案例解析】 建设项目投资过程中，决策阶段、设计阶段影响最大，是控制重点。

1.2.4 建设工程全面造价管理

工程造价管理理论

按照国际工程造价管理促进会给出的定义，全面造价管理（Total Cost Management，TCM）是指有效地利用专业知识与技术，对资源、成本、盈利和风险进行筹划和控制。建设工程全面造价管理包括全寿命期造价管理、全过程造价管理、全要素造价管理和全方位造价管理。

1. 全寿命期造价管理

建设工程全寿命期造价是指建设工程初始建造成本和建成后的日常使用成本之和，它包括建设前期、建设期、使用期及拆除期各个阶段的成本。

2. 全过程造价管理

全过程造价管理是指覆盖建设工程策划决策及建设实施各个阶段的造价管理。

3. 全要素造价管理

影响建设工程造价的因素有很多。为此，控制建设工程造价不仅仅是控制建设工程本身的建造成本，还应同时考虑工期成本、质量成本、安全与环境成本的控制，从而实现工程成本、工期、质量、安全、环境的集成管理。

4. 全方位造价管理

建设工程造价管理不仅仅是业主或承包单位的任务，还应该是政府建设主管部门、行业协会、业主、设计方、承包方以及有关咨询机构的共同任务。

课题 1.3　工程造价构成基本知识

1.3.1　我国现行建设项目工程造价的构成

1. 建设项目总投资构成

建设项目总投资是指为完成工程项目建设并达到使用要求或生产条件，在建设期内预计或实际投入的全部费用的总和。

建设项目按投资作用分为生产性项目和非生产性项目。生产性建设项目总投资包括固定资产投资（指建设投资和建设期利息）和流动资产投资（流动资金）；非生产性项目总投资只包括固定资产投资（指建设投资和建设期利息）。其中，建设投资和建设期利息之和对应于固定资产投资。

2. 建设项目工程造价的构成

建设项目的工程造价和固定资产投资在量上相等。工程造价中的主要构成部分是建设投资，建设投资是为完成工程项目建设，在建设期内投入且形成现金流出的全部费用。根据国家发展和改革委员会和原建设部发布的《建设项目经济评价方法与参数（第三版）》（发改投资［2006］1325 号）的规定，建设投资包括工程费用、工程建设其他费用和预备费三部分。工程费用是指建设期内直接用于工程建造、设备购置及其安装的建设投资，可以分为建筑安装工程费和设备及工器具购置费；工程建设其他费用是指建设期发生的与土地使用权取得、整个工程项目建设以及未来生产经营有关的构成建设投资，但不包括在工程费用中的费用；预备费是在建设期内为各种不可预见因素的变化而预留的可能增加的费用，包括基本预备费和价差预备费。按照是否考虑资金的时间价值，建设投资可分为静态投资部分和动态投资部分，静态投资部分由建筑工程费、安装工程费、设备及工器具购置费、工程建设其他费用、预备费的基本预备费构成；动态投资部分由

预备费的价差预备费、建设期利息和固定资产投资方向调节税构成。

上述建设项目总投资的构成仅仅适用于基本建设新建和改扩建项目，在编制、评审和管理建设项目可行性研究投资估算和初步设计概算投资时，作为计价的依据；不适用于外商投资项目。在具体应用时，要根据项目的具体情况列支实际发生的费用，本项目没有发生的费用不得列支。

我国现行建设项目总投资的构成和工程造价的构成如图 1.3 所示。

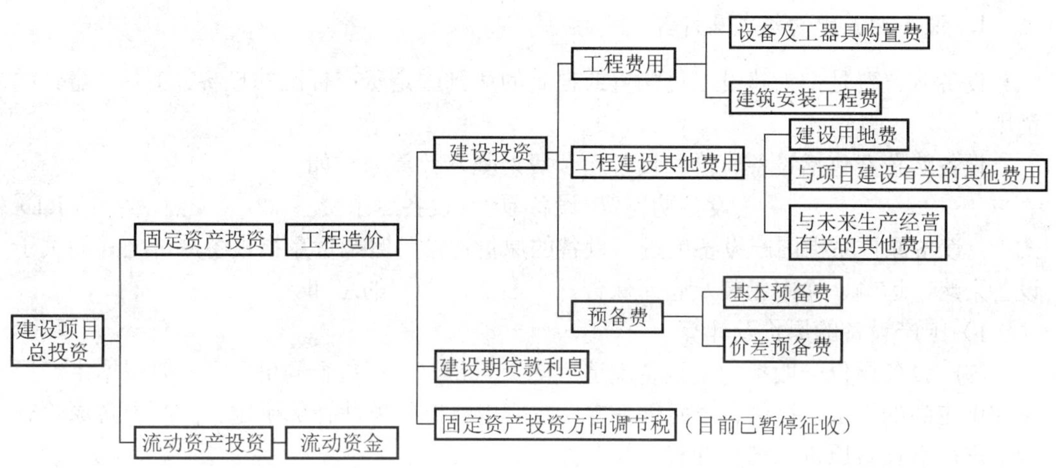

图 1.3　我国现行建设项目总投资的构成和工程造价的构成

图 1.3 所示的建设项目总投资主要是指在项目可行性研究阶段用于财务分析时的总投资构成，在“项目报批总投资”或“项目概算总投资”中，流动资产投资只包括铺底流动资金，其金额为流动资金总额的 30%。

【特别提示】

根据财政部、国家税务总局、国家发展计划委员会财税字［1999］299 号文件，自 2000 年 1 月 1 日起发生的投资额，暂停征收固定资产投资方向调节税，但该税种并未取消。

应用案例 1-5

在某建设项目投资构成中，建筑安装工程费为 2000 万元，设备及工器具购置费为 1000 万元，工程建设其他费为 400 万元，基本预备费为 120 万元，涨价预备费为 80 万元，建设期利息为 80 万元，流动资金 300 万元，则该项目的建设总投资为（　　），其中建设投资为（　　），静态投资部分为（　　），动态投资部分为（　　）。

【解】

建设项目总投资=2000+1000+400+120+80+80+300=3980（万元）

建设投资=2000+1000+400+120+80=3600（万元）

静态投资部分=2000+1000+400+120=3520（万元）

动态投资部分=80+80=160（万元）

设备购置费

1.3.2 设备及工、器具购置费用的构成

设备及工、器具购置费用由设备购置费用和工具、器具及生产家具购置费用组成。

1. 设备购置费的构成及计算

设备购置费是指为建设工程购置或自制的达到固定资产标准的设备、工具、器具的费用。

设备购置费包括设备原价和设备运杂费，基本计算公式如下：

$$设备购置费=设备原价+设备运杂费 \tag{1.1}$$

式中，设备原价系指国产设备或进口设备的原价；设备运杂费系指设备原价之外的关于设备采购、运输、途中包装及仓库保管等方面支出费用的总和。

1）国产设备的原价及计算

国产设备原价一般指的是设备制造厂的交货价，或订货合同价。它一般根据生产厂家或供应商的询价、报价、合同价确定，或采用一定的方法计算确定。国产设备原价分为国产标准设备原价和国产非标准设备原价。

（1）国产标准设备原价。国产标准设备是指按照主管部门颁布的标准图纸和技术要求，由设备生产厂批量生产的符合国家质量检验标准的设备。国产标准设备原价一般指的是设备制造厂的交货价，即出厂价。国产设备原价有两种，即带有备件的原件和不带有备件的原件，在计算时，一般采用带有备件的原价。

（2）国产非标准设备原价。非标准设备是指国家尚无定型标准，各设备生产厂不可能在工艺过程中采用批量生产，只能按一次订货，并根据具体的设备图纸制造的设备。非标准设备原价有多种不同的计算方法，如成本计算估价法、系列设备插入估价法、分部组合估价法和定额估价法等。

按成本估算法国产非标准设备的原价组成及计算方法见表 1.1。

表 1.1　国产非标准设备的原价组成及计算方法

构成	计算公式	注意事项
材料费	材料净重×(1+加工损耗系数)×每吨材料综合价	
加工费	设备总重量(t)×设备每吨加工费	
辅助材料费	设备总重量(t)×辅助材料费指标	
专用工具费	(材料费+加工费+辅助材料费)×专用工具费率	
废品损失费	(材料费+加工费+辅助材料费+专用工具费)×废品损失费率	
外购配套件费	相应的购买价格加上运杂费计算	

续表

构成	计算公式	注意事项
包装费	(材料费+加工费+辅助材料费+专用工具费+废品损失费+外购配套件费)×包装费率	计算包装费时把外购配件费用加上
利润	(材料费+加工费+辅助材料费+专用工具费+废品损失费+包装费)×利润率	计算利润时不包括外购配件费用，但包括包装费
税金	增值税=当期销项税额-进项税额 当期销项税额=销售额×适用增值税率	主要指增值税
非标准设备设计费	按国家规定的设计费收费标准计算	

单台非标准设备原价={[(材料费+加工费+辅助材料费)×(1+专用工具费率)
×(1+废品损失费率)+外购配套件费]×(1+包装费率)
-外购配套件费}×(1+利润率)+销项税额
+非标准设备设计费+外购配套件费　　(1.2)

应用案例 1-6

某企业采购一台国产非标准设备，制造厂生产该台非标准设备所用材料费 20 万元，加工费 2 万元，辅助材料费 4000 元，专用工具费 3000 元，废品损失费率 10%，外购配套件费 5 万元，包装费率 2%，利润率 2%，材料采购过程中发生增值税进项税额 1.8 万元，增值税税率 17%，非标准设备设计费 2 万元，该国产设备包装费为（　）万元。

A. 0.4994　　B. 0.5344　　C. 0.5994　　D. 0.6414

答案：C

【案例解析】 该题直接用非标准设备包装费的计算公式计算

非标准设备包装费$=\left[(20+2+0.4+0.3)\times(1+10\%)+5\right]\times 2\%=0.5994$（万元）

2）进口设备原价

（1）进口设备的原价。进口设备的原价即进口设备抵岸价，是指抵达买方边境港口或边境车站，且交完关税以后的价格。抵岸价通常由进口设备到岸价（CIF）和进口从属费构成。进口设备到岸价即抵达买方边境港口或边境车站的价格。在国际贸易中，交易双方所使用的交货类别不同，则交易价格的构成内容也有所差异。进口从属费包括银行财务费、外贸手续费、进口关税、消费税、进口环节增值税等，进口车辆的还需缴纳车辆购置税。

进口设备的原价=进口设备抵岸价
=进口设备到岸价（CIF）+进口从属费
=货价（FOB）+国际运费+运输保险费+银行财务费+外贸手续费+进口关税
+增值税+消费税+海关监管手续费+车辆购置附加费　　(1.3)

（2）进口设备的交易价格。在国际贸易中，较为广泛使用的交易价格术语有 FOB、CFR 和 CIF，具体见表 1.2。

表 1.2　进口设备的交易价格

交易价格术语（英）	交易价格术语（中）	交货方式及风险划分	卖方的基本义务	买方的基本义务
FOB（free on board）	装运港船上交货价，亦称为离岸价格	指当货物在指定的装运港越过船舷，卖方即完成交货义务。风险转移，以指定的装运港货物越过船舷时为分界点。 费用划分与风险转移的分界点相一致	1. 办理出口清关手续，自负风险和费用，领取出口许可证及其他官方文件； 2. 在约定的日期或期限内，在合同规定的装运港，按港口惯常的方式，把货物装上买方指定的船只，并及时通知买方； 3. 承担货物在装运港越过船舷之前的一切费用和风险； 4. 向买方提供商业发票和证明货物已交至船上的装运单据或具有同等效力的电子单证	1. 负责租船订舱，按时派船到合同约定的装运港接运货物，支付运费，并将船期、船名及装船地点及时通知卖方； 2. 负担货物在装运港越过船舷后的各种费用以及货物灭失或损坏的一切风险； 3. 负责获取进口许可证或其他官方文件，以及办理货物入境手续； 4. 受领卖方提供的各种单证，按合同规定支付货款
CFR（cost and freight）	成本加运费，或称之为运费在内价	指在装运港货物越过船舷卖方即完成交货，卖方必须支付将货物运至指定的目的港所需的运费和费用。但不承担交货后货物灭失或损坏的风险，以及由于各种事件造成的任何额外费用，风险和费用由卖方转移到买方。与 FOB 价格相比，CFR 的费用划分与风险转移的分界点是不一致的	1. 提供合同规定的货物，负责订立运输合同，并租船订舱，在合同规定的装运港和规定的期限内，将货物装上船并及时通知买方，支付运至目的港的运费； 2. 负责办理出口清关手续，提供出口许可证或其他官方批准的文件； 3. 承担货物在装运港越过船舷之前的一切费用和风险； 4. 按合同规定提供正式有效的运输单据、发票或具有同等效力的电子单证	1. 承担货物在装运港越过船舷以后的一切风险及运输途中因遭遇风险所引起的额外费用； 2. 在合同规定的目的港受领货物，办理进口清关手续，交纳进口税； 3. 受领卖方提供的各种约定的单证，并按合同规定支付货款
CIF（cost insurance and freight）	成本加保险费、运费，习惯称到岸价格		卖方除负有与 CFR 相同的义务外，还应办理货物在运输途中最低险别的海运保险，并应支付保险费。如买方需要更高的保险险别，则需要与卖方明确地达成协议，或者自行作出额外的保险安排	除保险这项义务之外，买方的义务与 CFR 相同

【特别提示】

设备抵岸价、FOB、CFR 和 CIF 的关系可以通过图 1.4 进一步理清相互之间的关系。

FOB 的费用划分与风险转移的分界点一致，即在指定的装运港货物越过船舷为分界点；CFR 和 CIF 的费用划分与风险转移的分界点不一致，风险转移点依然是在货物装船时；CIF=CFR+运输保险费=FOB+运费+运费保险费；抵岸价=CIF+进口从属费；设备购置费=设备原价+设备运杂费。

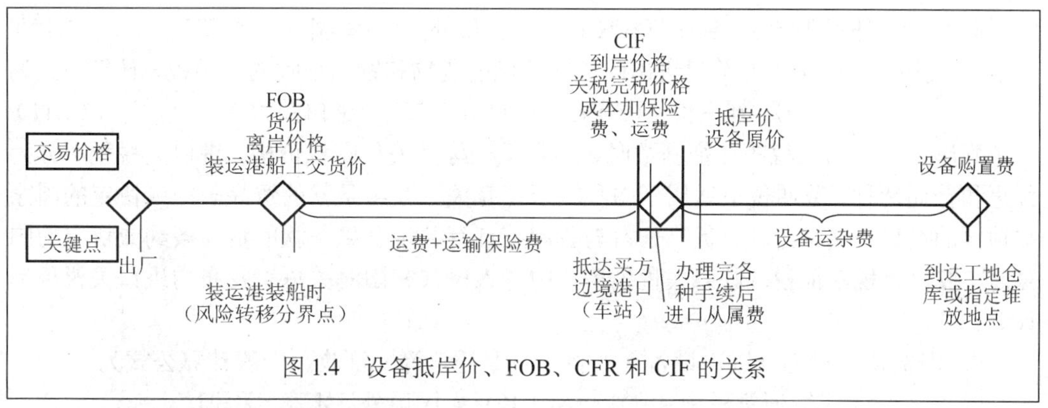

图 1.4　设备抵岸价、FOB、CFR 和 CIF 的关系

（3）进口设备到岸价的构成及计算。

进口设备到岸价的计算公式为

进口设备到岸价(CIF)=离岸价格(FOB)+国际运费+运输保险费

=运费在内价(CFR)+运输保险费　　（1.4）

① 货价。一般指装运港船上交货价（FOB）。设备货价分为原币货价和人民币货价，原币货价一律折算为美元表示，人民币货价按原币货价乘以外汇市场美元兑换人民币汇率中间价确定。进口设备货价按有关生产厂商询价、报价、订货合同价计算。

② 国际运费。即从装运港（站）到达我国目的港（站）的运费。我国进口设备大部分采用海洋运输，小部分采用铁路运输，个别采用航空运输。进口设备国际运费计算公式为

国际运费(海、陆、空)=原币货价(FOB)×运费率　　（1.5）

国际运费(海、陆、空)=单位运价×运量　　（1.6）

其中，运费率或单位运价参照有关部门或进出口公司的规定执行。

③ 运输保险费。对外贸易货物运输保险是由保险人（保险公司）与被保险人（出口人或进口人）订立保险契约，在被保险人交付议定的保险费后，保险人根据保险契约的规定对货物在运输过程中发生的承保责任范围内的损失给予经济上的补偿，这是一种财产保险。计算公式为

运输保险费=[原币货价(FOB)+国际运费]÷(1−保险费率)×保险费率　　（1.7）

式中，保险费率按保险公司规定的进口货物保险费率计算。

④ 进口从属费的构成及计算

进口从属费的计算公式为

进口从属费=银行财务费+外贸手续费+关税+消费税

+进口环节增值税+车辆购置税　　（1.8）

a．银行财务费。一般是指在国际贸易结算中，中国银行为进出口商提供金融结算服务所收取的费用，计算公式为

银行财务费=离岸价格(FOB)×人民币外汇汇率×银行财务费率　　（1.9）

b．外贸手续费。指按规定的外贸手续费率计取的费用，外贸手续费率一般取 1.5%，计算公式为

$$外贸手续费=到岸价格(CIF)\times 人民币外汇汇率\times 外贸手续费率 \quad (1.10)$$

c．关税。关税是由海关对进出国境或关境的货物和物品征收的一种税，计算公式为

$$关税=到岸价格(CIF)\times 人民币外汇汇率\times 进口关税率 \quad (1.11)$$

到岸价格作为关税的计征基数时，通常又可称为关税完税价格。进口关税税率分为优惠和普通两种，普通税率适用于与我国未订有关税互惠条款的贸易条约或协定的国家与地区的进口设备，当进口货物来自与我国签订有关税互惠条款的贸易条约或协定的国家时，按优惠税率征税。进口关税税率按中华人民共和国海关总署发布的进口关税税率计算。

d．消费税。对部分进口设备（如轿车、摩托车等）征收，一般计算公式为

$$应纳消费税额=[到岸价格(CIF)\times 人民币外汇汇率+关税]\div(1-消费税率)\times 消费税率 \quad (1.12)$$

式中，消费税税率根据规定的税率计算。

e．进口环节增值税。增值税是我国政府对从事进口贸易的单位和个人，在进口商品报关进口后征收的税种。我国增值税条例规定，进口应纳税产品均按组成计税价格和增值税税率直接计算应纳税额，计算公式为

$$进口环节增值税额=组成计税价格\times 增值税率 \quad (1.13)$$

$$组成计税价格=到岸价格(CIF)+关税+消费税 \quad (1.14)$$

式中，增值税税率根据规定的税率计算。

f．车辆购置税。进口车辆需缴进口车辆购置税，计算公式为

$$进口车辆购置附加费=[到岸价格(CIF)+关税+消费税]\times 进口车辆购置附加费率 \quad (1.15)$$

应用案例 1-7

某地区拟建一工业项目，购置进口设备时，进口设备 FOB 价为 2500 万元（人民币），到岸价（含货价、海运费、运输保险费）为 3020 万元（人民币），进口设备国内运杂费为 100 万元，其中银行财务费率为 0.5%，外贸手续费率为 1.5%，关税税率为 10%，增值税率为 17%，消费税、海关监管手续费、车辆购置附加费均不计。试计算进口设备购置费。

【解】 进口设备购置费计算见表 1.3。

表 1.3　进口设备购置费计算表

序号	项目	费率	计算式	金额（万元）
1	到岸价格			3020.00
2	银行财务费	0.5%	2500×0.5%	12.50
3	外贸手续费	1.5%	3020×1.5%	45.30
4	关税	10%	3020×10%	302
5	增值税	17%	（3020+302）×17%	564.74
6	设备国内运杂费			100
进口设备购置费		1+2+3+4+5+6		4044.54

3）设备运杂费

（1）设备运杂费的组成。设备运杂费通常由下列各项组成：

① 运费和装卸费。国产设备是指由设备制造厂交货地点起至工地仓库（或施工组织设计指定的需要安装设备的堆放地点）止所发生的运费和装卸费。对于进口设备，则是指由我国到岸港口、边境车站起至工地仓库（或施工组织设计指定的需要安装设备的堆放地点）止所发生的运费和装卸费。

② 包装费。在设备出厂价格中没有包含的，为运输而进行的包装支出的各种费用。

③ 供销部门的手续费。按有关部门规定的统一费率计算。

④ 采购与仓库保管费。指采购、验收、保管和收发设备所发生的各种费用，包括设备采购、保管和管理人员的工资、工资附加费、办公费、差旅交通费，设备供应部门办公和仓库所占固定资产使用费、工具用具使用费、劳动保护费、检验试验费等。这些费用可按主管部门规定的采购与保管费率计算。

（2）设备运杂费的计算。设备运杂费按设备原价乘以设备运杂费率计算，其计算公式为

$$设备运杂费=设备原价\times设备运杂费率 \tag{1.16}$$

式中，设备运杂费率按各部门及省、市的规定计取。

2. 工、器具及生产家具购置费的构成及计算

工器具及生产家具购置费是指新建项目或扩建项目初步设计规定的，保证初期正常生产所必须购置的不够固定资产标准的设备、仪器、工卡模具、器具、生产家具和备品备件等的购置费用，其一般计算公式为：

$$工器具及生产家具购置费=设备购置费\times定额费率 \tag{1.17}$$

1.3.3　我国现行建筑安装工程费用项目组成

建筑安装工程费是指为完成工程项目建造、生产性设备及配套工程安装所需要的费用，包括建筑工程费用和安装工程费用。

1. 按费用构成要素划分建筑安装工程费用项目构成和计算

根据“住房城乡建设部、财政部关于印发《建筑安装工程费用项目组成》的通知”（建标［2013］44 号）文件的规定，建筑安装工程费按照费用构成要素划分：由人工费、材料（包含工程设备，下同）费、施工机具使用费、企业管理费、利润、规费和税金组成。其中人工费、材料费、施工机具使用费、企业管理费和利润包含在分部分项工程费、措施项目费、其他项目费中（见图 1.5）。

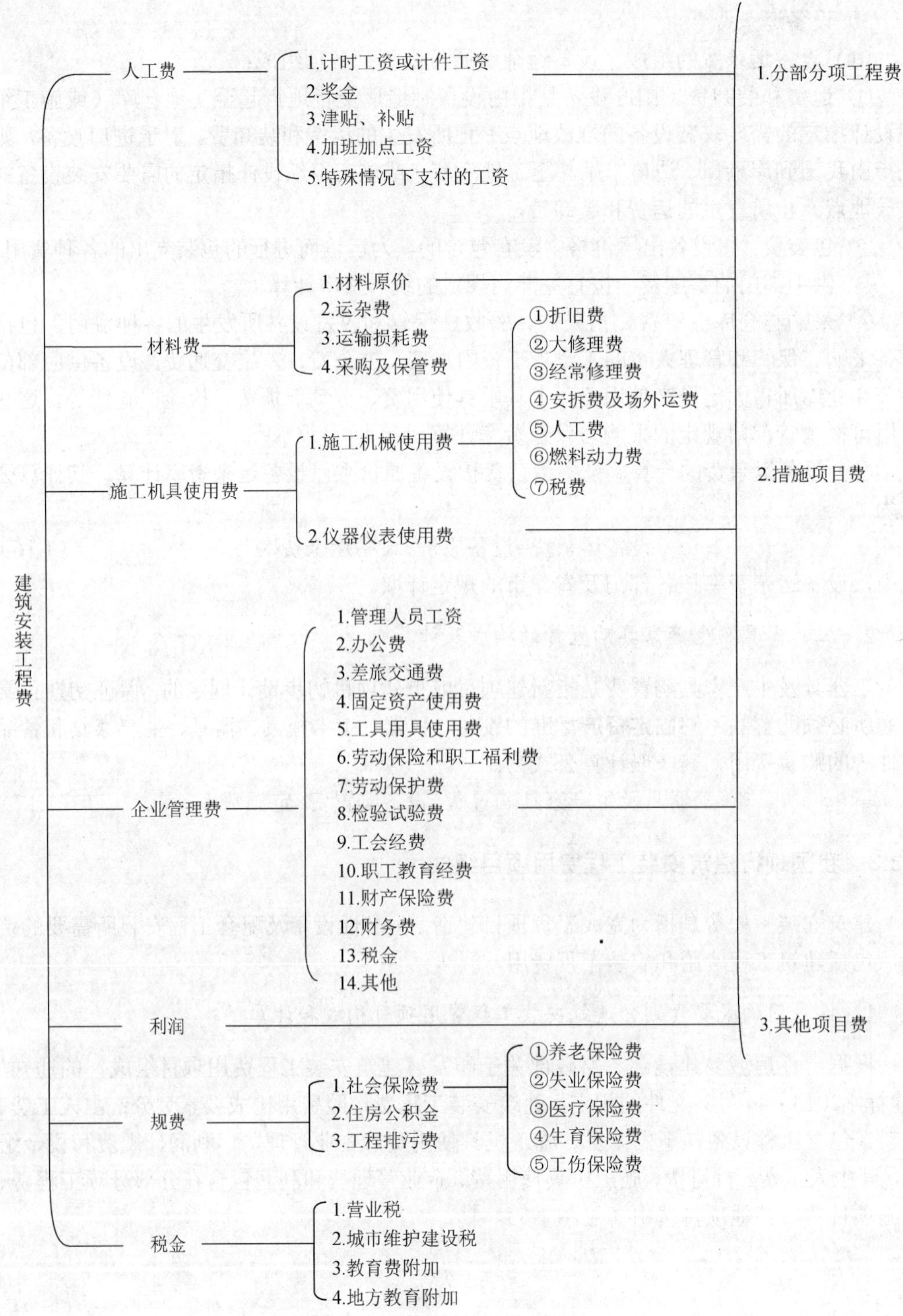

图 1.5　建筑安装工程费用项目组成（按费用构成要素划分）

1）人工费

人工费是指按工资总额构成规定，支付给从事建筑安装工程施工的生产工人和附属生产单位工人的各项费用。

（1）人工费包括的内容。

① 计时工资或计件工资：是指按计时工资标准和工作时间或对已做工作按计件单价支付给个人的劳动报酬。

② 奖金：是指对超额劳动和增收节支支付给个人的劳动报酬。如节约奖、劳动竞赛奖等。

③ 津贴补贴：是指为了补偿职工特殊或额外的劳动消耗和因其他特殊原因支付给个人的津贴，以及为了保证职工工资水平不受物价影响支付给个人的物价补贴。如流动施工津贴、特殊地区施工津贴、高温（寒）作业临时津贴、高空津贴等。

④ 加班加点工资：是指按规定支付的在法定节假日工作的加班工资和在法定日工作时间外延时工作的加点工资。

⑤ 特殊情况下支付的工资：是指根据国家法律、法规和政策规定，因病、工伤、产假、计划生育假、婚丧假、事假、探亲假、定期休假、停工学习、执行国家或社会义务等原因按计时工资标准或计时工资标准的一定比例支付的工资。

（2）人工费的计算。

计算人工费的基本要素有两个，即人工工日消耗量和人工日工资单价。

① 人工工日消耗量：是指在正常施工生产条件下，生产建筑安装产品（分部分项工程或结构构件）必须消耗的某种技术等级的人工工日数量。它由分项工程所综合的各个工序定额包括的基本用工、其他用工两部分组成。

② 人工日工资单价：是指施工企业平均技术熟练程度的生产工人在每工作日（国家法定工作时间内）按规定从事施工作业应得的日工资总额。

③ 人工费的基本计算公式为

$$\text{人工费}=\sum(\text{工日消耗量}\times\text{日工资单价}) \tag{1.18}$$

2）材料费

材料费是指工程施工过程中耗费的原材料、辅助材料、构配件、零件、半成品或成品、工程设备的费用。

（1）材料费包括的内容。

① 材料原价：是指材料、工程设备的出厂价格或商家供应价格。

② 运杂费：是指材料、工程设备自来源地运至工地仓库或指定堆放地点所发生的全部费用。

③ 运输损耗费：是指材料在运输装卸过程中不可避免的损耗。

④ 采购及保管费：是指为组织采购、供应和保管材料、工程设备的过程中所需要的各项费用。包括采购费、仓储费、工地保管费、仓储损耗。

工程设备是指构成或计划构成永久工程一部分的机电设备、金属结构设备、仪器装置及其他类似的设备和装置。

（2）材料费的计算。计算材料费的基本要素是材料消耗量和材料单价。

① 材料消耗量：是指在合理使用材料的条件下，生产建筑安装产品（分部分项工程或结构构件）必须消耗的一定品种、规格的原材料、辅助材料、构配件、零件、半成品或成品等的数量。它包括材料净用量和不可避免的损耗量。

② 材料单价：是指建筑材料从其来源地运到施工工地仓库直至出库形成的综合平均单价。

③ 材料费的基本计算公式为

$$材料费=\sum(材料消耗量\times材料单价) \tag{1.19}$$

$$材料单价=(材料原价+运杂费)\times[1+运输损耗率(\%)]\times[1+采购保管费率(\%)] \tag{1.20}$$

④ 工程设备费的基本计算公式为

$$工程设备费=\sum(工程设备量\times工程设备单价) \tag{1.21}$$

$$工程设备单价=(设备原价+运杂费)\times[1+采购保管费率(\%)] \tag{1.22}$$

3）施工机具使用费

施工机具使用费是指工程施工作业所发生的施工机械、仪器仪表使用费或其租赁费。包括施工机械使用费和仪器仪表使用费。

（1）施工机械使用费：是指施工机械作业发生的使用费或租赁费。构成施工机械使用费的基本要素是施工机械台班耗用量和施工机械台班单价。

施工机械台班单价是指一个施工机械在正常运转条件下一个工作班中所发生的全部费用，每台班按八小时工作制计算。应由下列七项费用组成：

a. 折旧费：折旧费是指施工机械在规定使用期限内，陆续收回其原值及购置资金的时间价值。计算公式如下：

$$台班折旧=\frac{机械预算价格\times(1-残值率)}{耐用总台班} \tag{1.23}$$

机械预算价格：

a）国产机械预算价格按照机械原值、相关手续费和一次运杂费以及车辆购置税之和计算。

b）进口机械的预算价格按照到岸价格、关税、消费税、相关手续费和国内一次运杂费、银行财务费、车辆购置税之和计算。

残值率：是指机械报废时回收的残值占施工机械预算价格的百分比。残值率按目前有关规定执行。

耐用总台班：指施工机械从开始投入使用至报废前使用的总台班数，应按施工机械的技术指标及寿命期等相关参数确定。其计算公式为

$$耐用总台班=折旧年限\times年工作台班=检修间隔台班\times检修周期个数 \tag{1.24}$$

$$检修周期个数=检修次数+1 \tag{1.25}$$

b. 检修费：指机械设备按规定的检修间隔进行必要的检修，以恢复机械正常功能所需的费用。其计算公式为

$$台班检修费=\frac{一次检修费\times检修次数}{耐用总台班}\times除税系数 \tag{1.26}$$

a）一次检修费指施工机械一次大修理发生的工时费、配件费、辅料费、油燃料费及送修运杂费。

b）检修次数是指施工机械在其耐用总台班内的检修次数，检修次数应按施工机械的相关技术指标取定。

c）除税系数的计算公式为

$$除税系数=自行检修比例+委外检修比例/（1+税率） \tag{1.27}$$

自行检修比例、委外检修比例是指施工机械自行检修、委托专业修理修配部门检修占检修费比例。具体比例应结合本地区（部门）施工机械检修实际综合取定，税率按增值税修理修配劳务适用税率记取。

c. 维护费：指施工机械在规定的耐用总台班内，按规定的维护间隔进行各级保养和临时故障排除所需的费用。包括为保障机械正常运转所需替换与随机配备工具附具的摊销和维护费用及机械运转及日常保养所需润滑与擦拭的材料费用及机械停滞期间的维护和保养费用等。其计算公式为

$$台班维护费=\frac{\sum(各级维护一次费用\times除税系数\times各级维护次数)+临时故障排除费}{耐用总台班} \tag{1.28}$$

当台班修理费计算公式中各项数值难以确定时，也可按下列公式计算

$$台班维护费=台班检修费\times K \tag{1.29}$$

式中，K为维护系数，指维护费占检修费的百分数。

除税系数是指考虑一部分维护可以考虑购买服务，从而需扣除维护费包括的增值税进项税额。其计算公式为

$$除税系数=自行检修比例+委外检修比例/（1+税率） \tag{1.30}$$

自行维护比例、委外维护比例是指施工机械自行维护、委托专业修理修配部门维护占维护费比例。具体比例应结合本地区（部门）施工机械检修实际综合取定。税率按增值税修理修配劳务适用税率计取。

d. 安拆费及场外运费：安拆费指施工机械在现场进行安装与拆卸所需的人工、材料、机械和试运转费用以及机械辅助设施的折旧、搭设、拆除等费用；场外运费指施工机械整体或分体自停放地点运至施工现场或由一施工地点运至另一施工地点的运输、装卸、辅助材料及架线等费用。

a）工地间移动较为频繁的小型机械及部分中型机械，其安拆费及场外运费应计入台班单价。台班安拆费及场外运费计算公式为

$$台班安拆费及场外运费=\frac{一次安拆费及场外运费\times年平均安拆次数}{年工作台班} \tag{1.31}$$

一次安拆费应包括施工现场机械安装和拆卸一次所需的人工费、材料费、机械费及试运转费。

一次场外运费应包括运输、装卸、辅助材料和架线等费用。

年平均安拆次数应以施工机械的相关技术指标为基础，由各地区（部门）结合具体情况确定。

运输距离按平均 30km 计算。

b）移动有一定难度的特、大型（包括少数中型）机械，其安拆费及场外运费应单独计算。

单独计算的安拆费及场外运费除应计算安拆费、场外运费外，还应计算辅助设施（包括基础、底座、固定锚桩、行走轨道枕木等）的折旧、搭设和拆除等费用。

c）不需安装、拆卸且自身又能开行的机械和固定在车间不需安装、拆卸及运输的机械，其安拆费及场外运费不计算。

e. 人工费：指机上司机（司炉）和其他操作人员的工作日人工费及上述人员在施工机械规定的年工作台班以外的人工费。

$$台班人工费=人工消耗量\times\left(1+\frac{年度工作日-年工作台班}{年工作台班}\right) \tag{1.32}$$

例：某载重汽车配司机 1 人，当年制度工作日为 250 天，年工作台班为 230 台班，人工日工资单价为 50 元。求该载重汽车的台班人工费为多少？

$$解：人工费=1\times\left(1+\frac{250-230}{230}\right)\times 50=54.35(元/台班)$$

f. 燃料动力费：燃料动力费是指施工机械在运转作业中所耗用的固体燃料（煤、木柴）、液体燃料（汽油、柴油）及水、电等费用。

$$台班燃料动力费=台班燃料动力消耗量\times相应单价 \tag{1.33}$$

g. 其他费用：指施工机械按照国家和有关部门规定应交纳的车船使用税、保险费及年检费用等。

$$台班其他费=\frac{年车船税+年保险费+年检测费}{年工作台班} \tag{1.34}$$

（2）施工仪器仪表使用费：施工仪器仪表划分为自动化仪表及系统、电工仪器仪表、光学仪器、分析仪表、试验机、电子和通讯测量仪器仪表、专用仪器仪表七个类别。施工仪器仪表台班单价由四项费用组成，包括折旧费、维护费、校验费、动力费。施工仪器仪表台班单价中的费用组成不包括检测软件的相关费用。

a. 折旧费

折旧费是指施工仪器仪表在规定使用期限内，陆续收回其原值及购置资金的时间价值。其计算公式为

$$台班折旧费=\frac{机械预算价格\times(1-残值率)}{耐用总台班} \tag{1.35}$$

b. 维护费

指施工仪器仪表台班维护费是指施工仪器仪表各级维护和临时故障排除所需的费用，及为保证仪器仪表正常使用所需备件（备品）的维护费用。其计算公式为

$$台班维护费=\frac{年维护费用}{年工作台班} \tag{1.36}$$

c. 校验费

台班校验费是指国家与地方政府规定的标定与检验的费用。其计算公式为

$$台班校验费=\frac{年校验费用}{年工作台班} \tag{1.37}$$

d. 动力费

指的是施工仪器仪表在施工过程中所耗用的电费。其计算公式为

$$台班动力费=台班耗电量\times电价 \tag{1.38}$$

4）企业管理费

企业管理费是指建筑安装企业组织施工生产和经营管理所需的费用。

（1）企业管理费包括的内容。

① 管理人员工资：是指按规定支付给管理人员的计时工资、奖金、津贴补贴、加班加点工资及特殊情况下支付的工资等。

② 办公费：是指企业管理办公用的文具、纸张、账表、印刷、邮电、书报、办公软件、现场监控、会议、水电、烧水和集体取暖降温（包括现场临时宿舍取暖降温）等费用。

③ 差旅交通费：是指职工因公出差、调动工作的差旅费、住勤补助费，市内交通费和误餐补助费，职工探亲路费，劳动力招募费，职工退休、退职一次性路费，工伤人员就医路费，工地转移费以及管理部门使用的交通工具的油料、燃料等费用。

④ 固定资产使用费：是指管理和试验部门及附属生产单位使用的属于固定资产的房屋、设备、仪器等的折旧、大修、维修或租赁费。

⑤ 工具用具使用费：是指企业施工生产和管理使用的不属于固定资产的工具、器具、家具、交通工具和检验、试验、测绘、消防用具等的购置、维修和摊销费。

⑥ 劳动保险和职工福利费：是指由企业支付的职工退职金、按规定支付给离休干部的经费，集体福利费、夏季防暑降温、冬季取暖补贴、上下班交通补贴等。

⑦ 劳动保护费：是企业按规定发放的劳动保护用品的支出。如工作服、手套、防暑降温饮料以及在有碍身体健康的环境中施工的保健费用等。

⑧ 检验试验费：是指施工企业按照有关标准规定，对建筑以及材料、构件和建筑安装物进行一般鉴定、检查所发生的费用，包括自设试验室进行试验所耗用的材料等费用。不包括新结构、新材料的试验费，对构件做破坏性试验及其他特殊要求检验试验的费用和建设单位委托检测机构进行检测的费用，对此类检测发生的费用，由建设单位在工程建设其他费用中列支。但对施工企业提供的具有合格证明的材料进行检测不合格的，该检测费用由施工企业支付。

⑨ 工会经费：是指企业按《工会法》规定的全部职工工资总额比例计提的工会经费。

⑩ 职工教育经费：是指按职工工资总额的规定比例计提，企业为职工进行专业技术和职业技能培训，专业技术人员继续教育、职工职业技能鉴定、职业资格认定以及根据需要对职工进行各类文化教育所发生的费用。

⑪ 财产保险费：是指施工管理使用财产、车辆等的保险费用。

⑫ 财务费：是指企业为施工生产筹集资金或提供预付款担保、履约担保、职工工资支付担保等所发生的各种费用。

⑬ 税金：是指企业按规定缴纳的房产税、车船使用税、土地使用税、印花税等。

⑭ 其他：包括技术转让费、技术开发费、投标费、业务招待费、绿化费、广告费、公证费、法律顾问费、审计费、咨询费、保险费等。

（2）企业管理费的计算。

企业管理费一般采用取费基数乘以费率的方法计算，取费基数有三种，分别以分部分项工程费为计算基础、以人工费和机械费合计为计算基础、以人工费为计算基础。企业管理费费率计算方法如下：

① 以分部分项工程费为计算基础，其公式为

$$\text{企业管理费费率（\%）}=\frac{\text{生产工人年平均管理费}}{\text{年有效施工天数}\times\text{人工单价}}\times\text{人工费占分部分项工程费比例（\%）} \tag{1.39}$$

② 以人工费和机械费合计为计算基础，其公式为

$$\text{企业管理费费率（\%）}=\frac{\text{生产工人年平均管理费}}{\text{年有效施工天数}\times(\text{人工单价}+\text{每一工日机械使用费})}\times 100\% \tag{1.40}$$

③ 以人工费为计算基础，其公式为

$$\text{企业管理费费率（\%）}=\frac{\text{生产工人年平均管理费}}{\text{年有效施工天数}\times\text{人工单价}}\times 100\% \tag{1.41}$$

工程造价管理机构在确定计价定额中企业管理费时，应以定额人工费或（定额人工费+定额机械费）作为计算基数，其费率根据历年工程造价积累的资料，辅以调查数据确定，列入分部分项工程和措施项目中。

5）利润

利润是指施工企业完成所承包工程获得的盈利，由施工企业根据企业自身需求并结合建筑市场实际自主确定。工程造价管理机构在确定计价定额中利润时，应以定额人工费或（定额人工费+定额机械费）作为计算基数，其费率根据历年工程造价积累的资料，并结合建筑市场实际确定，以单位（单项）工程测算，利润在税前建筑安装工程费的比重可按不低于5%且不高于7%的费率计算。利润应列入分部分项工程和措施项目中。

6）规费

规费是指按国家法律、法规规定，由省级政府和省级有关权力部门规定必须缴纳或计取的费用。包括社会保险费、住房公积金和工程排污费。

① 社会保险费：

a．养老保险费：是指企业按照规定标准为职工缴纳的基本养老保险费。

b．失业保险费：是指企业按照规定标准为职工缴纳的失业保险费。

c．医疗保险费：是指企业按照规定标准为职工缴纳的基本医疗保险费。

d．生育保险费：是指企业按照规定标准为职工缴纳的生育保险费。

e．工伤保险费：是指企业按照规定标准为职工缴纳的工伤保险费。

社会保险费应以定额人工费为计算基础，根据工程所在地省、自治区、直辖市或行业建设主管部门规定费率计算。

$$社会保险费=\sum(工程定额人工费\times社会保险费率) \tag{1.42}$$

式中：社会保险费率可以每万元发承包价的生产工人人工费和管理人员工资含量与工程所在地规定的缴纳标准综合分析取定。

② 住房公积金：是指企业按规定标准为职工缴纳的住房公积金。住房公积金应以定额人工费为计算基础，根据工程所在地省、自治区、直辖市或行业建设主管部门规定费率计算。

$$住房公积金=\sum(工程定额人工费\times住房公积金费率) \tag{1.43}$$

式中：住房公积金费率可以每万元发承包价的生产工人人工费和管理人员工资含量与工程所在地规定的缴纳标准综合分析取定。

③ 工程排污费：是指按规定缴纳的施工现场工程排污费。工程排污费等其他应列而未列入的规费应按工程所在地环境保护等部门规定的标准缴纳，按实计取列入。

7）税金

建筑安装工程费用中的税金是指按照国家税法规定的应计入建筑安装工程造价内的增值税额，按税前造价乘以增值税税率确定。

（1）采用一般计税方法时，增值税的计算。

当采用一般计税方法时，建筑业增值税税率为 11%，计算公式为

$$增值税=税前造价\times11\% \tag{1.44}$$

税前造价为人工费、材料费、施工机具使用费、企业管理费、利润和规费之和，各费用项目均以不包含增值税可抵扣进项税额的价格计算。

（2）采用简易方法时增值税的计算。

① 简易计税的适用范围。根据《营业税改征增值税试点实施办法》以及《营业税改征增值税试点有关事项的规定》的规定，简易计税方法主要适用于以下几种情况：

a. 小规模纳税人发生应税行为适用简易计税方法计税。小规模纳税人通常是指纳税人提供建筑服务的年应征增值税销售额未超过 500 万元，并且会计核算不健全，不能按规定报送有关税务资料的增值税纳税人。年应税销售额超过 500 万元，但不经常发生应税行为的单位也可选择按照小规模纳税人计税。

b. 一般纳税人按清包方式提供的建筑服务，就可以选择适用简易计税法计税。以清包方式提供建筑服务，是指施工方不采购建筑工程所需的材料或只采购辅助材料，并收取人工费、管理费或者其他费用的建筑服务。

c. 一般纳税人为甲供工程提供的建筑服务，就可以选择适用简易计税方法计税。甲供工程，是指全部或部分设备、材料、动力由工程发包方自行采购的建筑工程。

d. 一般纳税人为建筑工程老项目提供的建筑服务，可以选择适用简易计税方法计税。建筑工程老项目：第一，《建筑工程施工许可证》注明的合同开工日期在 2016 年 4

月 30 日前的建筑工程项目，第二，未取得《建筑工程施工许可证》的，建筑工程承包合同注明的开工日期在 2016 年 4 月 30 日前的建筑工程项目。

② 简易计税的计算方法。当采用简易计税方法时，建筑业增值税税率为 3%。计算公式为

$$增值税=税前造价\times 3\% \tag{1.45}$$

税前造价为人工费、材料费、施工机具使用费、企业管理费、利润和规费之和，各费用项目均以包含增值税进项税额的含税价格计算。

2. 按造价形成划分建筑安装工程费用项目构成和计算

根据“住房城乡建设部、财政部关于印发《建筑安装工程费用项目组成》的通知”（建标［2013］44 号）文件的规定，为指导工程造价专业人员计算建筑安装工程造价，建筑安装工程费按照工程造价形成由分部分项工程费、措施项目费、其他项目费、规费、税金组成，分部分项工程费、措施项目费、其他项目费包含人工费、材料费、施工机具使用费、企业管理费和利润（见图 1.6）。

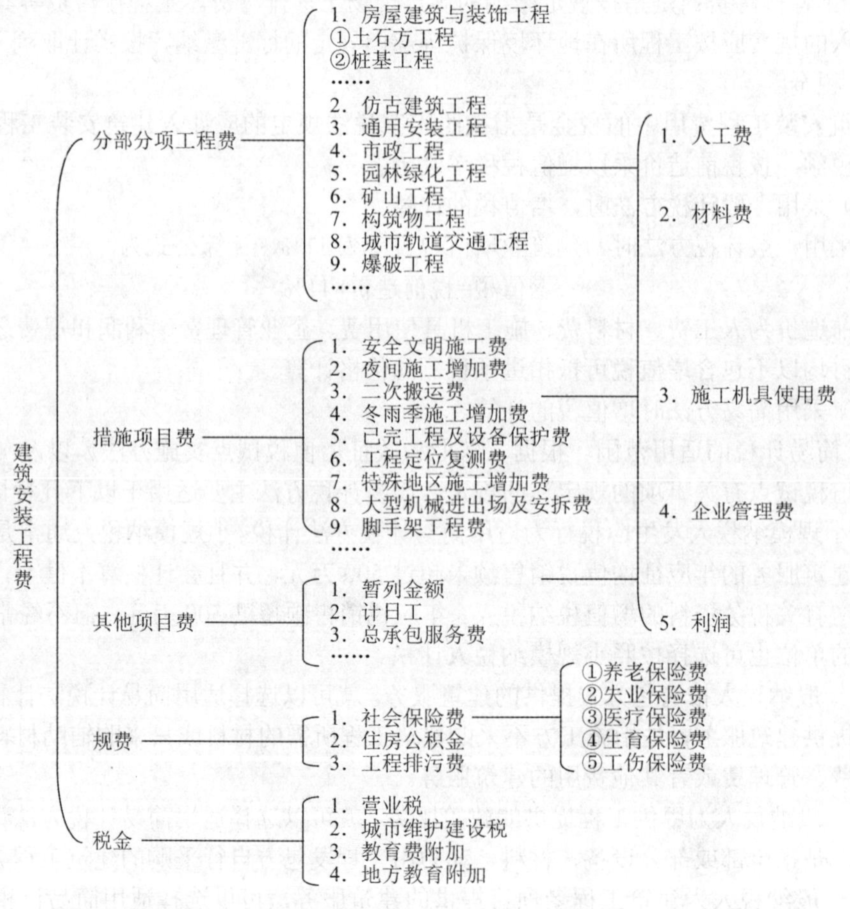

图 1.6　建筑安装工程费用项目组成表（按造价形成划分）

1）分部分项工程费

分部分项工程费是指各专业工程的分部分项工程应予列支的各项费用。

（1）专业工程：是指按现行国家计量规范划分的房屋建筑与装饰工程、仿古建筑工程、通用安装工程、市政工程、园林绿化工程、矿山工程、构筑物工程、城市轨道交通工程、爆破工程等各类工程。

（2）分部分项工程：指按现行国家计量规范对各专业工程划分的项目。如房屋建筑与装饰工程划分的土石方工程、地基处理与桩基工程、砌筑工程、钢筋及钢筋混凝土工程等。

各类专业工程的分部分项工程划分见现行国家或行业计量规范。

（3）分部分项工程费通常用分部分项工程量乘以综合单价进行计算，计算公式为

$$\text{分部分项工程费}=\sum(\text{分部分项工程量}\times\text{综合单价}) \tag{1.46}$$

式中：综合单价包括人工费、材料费、施工机具使用费、企业管理费和利润以及一定范围的风险费用（下同）。

2）措施项目费

措施项目费是指为完成建设工程施工，发生于该工程施工前和施工过程中的技术、生活、安全、环境保护等方面的费用。

（1）措施项目费的构成。

措施项目及其包含的内容应遵循各类专业工程的现行国家或行业计量规范。以《房屋建筑与装饰工程工程量计算规范》（GB 50854—2013）中的规定为例，措施项目费可以归纳为以下几项。

① 安全文明施工费。是指工程施工期间按照国家现行的环境保护、建筑施工安全、施工现场环境与卫生标准和有关规定，购置和更新施工安全防护用具及设施、改善安全生产条件和作业环境所需要的费用。通常由环境保护费、文明施工费、安全施工费、临时设施费组成。

a．环境保护费：是指施工现场为达到环保部门要求所需要的各项费用。

b．文明施工费：是指施工现场文明施工所需要的各项费用。

c．安全施工费：是指施工现场安全施工所需要的各项费用。

d．临时设施费：是指施工企业为进行建设工程施工所必须搭设的生活和生产用的临时建筑物、构筑物和其他临时设施费用。包括临时设施的搭设、维修、拆除、清理费或摊销费等。各项安全文明施工费的具体内容如表1.4所示。

表1.4 安全文明施工措施费的主要内容

项目名称	工作内容及包含范围
环境保护	现场施工机械设备降低噪声、防扰民措施费用
	水泥和其他易飞扬细颗粒建筑材料密闭存放或采取覆盖措施等费用
	工程防扬尘洒水费用
	土石方、建渣外运车辆防护措施费用
	现场污染源的控制、生活垃圾清理外运、场地排水排污措施费用
	其他环境保护措施费用

续表

项目名称	工作内容及包含范围
文明施工	“五牌一图”费用
	现场围挡的墙面美化（包括内外粉刷、刷白、标语等）、压顶装饰费用
	现场厕所便槽刷白、贴面砖，水泥砂浆地面或地砖，建筑物内临时便溺设施费用
	其他施工现场临时设施的装饰装修、美化措施费用
	现场生活卫生设施费用
	符合卫生要求的饮水设备、淋浴、消毒等设施费用
	生活用洁净燃料费用
	防煤气中毒、防蚊虫叮咬等措施费用
	施工现场操作场地的硬化费用
	现场绿化费用、治安综合治理费用
	现场配备医药保健器材、物品费用和急救人员培训费用
	现场工人的防暑降温、电风扇、空调等设备及用电费用
	其他文明施工措施费用
安全施工	安全资料、特殊作业专项方案的编制，安全施工标志的购置及安全宣传费用
	“三宝”（安全帽、安全带、安全网）、“四口”（楼梯口、电梯井口、通道口、预留洞口）、“五临边”（阳台围边、楼板围边、屋面围边、槽坑围边、卸料平台两侧）、水平防护架、垂直防护架、外架封闭等防护费用
	施工安全用电的费用，包括配电箱三级配电、两级保护装置要求、外电保护措施费用
	起重机、塔吊等起重设备（含井架、门架）及外用电梯的安全防护措施（含警示标志）及卸料平台的临边防护、层间安全门、防护棚等设施费用
	建筑工地起重机械的检验检测费用
	施工机具防护棚及其围栏的安全保护设施费用
	施工安全防护通道费用
	工人的安全防护用品、用具购置费用
	消防设施与消防器材的配置费用
	电气保护、安全照明设施费
	其他安全防护措施费用
临时设施	施工现场采用彩色、定型钢板，砖、混凝土砌块等围挡的安砌、维修、拆除费用
	施工现场临时建筑物、构筑物的搭设、维修、拆除，如临时宿舍、办公室、食堂、厨房、厕所、诊疗所、临时文化福利用房、临时仓库、加工场、搅拌台、临时简易水塔、水池等费用
	施工现场临时设施的搭设、维修、拆除，如临时供水管道、临时供电管线、小型临时设施等费用
	施工现场规定范围内临时简易道路铺设，临时排水沟、排水设施安砌、维修、拆除费用
	其他临时设施费搭设、维修、拆除费用

② 夜间施工增加费。是指因夜间施工所发生的夜班补助费、夜间施工降效、夜间施工照明设备摊销及照明用电等费用。由以下各项内容组成：

a．夜间固定照明灯具和临时可移动照明灯具的设置、拆除费用。

b．夜间施工时，施工现场交通标志、安全标牌、警示灯的设置、移动、拆除费用。

c．夜间照明设备摊销及照明用电、施工人员夜班补助、夜间施工劳动效率降低等费用。

③ 非夜间施工照明费。是指为保证工程施工正常进行，在地下室等特殊施工部位施工时所采用的照明设备的安拆、维护及照明用电等费用。

④ 二次搬运费。是指由于施工场地条件限制而发生的材料、成品、半成品等一次运输不能达到堆放地点，必须进行二次或多次搬运的费用。

⑤ 冬雨季施工增加费。是指在冬季或雨季施工需增加的临时设施、防滑、排除雨雪，人工及施工机械效率降低等费用。由以下各项内容组成：

a．冬雨（风）季施工时增加的临时设施（防寒保温、防雨、防风设施）的搭设、拆除费用。

b．冬雨（风）季施工时，对砌体、混凝土等采用的特殊加温、保温和养护措施费用。

c．冬雨（风）季施工时，施工现场的防滑处理、对影响施工的雨雪的清除费用。

d．冬雨（风）季施工时增加的临时设施、施工人员的劳动保护用品、冬雨（风）季施工劳动效率降低等费用。

⑥ 地上、地下设施、建筑物的临时保护设施费。是指在工程施工过程中，对已建成的地上、地下设施和建筑物进行的遮盖、封闭、隔离等必要保护措施所发生的费用。

⑦ 已完工程及设备保护费。是指竣工验收前，对已完工程及设备采取的覆盖、包裹、封闭、隔离等必要保护措施所发生的费用。

⑧ 脚手架费。是指施工需要的各种脚手架搭、拆、运输费用以及脚手架购置费的摊销（或租赁）费用。通常包括以下内容：

a．施工时可能发生的场内、场外材料搬运费用。

b．搭、拆脚手架、斜道、上料平台费用。

c．安全网的铺设费用。

d．拆除脚手架后材料的堆放费用。

⑨ 混凝土模板及支架（撑）费。是指混凝土施工过程中需要的各种钢模板、木模板、支架等的支拆、运输费用及模板、支架的摊销（或租赁）费用。由以下各项内容组成：

a．混凝土施工过程中需要的各种模板制作费用。

b．模板安装、拆除、整理堆放及场内外运输费用。

c．清理模板黏结物及模内杂物、刷隔离剂等费用。

⑩ 垂直运输费。是指现场所用材料、机具从地面运至相应高度以及职工人员上下工作面等所发生的运输费用。由以下各项内容组成：

a．垂直运输机械的固定装置、基础制作、安装费。

b．行走式垂直运输机械轨道的铺设、拆除、摊销费。

⑪ 超高施工增加费。当单层建筑物檐口高度超过 20m，多层建筑物超过 6 层时，可计算超高施工增加费，由以下各项内容组成：

a．建筑物超高引起的人工工效降低以及由于人工工效降低引起的机械降效费。

b．高层施工用水加压水泵的安装、拆除及工作台班费。

c．通信联络设备的使用及摊销费。

⑫ 大型机械设备进出场及安拆费。是指机械整体或分体自停放场地运至施工现场或由一个施工地点运至另一个施工地点，所发生的机械进出场运输及转移费用及机械在施工现场进行安装、拆卸所需的人工费、材料费、机械费、试运转费和安装所需的辅助设施的费用。内容由安拆费和进出场费组成：

a．安拆费包括施工机械、设备在现场进行安装拆卸所需人工、材料、机械和试运转费用以及机械辅助设施的折旧、搭设、拆除等费用。

b．进出场费包括施工机械、设备整体或分体自停放地点运至施工现场或由一施工地点运至另一施工地点所发生的运输、装卸、辅助材料等费用。

⑬ 施工排水、降水费。是指将施工期间有碍施工作业和影响工程质量的水排到施工场地以外，以及防止在地下水位较高的地区开挖深基坑出现基坑浸水，地基承载力下降，在动水压力作用下还可能引起流砂、管涌和边坡失稳等现象而必须采取有效的降水和排水措施费用。该项费用由成井和排水、降水两个独立的费用项目组成。

⑭ 其他。根据项目的专业特点或所在地区不同，可能会出现其他的措施项目。如工程定位复测费和特殊地区施工增加费等。

（2）措施项目费的计算

按照有关专业计量规范规定，措施项目分为应予计量的措施项目和不宜计量的措施项目两类。

① 国家计量规范规定应予计量的措施项目，其计算公式为

$$\text{措施项目费}=\sum(\text{措施项目工程量}\times\text{综合单价}) \tag{1.47}$$

② 国家计量规范规定不宜计量的措施项目计算方法如下：

a．安全文明施工费，其计算公式为

$$\text{安全文明施工费}=\text{计算基数}\times\text{安全文明施工费费率}(\%) \tag{1.48}$$

计算基数应为定额基价（定额分部分项工程费+定额中可以计量的措施项目费）、定额人工费或（定额人工费+定额机械费），其费率由工程造价管理机构根据各专业工程的特点综合确定。

b．夜间施工增加费，其计算公式为

$$\text{夜间施工增加费}=\text{计算基数}\times\text{夜间施工增加费费率}(\%) \tag{1.49}$$

c．二次搬运费，其计算公式为

$$\text{二次搬运费}=\text{计算基数}\times\text{二次搬运费费率}(\%) \tag{1.50}$$

d．冬雨季施工增加费，其计算公式为

$$\text{冬雨季施工增加费}=\text{计算基数}\times\text{冬雨季施工增加费费率}(\%) \tag{1.51}$$

e．已完工程及设备保护费，其计算公式为

$$\text{已完工程及设备保护费}=\text{计算基数}\times\text{已完工程及设备保护费费率}(\%) \tag{1.52}$$

上述 b～e 项措施项目的计费基数应为定额人工费或（定额人工费+定额机械费），其费率由工程造价管理机构根据各专业工程特点和调查资料综合分析后确定。

3）其他项目费

（1）暂列金额：是指建设单位在工程量清单中暂定并包括在工程合同价款中的一笔款项。用于施工合同签订时尚未确定或者不可预见的所需材料、工程设备、服务的采购，施工中可能发生的工程变更、合同约定调整因素出现时的工程价款调整以及发生的索赔、现场签证确认等的费用。

暂列金额由建设单位根据工程特点，按有关计价规定估算，施工过程中由建设单位掌握使用、扣除合同价款调整后如有余额，归建设单位。

（2）计日工：是指在施工过程中，施工企业完成建设单位提出的施工图纸以外的零星项目或工作所需的费用。

计日工由建设单位和施工企业按施工过程中的签证计价。

（3）总承包服务费：是指总承包人为配合、协调建设单位进行的专业工程发包，对建设单位自行采购的材料、工程设备等进行保管以及施工现场管理、竣工资料汇总整理等服务所需的费用。

总承包服务费由建设单位在招标控制价中根据总包服务范围和有关计价规定编制，施工企业投标时自主报价，施工过程中按签约合同价执行。

4）规费

定义同建筑安装工程费用项目组成（按费用构成要素划分）。

5）税金

定义同建筑安装工程费用项目组成（按费用构成要素划分）。

建设单位和施工企业均应按照省、自治区、直辖市或行业建设主管部门发布标准计算规费和税金，不得作为竞争性费用。

1.3.4 工程建设其他费用组成

工程建设其他费用，是指建设单位从工程筹建起到工程竣工验收交付使用止的整个建设期间，除建筑安装工程费用和设备及工、器具购置费用以外的，为保证工程建设顺利完成和交付使用后能够正常发挥效用而发生的各项费用的总和，如图1.7所示。

1. 建设用地费

任何一个建设项目都固定于一定地点与地面相连接，必须占用一定量的土地，也就必然要发生为获得建设用地而支付的费用，这就是建设用地费。它是指为获得工程项目建设土地的使用权而在建设期内发生的各项费用，包括通过划拨方式取得土地使用权而支付的土地征用及迁移补偿费，或者通过土地使用权出让方式取得土地使用权而支付的土地使用权出让金。

1）建设用地取得的基本方式

建设用地的取得，实质是依法获取国有土地的使用权。根据我国《城市房地产管理法》规定，获取国有土地使用权的基本方式有两种：一是出让方式，二是划拨方式。建设土地取得的其他方式还包括租赁和转让方式。

（1）通过出让方式获取国有土地使用权。国有土地使用权出让，是指国家将国有土地使用权在一定年限内出让给土地使用者，由土地使用者向国家支付土地使用权出让金的行为。土地使用权出让最高年限按下列用途确定：居住用地 70 年；工业用地 50 年；教育、科技、文化、卫生、体育用地 50 年；商业、旅游、娱乐用地 40 年；综合或者其他用地 50 年。

通过出让方式获取国有土地使用权又可以分成两种具体方式：一是通过招标、拍卖、挂牌等竞争出让方式获取国有土地使用权，二是通过协议出让方式获取国有土地使用权。

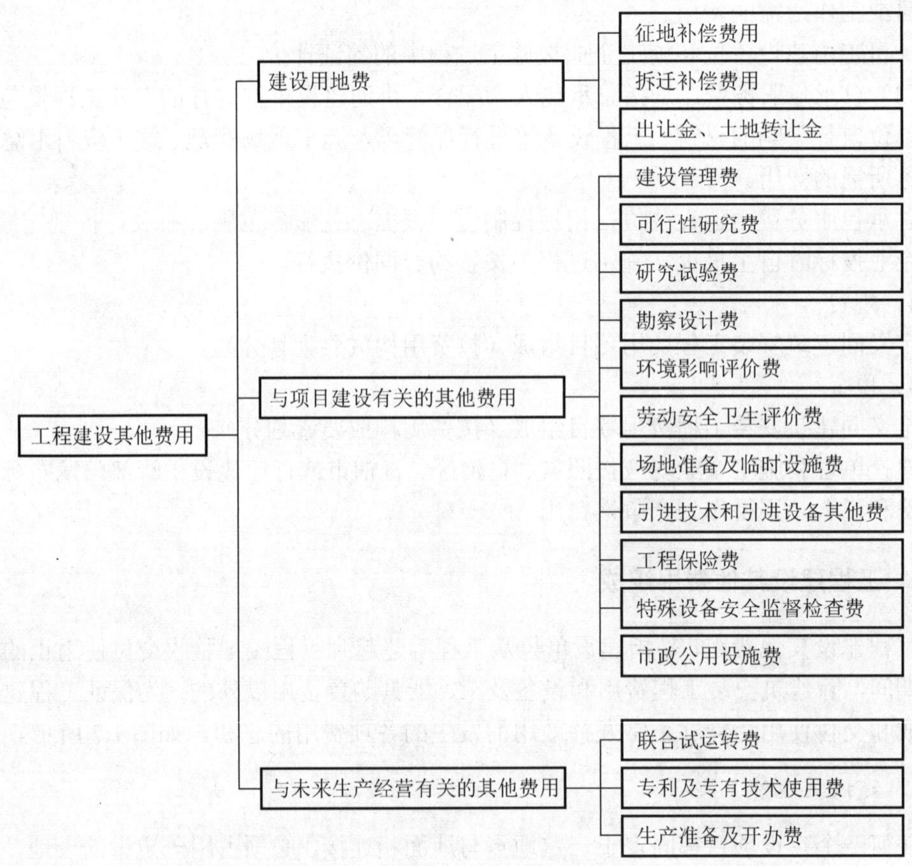

图 1.7　工程建设其他费用构成

① 通过竞争出让方式获取国有土地使用权。具体的竞争方式又包括三种：投标、竞拍和挂牌。按照国家相关规定，工业（包括仓储用地，但不包括采矿用地）、商业、旅游、娱乐和商品住宅等各类经营性用地，必须以招标、拍卖或者挂牌方式出让；上述规定以外用途的土地的供地计划公布后，同一宗地有两个以上意向用地者的，也应当采用招标、拍卖或者挂牌方式出让。

② 通过协议出让方式获取国有土地使用权。按照国家相关规定，出让国有土地使

用权，依照法律、法规和规章的规定应当采用招标、拍卖或者挂牌方式外，其余方可采取协议方式。以协议方式出让国有土地使用权的出让金不得低于按国家规定所确定的最低价。协议出让底价不得低于拟出让地块所在区域的协议出让最低价。

（2）通过划拨方式获取国有土地使用权。国有土地使用权划拨，是指县级以上人民政府依法批准，在土地使用者缴纳补偿、安置等费用后将该幅土地交付其使用，或者将土地使用权无偿交付给土地使用者使用的行为。国家对划拨用地有着严格的规定，下列建设用地，经县级以上人民政府依法批准，可以以划拨方式取得。

① 国家机关用地和军事用地。

② 城市基础设施用地和公益事业用地。

③ 国家重点扶持的能源、交通、水利等基础设施用地。

④ 法律、行政法规规定的其他用地。

依法依划拨方式取得土地使用权的，除法律、行政法规另有规定外，没有使用期限的限制。因企业改制、土地使用权转让或者改变土地用途等不再符合《划拨用地目录》（中华人民共和国国土资源部令第9号）的，应当实行有偿使用。

2）建设用地取得的费用

建设用地如通过行政划拨方式取得，则须承担征地补偿费用或对原用地单位或个人的拆迁补偿费用；若通过市场机制取得，则不但承担以上费用，还须向土地所有者支付有偿使用费，即土地出让金。

（1）征地补偿费用。建设征用土地费用由以下几个部分构成。

① 土地补偿费。土地补偿费是对农村集体经济组织因土地被征用而造成的经济损失的一种补偿。征用耕地的补偿费，为该耕地被征前3年平均年产值的6～10倍。征用其他土地的补偿费标准，由省、自治区、直辖市参照征用耕地的补偿费标准规定。土地补偿费归农村集体经济组织所有。

② 青苗补偿费和地上附着物补偿费。青苗补偿费是因征地时对其正在生长的农作物受到损害而做出的一种赔偿。在农村实行承包责任制后，农民自行承包土地的青苗补偿费应付给其本人，属于集体种植的青苗补偿费可纳入当年集体收益。凡在协商征地方案后抢种的农作物、树木等，一律不予补偿。地上附着物是指房屋、水井、树木、桥梁、公路、水利设施，林木等地面建筑物、构筑物、附着物等。视协商征地方案前地上附着物价值与折旧情况确定，应根据“拆什么，补什么；拆多少，补多少，不低于原来水平”的原则确定。如附着物产权属个人，则该项补助费付给个人。地上附着物的补偿标准，由省、自治区、直辖市规定。

③ 安置补助费。安置补助费应支付给被征地单位和安置劳动力的单位，作为劳动力安置与培训的支出，以及作为不能就业人员的生活补助。征收耕地的安置补助费，按照需要安置的农业人口数计算。需要安置的农业人口数，按照被征收的耕地数量除以征地前被征收单位平均每人占有耕地的数量计算。每一个需要安置的农业人口的安置补助费标准，为该耕地被征收前三年平均年产值的4～6倍。但是，每公顷被征收耕地的安置补助费，最高不得超过被征收前三年平均年产值的15倍。土地补偿费和安置补助费，

尚不能使需要安置的农民保持原有生活水平的，经省、自治区、直辖市人民政府批准，可以增加安置补助费。但是，土地补偿费和安置补助费的总和不得超过土地被征收前三年平均年产值的 30 倍。

④ 新菜地开发建设基金。新菜地开发建设基金指征用城市郊区商品菜地时支付的费用。这项费用交给地方财政，作为开发建设新菜地的投资。菜地是指城市郊区为供应城市居民蔬菜，连续 3 年以上常年种菜或者养殖鱼、虾等的商品菜地和精养鱼塘。一年只种一茬或因调整茬口安排种植蔬菜的，均不作为需要收取开发基金的菜地。征用尚未开发的规划菜地，不缴纳新菜地开发建设基金。在蔬菜产销放开后，能够满足供应，不再需要开发新菜地的城市，不收取新菜地开发基金。

⑤ 耕地占用税。耕地占用税是对占用耕地建房或者从事其他非农业建设的单位和个人征收的一种税收，目的是合理利用土地资源、节约用地，保护农用耕地。耕地占用税征收范围，不仅包括占用耕地，还包括占用鱼塘、园地、菜地及其农业用地建房或者从事其他非农业建设。均按实际占用的面积和规定的税额一次性征收。其中，耕地是指用于种植农作物的土地。占用前 3 年曾用于种植农作物的土地也视为耕地。

⑥ 土地管理费。土地管理费主要作为征地工作中所发生的办公、会议、培训、宣传、差旅、借用人员工资等必要的费用。土地管理费的收取标准，一般是在土地补偿费、青苗费、地面附着物补偿费、安置补助费四项费用之和的基础上提取 2%～4%。如果是征地包干，还应在四项费用之和后再加上粮食价差、副食补贴、不可预见费等费用，在此基础上提取 2%～4%作为土地管理费。

（2）拆迁补偿费用。在城市规划区内国有土地上实施房屋拆迁，拆迁人应当对被拆迁人给予补偿、安置。

① 拆迁补偿。拆迁补偿的方式可以实行货币补偿，也可以实行房屋产权调换。

货币补偿的金额，根据被拆迁房屋的区位、用途、建筑面积等因素，以房地产市场评估价格确定。具体办法由省、自治区、直辖市人民政府制定。

实行房屋产权调换的，拆迁人与被拆迁人按照计算得到的被拆迁房屋的补偿金额和所调换房屋的价格，结清产权调换的差价。

② 搬迁、安置补助费。拆迁人应当对被拆迁人或者房屋承租人支付搬迁补助费，对于在规定的搬迁期限届满前搬迁的，拆迁人可以付给提前搬家奖励费；在过渡期限内，被拆迁人或者房屋承租人自行安排住处的，拆迁人应当支付临时安置补助费；被拆迁人或者房屋承租人使用拆迁人提供的周转房的，拆迁人不支付临时安置补助费。

搬迁补助费和临时安置补助费的标准，由省、自治区、直辖市人民政府规定。有些地区规定，拆除非住宅房屋，造成停产、停业引起经济损失的。拆迁人可以根据被拆除房屋的区位和使用性质，按照一定标准给予一次性停产停业综合补助费。

（3）出让金、土地转让金。土地使用权出让金为用地单位向国家支付的土地所有权收益，出让金标准一般参考城市基准地价并结合其他因素制定。基准地价由市土地管理局会同市物价局，市国有资产管理局、市房地产管理局等部门综合平衡后报市级人民政府审定通过，它以城市土地综合定级为基础，用某一地价或地价幅度表示某一类别用地

在某一土地级别范围的地价，以此作为土地使用权出让价格的基础。

在有偿出让和转让土地时，政府对地价不作统一规定，但坚持以下原则：即地价对目前的投资环境不产生大的影响；地价与当地的社会经济承受能力相适应；地价要考虑已投入的土地开发费用、土地市场供求关系、土地用途、所在区类、容积率和使用年限等。有偿出让和转让使用权，要向土地受让者征收契税；转让土地如有增值，要向转让者征收土地增值税；土地使用者每年应按规定的标准缴纳土地使用费。土地使用权出让或转让，应先由地价评估机构进行价格评估后，再签订土地使用权出让和转让合同。

2. 与项目建设有关的其他费用

1）建设管理费

建设管理费是指建设单位为组织完成工程项目建设，在建设期内发生的各类管理性费用。

（1）建设管理费的内容。

① 建设单位管理费，是指建设单位发生的管理性质的开支。包括：工作人员工资、工资性补贴、施工现场津贴、职工福利费、住房基金、基本养老保险费、基本医疗保险费、失业保险费、工伤保险费、办公费、差旅交通费、劳动保护费、工具用具使用费、固定资产使用费、必要的办公及生活用品购置费。必要的通信设备及交通工具购置费、零星固定资产购置费、招募生产工人费、技术图书资料费、业务招待费、设计审查费、工程招标费、合同契约公证费、法律顾问费、咨询费、完工清理费、竣工验收费、印花税和其他管理性质开支。

② 工程监理费，是指建设单位委托工程监理单位实施工程监理的费用。此项费用应按国家发展与改革委员会和原建设部联合发布的《建设工程监理与相关服务收费管理规定》（发改价格［2007］670号）计算。依法必须实行监理的建设工程施工阶段的监理收费实行政府指导价；其他建设工程施工阶段的监理收费和其他阶段的监理与相关服务收费实行市场调节价。

（2）建设单位管理费的计算。

建设单位管理费按照工程费用之和（包括设备工器具购置费和建筑安装工程费用）乘以建设单位管理费费率计算。

建设单位管理费费率按照建设项目的不同性质，不同规模确定。有的建设项目按照建设工期和规定的金额计算建设单位管理费。如采用监理，建设单位部分管理工作量转移至监理单位。监理费应根据委托的监理工作范围和监理深度在监理合同中商定或按当地或所属行业部门有关规定计算；如建设单位采用工程总承包方式，其总包管理费由建设单位与总包单位根据总包工作范围在合同中商定，从建设管理费中支出。

2）可行性研究费

可行性研究费是指在工程项目投资决策阶段，依据调研报告对有关建设方案、技术方案或生产经营方案进行的技术经济论证，以及编制、评审可行性研究报告所需的费用。此项费用应依据前期研究委托合同计列，或参照国家计委关于印发《建设项目前期工作咨询收费暂行规定》的通知（计价格［1999］1283 号）规定计算。

3）研究试验费

研究试验费是指为建设项目提供或验证设计数据、资料等进行必要的研究试验及按照相关规定在建设过程中必须进行试验、验证所需的费用。包括自行或委托其他部门研究试验所需人工费、材料费、试验设备及仪器使用费等。这项费用按照设计单位根据本工程项目的需要提出的研究试验内容和要求计算。在计算时要注意不应包括以下项目：

（1）应由科技三项费用（即新产品试制费、中间试验费和重要科学研究补助费）开支的项目。

（2）应在建筑安装费用中列支的施工企业对建筑材料、构件和建筑物进行一般鉴定、检查所发生的费用及技术革新的研究试验费。

（3）应由勘察设计费或工程费用中开支的项目。

4）勘察设计费

勘察设计费是指对工程项目进行工程水文地质勘察、工程设计所发生的费用。包括：工程勘察费、初步设计费（基础设计费）、施工图设计费（详细设计费）、设计模型制作费。此项费用应按《国家计委、建设部关于发布〈工程勘察设计收费管理规定〉的通知》（计价格［2002］10 号）的规定计算。

5）环境影响评价费

环境影响评价费是指按照《中华人民共和国环境保护法》、《中华人民共和国环境影响评价法》等规定，在工程项目投资决策过程中，对其进行环境污染或影响评价所需的费用。包括编制环境影响报告书（含大纲）、环境影响报告表以及对环境影响报告书（含大纲）、环境影响报告表进行评估等所需的费用。此项费用可参照《关于规范环境影响咨询收费有关问题的通知》（计价格［2002］125 号）规定计算。

6）劳动安全卫生评价费

劳动安全卫生评价费是指按照劳动部《建设项目（工程）劳动安全卫生预评价管理办法》的规定，在工程项目投资决策过程中，为编制劳动安全卫生评价报告所需的费用。包括编制建设项目劳动安全卫生预评价大纲和劳动安全卫生预评价报告书以及为编制上述文件所进行的工程分析和环境现状调查等所需费用。必须进行劳动安全卫生预评价的项目包括：

（1）属于国家（发展）计划委员会、国家建设委员会（已变更）、财政部《关于基本建设项目和大中型划分标准的规定》中规定的大中型建设项目。

（2）属于《建筑设计防火规范》（GB 50016—2014）中规定的火灾危险性生产类别为甲类的建设项目。

（3）属于劳动部颁布的《爆炸危险场所安全规定》中规定的爆炸危险场所等级为特别危险场所和高度危险场所的建设项目。

（4）大量生产或使用《职业性接触毒物危害程度分级》（GBZ 230—2010）规定的Ⅰ级、Ⅱ级危害程度的职业性接触毒物的建设项目。

（5）大量生产或使用石棉粉料或含有 10%以上的游离二氧化硅粉料的建设项目。

（6）其他由劳动行政部门确认的危险、危害因素大的建设项目。

7）场地准备及临时设施费

（1）场地准备及临时设施费的内容。

① 建设项目场地准备费是指为使工程项目的建设场地达到开工条件，由建设单位组织进行的场地平整等准备工作而发生的费用。

② 建设单位临时设施费是指建设单位为满足工程项目建设、生活、办公的需要，用于临时设施建设、维修、租赁、使用所发生或摊销的费用。

（2）场地准备及临时设施费的计算。

① 场地准备及临时设施应尽量与永久性工程统一考虑。建设场地的大型土石方工程应进入工程费用中的总图运输费用中。

② 新建项目的场地准备和临时设施费应根据实际工程量估算，或按工程费用的比例计算。改扩建项目一般只计拆除清理费。

③ 发生拆除清理费时可按新建同类工程造价或主材费、设备费的比例计算。凡可回收材料的拆除工程采用以料抵工方式冲抵拆除清理费。

④ 此项费用不包括已列入建筑安装工程费用中的施工单位临时设施费用。

8）引进技术和引进设备其他费

引进技术和引进设备其他费是指引进技术和设备发生的但未计入设备购置费中的费用。

（1）引进项目图纸资料翻译复制费、备品备件测绘费。可根据引进项目的具体情况计列或按引进货价（FOB）的比例估列；引进项目发生备品备件测绘费时按具体情况估列。

（2）出国人员费用，包括买方人员出国设计联络、出国考察、联合设计、监造、培训等所发生的差旅费、生活费等。依据合同或协议规定的出国人次、期限以及相应的费用标准计算。生活费按照财政部、外交部规定的现行标准计算，差旅费按中国民航公布票价计算。

（3）来华人员费用，包括卖方来华工程技术人员的现场办公费用、往返现场交通费用、接待费用等。依据引进合同或协议有关条款及来华技术人员派遣计划进行计算。来华人员接待费用可按每人次费用指标计算。引进合同价款中已包括的费用内容不得重复计算。

（4）银行担保及承诺费，指引进项目由国内外金融机构出面承担风险和责任担保所发生的费用，以及支付贷款机构的承诺费用。应按担保或承诺协议计取，投资估算和概算编制时可以担保金额或承诺金额为基数乘以费率计算。

9）工程保险费

工程保险费是指为转移工程项目建设的意外风险，在建设期内对建筑工程、安装工程、机械设备和人身安全进行投保而发生的费用。包括建筑安装工程一切险、引进设备财产保险和人身意外伤害险等。

根据不同的工程类别，分别以其建筑、安装工程费乘以建筑、安装工程保险费率计算。民用建筑（住宅楼、综合性大楼、商场、旅馆、医院、学校）占建筑工程费的2‰～4‰；其他建筑（工业厂房、仓库、道路、码头、水坝、隧道、桥梁、管道等）占建筑工程费的3‰～6‰；安装工程（农业、工业、机械、电子、电气设备、纺织、矿山、石油、化学及钢铁工业、钢结构桥梁）占建筑工程费的3‰～6‰。

10）特殊设备安全监督检验费

特殊设备安全监督检验费是指安全监察部门对在施工现场组装的锅炉及压力容器、压力管道、消防设备、燃气设备、电梯等特殊设备和设施实施安全检验收取的费用。此项费用按照建设项目所在省（直辖市、自治区）安全监察部门的规定标准计算。无具体规定的，在编制投资估算和概算时可按受检设备现场安装费的比例估算。

11）市政公用设施费

市政公用设施费是指使用市政公用设施的工程项目，按照项目所在地省级人民政府有关规定建设或缴纳的市政公用设施建设配套费用，以及绿化工程补偿费用。此项费用按工程所在地人民政府规定标准计列。

3. 与未来生产经营有关的其他费用

1）联合试运转费

联合试运转费是指新建或新增加生产能力的工程项目，在交付生产前按照设计文件规定的工程质量标准和技术要求，对整个生产线或装置进行负荷联合试运转所发生的费用净支出（试运转支出大于收入的差额部分费用）。试运转支出包括试运转所需原材料、燃料及动力消耗、低值易耗品、其他物料消耗、工具用具使用费、机械使用费、保险金、施工单位参加试运转人员工资以及专家指导费等；试运转收入包括试运转期间的产品销售收入和其他收入。联合试运转费不包括应由设备安装工程费用开支的调试及试车费用，以及在试运转中暴露出来的因施工原因或设备缺陷等发生的处理费用。

2）专利及专有技术使用费

（1）专利及专有技术使用费的主要内容。

① 国外设计及技术资料费、引进有效专利、专有技术使用费和技术保密费。

② 国内有效专利、专有技术使用费。

③ 商标权、商誉和特许经营权费等。

（2）专利及专有技术使用费的计算。

在专利及专有技术使用费计算时应注意以下问题：

① 按专利使用许可协议和专有技术使用合同的规定计列。

② 专有技术的界定应以省、部级鉴定标准为依据。

③ 项目投资中只计算需在建设期支付的专利及专有技术使用费。协议或合同规定在生产期支付的使用费应在生产成本中核算。

④ 一次性支付的商标权、商誉及特许经营权费按协议或合同规定计列。协议或合同规定在生产期支付的商标权或特许经营权费应在生产成本中核算。

⑤ 为项目配套的专用设施投资，包括专用铁路线、专用公路、专用通信设施、送变电站、地下管道、专用码头等，如由项目建设单位负责投资但产权不归属本单位的，应作无形资产处理。

3）生产准备及开办费

（1）生产准备及开办费的内容。

在建设期内，建设单位为保证项目正常生产前发生的人员培训费、提前进厂费以及投产使用必备的办公、生活家具用具及工器具等的购置费用。

① 人员培训费及提前进厂费。包括自行组织培训或委托其他单位培训的人员工资、工资性补贴、职工福利费、差旅交通费、劳动保护费、学习资料费等。

② 为保证初期正常生产（或营业、使用）所必需的生产办公、生活家具用具购置费。

③ 为保证初期正常生产（或营业、使用）所必需的第一套不够固定资产标准的生产工具、器具、用具购置费。不包括备品备件费。

（2）生产准备及开办费的计算。

① 新建项目按设计定员为基数计算，改扩建项目按新增设计定员为基数计算。

② 可采用综合的生产准备费指标进行计算，也可以按费用内容的分类指标计算。

1.3.5　预备费、建设期利息和固定资产投资方向调节税

预备费

1. 预备费

按我国现行规定，预备费包括基本预备费和价差预备费。

1）基本预备费

基本预备费是指针对项目实施过程中可能发生难以预料的支出而事先预留的费用，又称工程建设不可预见费，主要指设计变更及施工过程中可能增加工程量的费用。

（1）基本预备费的内容。

① 在批准的初步设计范围内，技术设计、施工图设计及施工过程中所增加的工程费用；设计变更、工程变更、材料待用、局部地基处理等增加的费用。

② 一般自然灾害造成的损失和预防自然灾害所采取的措施费用，实行工程保险的工程项目，该费用应适当降低。

③ 竣工验收时为鉴定工程质量对隐蔽工程进行必要的挖掘和修复费用。

④ 超规超限设备运输增加的费用。

（2）基本预备费的计算。

基本预备费是按各工程建设费和工程建设其他费用之和为计取基础，乘以基本预备费费率进行计算。

$$\text{基本预备费}=(\text{工程费用}+\text{工程建设其他费用})\times\text{基本预备费费率} \tag{1.53}$$

式中，基本预备费费率的取值应执行国家及部门的有关规定。

2）价差预备费

（1）价差预备费的内容

价差预备费是指在建设期内利率、汇率或价格等因素的变化而预留的可能增加的费用，亦称价格变动不可预见费。费用内容包括：人工、设备、材料、施工机械的价差费，建筑安装工程费及工程建设其他费用调整，利率、汇率调整等增加的费用。

（2）价差预备费的测算方法。

一般根据国家规定的投资综合价格指数，按估算年份价格水平的投资额为基数，采用复利方法计算。计算公式为

$$\mathrm{PF}=\sum_{t=1}^{n} I_t\left[(1+f)^m(1+f)^{0.5}(1+f)^{t-1}-1\right] \tag{1.54}$$

式中：PF——价差预备费；

n——建设期年份数；

I_t——建设期中第 t 年的投资计划额；（I_t=设备及工器具购置费+建筑安装工程费+工程建设其他费用+基本预备费）；

f——年均投资价格上涨率；

m——建设前期年限（从编制估算到开工建设，单位：年）。

应用案例 1-8

某建设项目建安工程费 5000 万元，设备购置费 3000 万元，工程建设其他费用 2000 万元，已知基本预备费率 5%，项目建设前期年限为 1 年，建设期为 3 年，各年投资计划额为：第一年完成投资 20%，第二年 60%，第三年 20%。平均投资价格上涨率为 6%，求建设项目建设期间差价预备费。

【解】

基本预备费 $=(5000+3000+2000)\times 5\%=500$（万元）

静态投资 =5000+3000+2000+500=10500（万元）

建设期第一年完成投资 =10500×20%=2100（万元）

第一年涨价预备费为

$\mathrm{PF}_1=I_1\left[(1+f)(1+f)^{0.5}-1\right]=191.81$（万元）

第二年完成投资 =10500×60%=6300（万元）

第二年涨价预备费为

$\mathrm{PF}_2=I_2\left[(1+f)(1+f)^{0.5}(1+f)-1\right]=987.95$（万元）

第三年完成投资 =10500×20%=2100（万元）

第三年涨价预备费为

$\mathrm{PF}_3=I_3\left[(1+f)(1+f)^{0.5}(1+f)^2-1\right]=475.07$（万元）

建设期的涨价预备费为

PF=191.81+987.95+475.07=1654.83（万元）

建设期利息

2. 建设期利息

建设期利息主要是指在建设期内发生的为工程项目筹措资金的融资费用及债务资金的利息。

当贷款在年初一次性贷出且利率固定时，建设期利息按下式计算：

$$I=P(1+i)^n-P \tag{1.55}$$

式中：P——一次性贷款数额；

i——年利率；

n——计息期；

I——贷款利息。

当总贷款是分年均衡发放时，建设期利息的计算可按当年借款在年中支用考虑，即当年贷款按半年计息，上年贷款按全年计息。计算公式为

$$q_j=\left(P_{j-1}+\frac{1}{2}A_j\right)\cdot i \tag{1.56}$$

式中：q_j——建设期第 j 年应计利息；

P_{j-1}——建设期第（$j-1$）年末贷款累计金额与利息累计金额之和；

A_j——建设期第 j 年贷款金额；

i——年利率。

■ 应用案例 1-10

某建设项目，建设期为三年，分年均衡贷款，第一年贷款 8000 万元，第二年 18000 万元，第三年 4000 万元，年利率为 6%，建设期内利息只计息不支付，求建设项目建设期利息。

【解】

在建设期，各年利息计算如下：

$$q_1=\left(\frac{1}{2}A_1\right)\cdot i=\frac{1}{2}\times 8000\times 6\%=240\text{（万元）}$$

$$q_2=\left(P_1+\frac{1}{2}A_2\right)\cdot i=\left(8000+240+\frac{1}{2}\times 18000\right)\times 6\%=1034.4\text{（万元）}$$

$$q_3=\left(P_2+\frac{1}{2}A_3\right)\cdot i=\left(8000+240+18000+1034.4+\frac{1}{2}\times 4000\right)\times 6\%=1756.5\text{（万元）}$$

所以建设期利息为

$$q_1+q_2+q_3=240+1034.4+1756.5=3030.9\text{（万元）}$$

3. 固定资产投资方向调节税（暂停征收）

固定资产投资方向调节税为了贯彻国家产业政策、控制投资规模、引导投资方向、

调整投资结构、加强重点建设、促进国民经济持续、稳定、健康、协调发展，对在我国境内进行固定资产投资的单位和个人征收固定资产投资方向税。

目前，为了贯彻国家宏观调控政策，扩大内需、鼓励投资，根据国务院的决定，对《中华人民共和国固定资产投资方向调节税暂行条例》规定的纳税人，其固定资产投资应税项目自 2000 年 1 月 1 日起新发生的投资额，暂停征收固定资产投资方向调节税。但是该税种并没有取消。

单元小结

工程造价通常是指按照确定的建设内容、建设规模、建设标准、功能要求和使用要求等将工程项目全部建成，在建设期预计或实际支出的费用。从业主和承包商的角度，工程造价的两种含义可以理解为建设项目固定资产总投资和建设工程总价格。具有大额性、单个性、动态性、层次性、兼容性的特点。

建设工程造价计价就是计算和确定建设项目的工程造价，简称工程计价，也称工程估价。具有单件性、多次性、依据的复杂性、方法的多样性、组合性的特征。

工程造价管理是指综合运用管理学、经济学和工程技术等方面的知识与技能，对工程造价进行预测、计划、控制、核算等的过程。工程造价管理的基本内容就是准确地计价和有效地控制造价。

工程造价控制，就是在优化建设方案、设计方案的基础上，在建设程序的各个阶段，采用一定的方法和措施把工程造价控制在合理的范围和核定的造价限额以内。具体说，要用投资估算价控制设计方案的选择和初步设计概算造价；用概算造价控制技术设计和修正概算造价；用概算造价或修正概算造价控制施工图设计和预算造价，以求合理使用人力、物力和财力，取得较好的投资效益。控制造价在这里强调的是控制项目投资。

工程造价构成的主要内容有建筑安装工程费、设备及工器具购置费、工程建设其他费用和预备费、建设期利息。

设备购置费是指为工程建设项目的购置或自制达到固定资产标准的设备、工器具及家具的费用。设备购置费由设备原价和设备运杂费组成。工器具及生产家具购置费是指新建项目或扩建项目初步设计规定所必须购置的符合固定资产标准的设备、仪器工具、生产家具和备品备件等的费用。

建筑安装工程费包括建筑工程费和安装工程费。建筑安装工程费用项目按费用构成要素组成划分为人工费、材料费、施工机具使用费、企业管理费、利润、规费和税金。建筑安装工程费用按工程造价形成顺序划分为分部分项工程费、措施项目费、其他项目费、规费和税金。

工程建设其他费用是指从工程筹建起到工程竣工验收交付使用止的整个建设期间，除建筑安装工程费用和设备及工器具购置费用以外的，为保证工程建设顺利完成和交付使用后能够正常发挥效用而发生的各项费用。工程建设其他费用由建设用地费、与项目建设有关的其他费用、与未来生产经营有关的其他费用三部分构成。

预备费、建设期利息都是工程造价的重要组成部分。预备费又包括基本预备费和涨价预备费。

综合应用案例

【综合应用案例 1-1】

某市拟建设一座啤酒厂，建设项目相关资料如：

（1）工程费由以下内容构成：①主要生产项目 1500 万元，其中建筑工程费 300 万元，设备购置费 1050 万元，安装工程费 150 万元；②辅助生产项目 300 万元，其中建筑工程费 150 万元，设备购置费 110 万元，安装工程费 40 万元；③公用工程 150 万元，其中建筑工程费 100 万元，设备购置费 40 万元，安装工程费 10 万元。

（2）工程建设其他费用 250 万元。基本预备费费率为 10%，年均投资价格上涨为 6%。

（3）项目建设期 2 年，运营期 8 年，第 1 年完成静态投资部分的 40%，第 2 年完成静态投资部分的 60%。

（4）建设期贷款 1200 万元，贷款年利率为 6%，在建设期第 1 年投入 40%，第 2 年投入 60%。贷款在运营期前 4 年按照等额还本、利息照付的方式偿还。

（5）项目运营期第 1 年投入资本金 200 万元作为运营期的流动资金。

【问题】

1．列式计算项目的基本预备费和价差预备费。

2．列式计算项目的建设期利息。

3．列式计算项目的建设投资、固定资产投资（工程造价）、建设项目总投资。

【解】

（1）工程费用：1500+300+150=1950（万元）

工程建设其他费用：250（万元）

基本预备费：（1950+250）×10%=220（万元）

静态投资：1950+250+220=2420（万元）

建设期第一年完成投资：2420×40%=968（万元）

第一年差价预备费：

$$\mathrm{PF}_1 = I_1\left[(1+f)(1+f)^{0.5}-1\right] = 968\times\left[(1+6\%)(1+6\%)^{0.5}-1\right] = 88.41\text{（万元）}$$

第二年完成投资 =2420×60%=1452（万元）

第二年差价预备费：

$$PF_2 = I_2\left[(1+f)(1+f)^{0.5}(1+f)-1\right] = 1452\times\left[(1+6\%)(1+6\%)^{0.5}(1+6\%)-1\right]$$
$$=227（万元）$$

建设期的涨价预备费：$PF = 88.41 + 227.70 = 316.11$（万元）

（2）建设期第一年贷款金额：$A_1 = 1200\times 40\% = 480$（万元）

建设期第二年贷款金额：$A_2 = 1200\times 60\% = 720$（万元）

建设期第一年应计利息：$q_1 = \frac{1}{2}A_1\times i = \frac{1}{2}\times 480\times 6\% = 14.40$（万元）

建设期第二年应计利息：$q_2 = \left(P_1 + \frac{1}{2}A_2\right)\times i = \left(480 + 14.4 + \frac{1}{2}\times 720\right)\times 6\% = 51.26$（万元）

建设期利息：$q = q_1 + q_2 = 14.4 + 51.26 = 65.66$（万元）

（3）项目的建设投资：工程费用+工程建设其他费用+预备费=1950+250+220+316.11=2736.11（万元）

固定资产投资（工程造价）：建设投资+建设期利息=2736.11+65.66=2801.77（万元）

建设项目总投资：固定资产投资+流动资金=2801.77+200=3001.77（万元）

【综合应用案例 1-2】

有一个单机容量为 30 万千瓦的火力发电厂工程项目，业主与施工单位签订了施工合同。在施工过程中，施工单位向业主的常驻工地代表提出下列费用应由建设单位支付：

（1）职工教育经费：因该工程项目的电机等是采用国外进口的设备，在安装前，需要对安装操作的人员进行培训，培训经费为 2 万元。

（2）研究试验费：本工程项目要对铁路专用线的一座跨公路预应力拱桥的模型进行破坏性试验，需费用 9 万元；改进混凝土泵送工艺试验费 3 万元，合计 12 万元。

（3）临时设施费：为该工程项目的施工搭建的民工临时用房 15 间；为业主搭建的临时办公室 4 间，分别为 3 万元和 1 万元，合计 4 万元。

（4）根据施工组织设计，部分项目安排在雨季施工，由于采取防雨措施，增加费用 2 万元。

【问题】

试分析以上各项费用业主是否应支付？为什么？如果应支付，那么支付多少？

【解】

（1）职工教育经费不应支付，该费用已包含在合同价中（或该费用已计入建筑安装工程费用中的企业管理费）。

（2）模型破坏性试验费用应支付，该费用未包含在合同价中（或该费用属建设单位应支付的研究试验费（或建设单位的费用），支付 9 万元。混凝土泵送工艺改进试验费不应支付，该费用已包含在合同价中（或该费用已计入建筑安装工程费中的企业管理费）。

（3）为民工搭建的用房费用不应支付，该费用已包含在合同价中（或该费用已计入建筑安装工程费中的措施费）。为业主搭建的用房费用应支付，该费用未包含在合同价中（或该费用属建设单位应支付的临建费），应支付1万元。

（4）雨季措施增加费不应支付，属施工单位责任（或该费用已计入建筑安装工程费中的措施费）。

业主共计支付施工单位费用=9+1=10（万元）

单元考核题

一、单选题

1．工程造价的第一种含义是从投资者或业主的角度定义的，按照该定义，工程造价是指（　　）。

A．建设项目总投资　　B．建设项目固定资产投资

C．建设工程其他投资　　D．建筑安装工程投资

2．控制工程造价最有效的手段是（　　）。

A．精打细算　　B．技术与经济相结合

C．强化设计　　D．推行招投标制

3．在项目的可行性研究阶段，应编制（　　）。

A．投资估算　B．总概算　C．施工图预算　D．修正概算

4．根据《建设项目经济评价与参数》（第三版），建设投资中没有包括的费用是（　　）。

A．工程费用　　B．工程建设其他费用

C．建设期利息　　D．预备费

5．某建设项目建筑工程费2000万元，安装工程费700万元，设备购置费1100万元，工程建设其他费450万元，预备费180万元，建设期利息120万元，流动资金500万元，则该项目的工程造价为（　　）万元。

A．4250　B．4430　C．4550　D．5050

6．我国进口设备采用最多的一种货价是（　　）。

A．运费在内价　　B．保险费在内价

C．装运港船上交货价　　D．目的港船上交货价

7．根据我国现行建筑安装工程费用项目组成，检验试验费列入（　　）。

A．材料费　B．措施费　C．规费　D．企业管理费

8．根据我国现行建筑安装工程费用项目组成，大型机械进出场及安拆费列入（　　）。

A．总承包服务费　　B．措施费

C．规费　　D．安全文明施工费

9．某新建项目建设期为3 年，共向银行贷款1300万元，第一年贷款300万元，第二年贷款600万元，第三年贷款400万元，年贷款利率为6%，计算建设期利息为（ ）万元。

A．76.80　B．106.80　C．366.30　D．114.27

10．下列费用中，属于生产准备及开办费的是（ ）。

A．人员培训费　B．竣工验收费　C．联合试运转费　D．完工清理费

二、多选题

1．工程造价管理的含义包括（ ）。

A．建设工程投资费用管理　B．工程价格管理

C．工程价值管理　D．工程造价依据管理

E．工程造价专业队伍建设的管理

2．根据我国现行建筑安装工程费用项目组成，规费包括（ ）。

A．工程排污费　B．工程定额测定费

C．文明施工费　D．住房公积金

E．社会保险费

3．根据我国现行建筑安装工程费用项目组成，劳动保险和职工福利费包括（ ）。

A．夏季防暑降温　B．冬季取暖补贴

C．集体福利费　D．职工退职金

E．上下班交通补贴

4．根据我国现行建筑安装工程费用项目组成，下列各项中属于企业管理费的是（ ）。

A．住房公积金　B．社会保险费

C．生产工人劳动保护费　D．财务费

E．工会经费

5．按我国现行投资构成，下列费用属于工程建设其他费用的是（ ）。

A．建设管理费　B．生产准备费

C．办公和生活家具购置费　D．工程保险费

E．联合试运转费

6．进口设备的交货类别分为（ ）。

A．海上交货类　B．目的地交货类

C．装运港交货类　D．内陆交货类

E．生产地交货类

三、简答题

1．工程造价及工程造价管理的含义是什么？

2．工程造价控制的原则是什么？

3．我国现行建设项目投资由哪些内容构成？

4．我国现行建设项目工程造价由哪些内容构成？

5．建筑安装工程费用项目按费用构成要素组成和按工程造价形成顺序划分分别包括哪些内容？

四、案例分析题

1．某公司拟全套引进国外设备，有关设备购置的数据如下：

设备离岸价（FOB）800 万美元（美元兑人民币汇率按 1∶6.2 计算）；海上运输费费率为 6%；海外运输保险费费率为 3.5‰；关税税率为 17%；增值税税率为 17%；银行财务费费率为 0.5%；外贸手续费费率为 1.5%；国内供销手续费费率为 0.4%，运输、装卸和包装费率为 0.1%；采购保管费费率为 1‰；设备的安装费费率为设备原价的 10%。

【问题】

估算该进口设备购置费和安装工程费。

2．某建设项目，有关数据资料如下：

项目的设备及工器具购置费为 2400 万元。项目的建筑安装工程费为 1300 万元。项目的工程建设其他费为 800 万元。基本预备费费率为 10%。年均价格上涨率为 6%（投资估算时点与建设开工日期时间差乎略不计）。项目建设期为二年，第一年建设投资为 60%，第二年建设投资为 40%，建设资金第一年贷款 1200 万元，第二年贷款 700 万元，贷款年利率为 8%，计算周期为半年。

【问题】

1．项目的基本预备费应是多少？

2．项目的静态投资是多少？

3．项目的价差预备费是多少？

4．项目建设期利息是多少？

5．建设投资是多少？

单元 2

建设项目决策阶段工程造价控制

教学目标 通过本单元的学习，了解建设项目决策与工程造价的关系；熟悉可行性研究的内容；掌握建设项目决策阶段投资估算的内容和编制方法；了解建设项目经济评价和财务评价的相关知识。

学习提示 建设项目投资决策是选择和决定投资行动方案的过程，是对拟建项目的必要性和可行性进行技术论证，对不同建设方案进行技术和经济比较及做出判断和决定的过程。投资决策作为决定工程造价的基础阶段，在项目建设的各阶段中，决策阶段投入费用较少，但对工程总体造价的影响却非常巨大，可以达到70%～90%。在很多情况下造价管理工作往往忽略决策阶段的造价管理，只有不断加强投资决策阶段可行性研究的深度、精度，合理计算投资估算，才能保证工程造价被控制在合理的范围内，较好地实现投资控制目标，避免工程上的“三超”现象。本单元中，我们将学习建设项目投资决策与工程造价的关系、可行性研究的相关内容、投资估算的编制与审查以及建设项目经济与财务评价的相关知识。

课题 2.1　投资决策与工程造价控制

2.1.1　建设项目投资决策的工作程序

建设项目决策正确与否，直接关系到项目建设的成败，关系到工程造价的高低及投资效果的好坏，正确决策是合理确定与控制工程造价的前提。建设项目投资决策的工作程序见图 2.1。

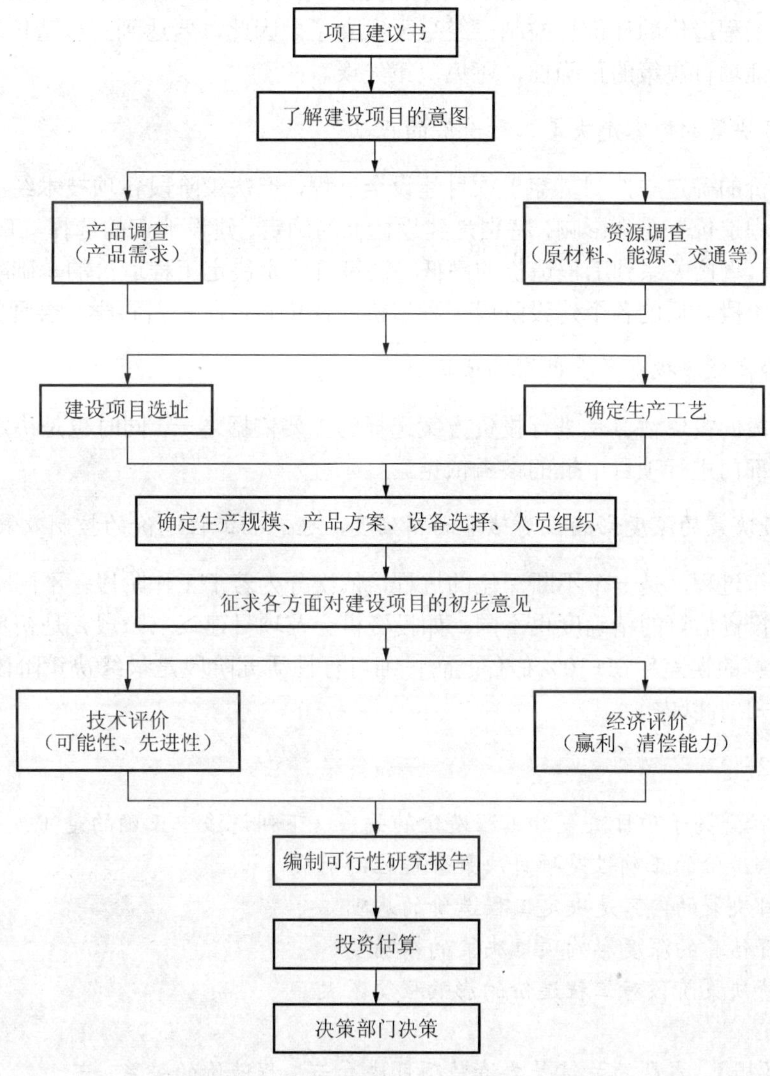

图 2.1　建设项目投资决策阶段的工作程序

2.1.2 建设项目决策与工程造价的关系

1. 项目决策的正确性是工程造价合理性的前提

项目决策正确，意味着对项目建设做出科学的决断，优选出最佳投资行动方案，达到资源的合理配置，这样才能合理地估计和计算工程造价，并且在实施最优投资方案过程中，有效地控制工程造价。项目决策失误，主要体现在对不该建设的项目进行投资建设，或者项目建设地点的选择错误，或者投资方案的确定不合理等。决策失误，会直接带来不必要的资金投入和人力、物力的浪费，甚至造成不可弥补的损失。在这种情况下，合理地进行工程造价的计价与控制已经毫无意义了。因此，要达到工程造价的合理性，事先就要保证项目决策的正确性，避免决策失误。

2. 项目决策的内容是决定工程造价的基础

工程造价的确定与控制贯穿于项目建设全过程，但决策阶段各项技术经济决策，对该项目的工程造价有重大影响，特别是建设标准的确定、建设地点的选择、工艺的评选、设备选用等，直接关系到工程造价的高低。决策阶段是决定工程造价的基础阶段，直接影响着决策阶段之后的各个建设阶段工程造价的计价与控制是否科学、合理的问题。

3. 造价高低、投资多少也影响项目决策

决策阶段的投资估算是进行投资方案选择的重要依据之一，同时也是决定项目是否可行及主管部门进行项目审批的参考依据。

4. 项目决策的深度影响投资估算的精确度，也影响工程造价的控制效果

投资决策过程，是一个不断深化的过程，依次分为若干工作阶段，不同阶段决策的深度不同，投资估算的精确度也不同。如投资机会及项目建议书阶段，是初步决策的阶段，投资估算的误差率在±30%左右；而详细可行性研究阶段是最终决策阶段，投资估算误差率在±10%以内。

应用案例 2-1

单项选择：关于项目决策和工程造价的关系，下列说法中正确的是（　　）。

A. 工程造价的正确性是项目决策合理性的前提

B. 项目决策的内容是决定工程造价的基础

C. 投资估算的深度影响项目决策的精确度

D. 投资决策阶段对工程造价的影响程度不大

答案：B

【案例解析】 本题的关键是要清楚项目决策与工程造价的关系。

2.1.3　建设项目决策阶段影响工程造价的主要因素

在项目决策阶段，影响工程造价的主要因素包括：建设规模、建设地区及建设地点（厂址）、技术方案、设备方案、工程方案、环境保护措施等。

1. 项目建设规模

项目建设规模也称项目生产规模，是指项目设定的正常生产营运年份可能达到的生产能力或者使用效益。建设规模的确定，就是要合理选择拟建项目的生产规模，解决“生产多少”的问题。每一个建设项目都存在着一个合理规模的选择问题，生产规模过小，使得资源得不到有效配置，单位产品成本较高，经济效益低下；生产规模过大，超过了项目产品市场的需求量，则会导致开工不足、产品积压或降价销售，致使项目经济效益也会低下。因此，项目规模的合理选择关系着项目的成败，决定着工程造价合理与否。

合理经济规模是指在一定技术条件下，项目投入产出比处于较优状态，资源和资金可以得到充分利用，并可获得较优经济效益的规模。因此，在确定项目规模时，不仅要考虑项目内部各因素之间的数量匹配、能力协调，还要使所有生产力因素共同形成的经济实体（如项目）在规模上大小适应。这样可以合理确定和有效控制工程造价，提高项目的经济效益。但同时也须注意，规模扩大所产生的效益不是无限的，它受到技术进步、管理水平、项目经济技术环境等多种因素的制约。超过一定限度，规模效益将不再出现，甚至可能出现单位成本递增和收益递减的现象。项目规模合理化的制约因素有：

1）市场因素

市场因素是项目规模确定中需考虑的首要因素。首先，项目产品的市场需求状况是确定项目生产规模的前提。通过市场分析与预测，确定市场需求量、了解竞争对手情况，最终确定项目建成时的最佳生产规模，使所建项目在未来能够保持合理的盈利水平和持续发展的能力。其次，原材料市场、资金市场、劳动力市场等对项目规模的选择起着程度不同的制约作用。如项目规模过大可能导致材料供应紧张和价格上涨，造成项目所需投资资金的筹集困难和资金成本上升等，将制约项目的规模。

2）技术因素

先进适用的生产技术及技术装备是项目规模效益赖以存在的基础，而相应的管理技术水平则是实现规模效益的保证。若与经济规模生产相适应的先进技术及其装备的来源没有保障，或获取技术的成本过高，或管理水平跟不上，则不仅预期的规模效益难以实现，还会给项目的生存和发展带来危机，导致项目投资效益低下，工程支出浪费严重。

3）环境因素

项目的建设、生产和经营都是在特定的社会经济环境进行的，项目规模确定中需考虑的主要环境因素有：政策因素，燃料动力供应，协作及土地条件，运输及通信条件。其中，政策因素包括产业政策、投资政策、技术经济政策、国家、地区及行业经济发展规划等。特别是，为了取得较好的规模效益，国家对部分行业的新建项目规模作了下限规定，选择项目规模时应予以遵照执行。

不同行业、不同类型项目确定建设规模，还应分别考虑以下因素：

① 对于煤炭、金属与非金属矿山、石油、天然气等矿产资源开发项目，应根据资源合理开发利用要求和资源可采储量、赋存条件等确定建设规模。

② 对于水利水电项目，应根据水的资源量、可开发利用量、地质条件、建设条件、库区生态影响、占用土地，以及移民安置等确定建设规模。

③ 对于铁路、公路项目，应根据建设项目影响区域内一定时期运输量的需求预测，以及该项目在综合运输系统和本系统中的作用确定线路等级、线路长度和运输能力。

④ 对于技术改造项目，应充分研究建设项目生产规模与企业现有生产规模的关系；新建生产规模属于外延型还是外延内涵复合型，以及利用现有场地、公用工程和辅助设施的可能性等因素，确定项目建设规模。

4）建设规模方案比选

建设规模初步确定之后，可行性研究报告中还应根据经济和理性、市场容量、环境容量以及资金、原材料和主要外部协作条件等方面对项目建设规模进行充分论证，必要时进行多方案技术经济比较。经过比较，在初步可行性研究阶段，提出项目建设规模的倾向意见，报上级机构审批。合理建设规模的确定方法包括盈亏平衡产量分析法、平均成本法、生产能力平衡法以及按照政府或行业规定确定的方法。

2. 建设地区及建设地点（厂址）

建设地区及建设地点（厂址）

一般情况下，确定某个建设项目的具体地址（或厂址），需要经过建设地区选择和建设地点选择（厂址选择）这样两个不同层次的、相互联系又相互区别的工作阶段。这两个阶段是一种递进关系。其中，建设地区选择是指在几个不同地区之间对拟建项目适宜配置在哪个区域范围的选择；建设地点选择是指对项目具体坐落位置的选择。

1）建设地区的选择

建设地区选择得合理与否，在很大程度上决定着拟建项目的命运，影响着工程造价的高低、建设工期的长短、建设质量的好坏，还影响到项目建成后的运营状况。因此，建设地区的选择要充分考虑各种因素的制约，具体要考虑以下因素：

① 要符合国民经济发展战略规划、国家工业布局总体规划和地区经济发展规划的要求；

② 要根据项目的特点和需要，充分考虑原材料条件、能源条件、水源条件、各地区对项目产品需求及运输条件等；

③ 要综合考虑气象、地质、水文等建厂的自然条件；

④ 要充分考虑劳动力来源、生活环境、协作、施工力量、风俗文化等社会环境因素的影响。

因此，在综合考虑上述因素的基础上，建设地区的选择要遵循以下两个基本原则：

第一，靠近原料、燃料提供地和产品消费地的原则。满足这一要求，在项目建成投产后，可以避免原料、燃料和产品的长期远途运输，减少费用，降低产品的生产成本，

并且缩短流通时间，加快流动资金的周转速度。但这一原则并不是意味着项目安排在距原料、燃料提供地和产品消费地的等距离范围内，而是根据项目的技术经济特点和要求具体对待。例如，对农产品、矿产品的初步加工项目，由于大量消耗原料，应尽可能靠近原料产地；对于能耗高的项目，如铝厂、电石厂等，宜靠近电厂，它们取得廉价电能和减少电能运输损失所获得的利益，通常大大超过原料、半成品调运中的劳动耗费；而对于技术密集型的建设项目，由于大中城市工业和科学技术力量雄厚，协作配套条件完备、信息灵通，所以其选址宜在大中城市。

第二，工业项目适当聚集的原则。在工业布局中，通常是一系列相关的项目聚成适当规模的工业基地和城镇，从而有利于发挥“集聚效益”。集聚效益形成的客观基础是：第一，现代化生产是一个复杂的分工合作体系，只有相关企业集中配置，才能对各种资源和生产要素充分利用，便于形成综合生产能力，尤其对那些具有密切投入产出链环关系的项目，集聚效益尤为明显；第二，现代产业需要有相应的生产性和社会性基础设施相配合，其能力和效率才能充分发挥，企业布点适当集中，才有可能统一建设比较齐全的基础设施，避免重复建设，节约投资，提高这些设施的效益；第三，企业布点适当集中，才能为不同类型的劳动者提供多种就业机会。

但是，工业布局的聚集程度，并非愈高愈好。当工业聚集超越客观条件时，也会带来许多弊端，促使项目投资增加，经济效益下降。这主要是因为：第一，各种原料、燃料需要量大增，原料、燃料和产品运输距离延长，流通过程中的劳动耗费增加；第二，城市人口相应集中，形成对各种农副产品的大量需求，势必增加城市农副产品供应的费用；第三，生产和生活用水量大增，在本地水源不足时，需要开辟新水源，远距离引水，耗资巨大；第四，大量生产和生活排泄物集中排放，势必造成环境污染、破坏生态平衡，利用自然界自净能力净化“三废”的可能性相对下降。为保持环境质量，不得不花费巨资兴建各种人工净化处理设施，增加环境保护费用。当工业集聚带来的“外部不经济性”的总和超过生产集聚带来的利益时，综合经济效益反而下降，这就表明集聚程度已超过经济合理的界限。

2）建设地点（厂址）的选择

建设地点的选择是一项极为复杂的技术经济综合性很强的系统工程，它不仅涉及到项目建设条件、产品生产要素、生态环境和未来产品销售等重要问题，受社会、政治、经济、国防等多因素的制约；而且还直接影响到项目建设投资、建设速度和施工条件，以及未来企业的经营管理及所在地点的城乡建设规划与发展。因此，必须从国民经济和社会发展的全局出发，运用系统观点和方法分析决策。

① 选择建设地点的要求：

第一，节约土地，少占耕地。项目的建设应尽可能节约土地，尽量把厂址放在荒地、劣地、山地和空地，尽可能不占或少占耕地，并力求节约用地。尽量节省土地的补偿费用，降低工程造价。

第二，减少拆迁移民。工程选址、选线应着眼少拆迁、少移民，尽可能不靠近、不穿越人口密集的城镇或居民区，减少或不发生拆迁安置费，降低工程造价。若必须拆迁移民，应制定征地拆迁移民安置方案，考虑移民数量、安置途径、补偿标准、拆迁安置工作量和所需资金等情况，作为前期费用计入项目投资成本。

第三，应尽量选在工程地质、水文地质条件较好的地段，土壤耐压力应满足拟建厂的要求，严防选在断层、溶岩、流沙层和有用矿床上，以及洪水淹没区、已采矿坑塌陷区、滑坡区。厂址的地下水位应尽可能低于地下建筑物的基准面。

第四，要有利于厂区合理布置和安全运行。厂区土地面积与外形能满足厂房与各种构筑物的需要，并适合于按科学的工艺流程布置厂房与构筑物，满足生产安全要求。厂区地形力求平坦而略有坡度（一般以5%～10%为宜），以减少平整土地的土方工程量，节约投资，又便于地面排水。

第五，应尽量靠近交通运输条件和水电等供应条件好的地方。厂址应靠近铁路、公路、水路，以缩短运输距离，减少建设投资和未来的运营成本；厂址应设在供电、供热和其他协作条件便于取得的地方，有利于施工条件的满足和项目运营期间的正常运作。

第六，应尽量减少对环境的污染。对于排放大量有害气体和烟尘的项目，不能建在城市上风口，以免对整个城市造成污染；对于噪声大的项目，厂址应选在距离居民集中地区较远的地方，同时，要设置一定宽度的绿化带，以减弱噪声的干扰；对于生产或使用易燃、易爆、辐射产品的项目，厂址应远离城镇和居民密集区。

上述条件能否满足，不仅关系到建设工程造价的高低和建设期限，对项目投产后的运营状况也有很大影响。因此，在确定厂址时，也应进行方案的技术经济分析、比较，选择最佳厂址。

② 厂址选择时的费用分析。

在进行厂址多方案技术经济分析时，除比较上述厂址条件外，还应具有全寿命周期的理念，从以下两方面进行分析：

第一，项目投资费用。包括土地征购费、拆迁补偿费、土石方工程费、运输设施费、排水及污水处理设施费、动力设施费、生活设施费、临时设施费、建材运输费等。

第二，项目投产后生产经营费用。包括原材料、燃料运入及产品运出费用，给水、排水、污水处理费用，动力供应费用等。

应用案例 2-2

多项选择：在选择建设地点（厂址）时，应尽量满足下列要求（　　）。

A. 节约土地，尽量少占耕地，降低土地补偿费用

B. 建设地点（厂址）的地下水位应与地下建筑物的基准面持平

C. 尽量选择人口相对稀疏的地区，减少拆迁移民数量

D. 尽量选择在工程地质、水文地质较好的地段

E. 厂区地形平坦，避免山地

答案：ACDE

【案例解析】 建设地点的选择是一项极为复杂的技术经济综合性很强的系统工程，要综合考虑多方面的因素。

3. 生产技术方案

生产技术方案指产品生产所采用的工艺流程和生产方法。生产技术方案不仅影响项目的建设成本，也影响项目建成后的运营成本。因此，生产技术方案的选择直接影响项目的工程造价，必须认真选择和确定。

1）生产技术方案选择的基本原则

① 先进适用。这是评定技术方案最基本的标准。先进与适用，是对立的统一。保证工艺技术的先进性是首先要满足的，它能够带来产品质量、生产成本的优势。但是不能单独强调先进而忽视适用，还要考察工艺技术是否符合我国国情和国力，是否符合我国的技术发展政策。有的引进项目，可以在主要工艺上采用先进技术，而其他部分则采用适用技术。总之，要根据国情和建设项目的经济效益，综合考虑先进与适用的关系。对于拟采用的工艺，除了必须保证能用指定的原材料按时生产出符合数量、质量要求的产品外，还要考虑与企业的生产和销售条件（包括原有设备能否配套，技术和管理水平、市场需求、原材料种类等）是否相适应，特别要考虑到原有设备能否利用，技术和管理水平能否跟上。

② 安全可靠。项目所采用的技术或工艺，必须经过多次试验和实践证明是成熟的，技术过关，质量可靠，有详尽的技术分析数据和可靠性记录，并且生产工艺的危害程度控制在国家规定的标准之内，才能确保生产安全运行，发挥项目的经济效益。对于核电站、产生有毒有害和易燃易爆物质的项目（比如油田、煤矿等）及水利水电枢纽等项目，更应重视技术的安全性和可靠性。

③ 经济合理。经济合理是指所用的技术或工艺应能以尽可能小的消耗获得最大的经济效果，要求综合考虑所用技术或工艺所能产生的经济效益和国家的经济承受能力。在可行性研究中可能提出几种不同的技术方案，各方案的劳动需要量、能源消耗量、投资数量等可能不同，在产品质量和产品成本等方面可能也有差异，应反复进行比较，从中挑选最经济合理的技术或工艺。

2）生产技术方案选择的内容

① 生产方法选择。生产方法直接影响生产工艺流程的选择。一般在选择生产方法时，从以下几个方面着手：

第一，研究与项目产品相关的国内外的生产方法，分析比较优缺点和发展趋势，采用先进适用的生产方法。

第二，研究拟采用的生产方法是否与采用的原材料相适应。

第三，研究拟采用生产方法的技术来源的可得性，若采用引进技术或专利，应比较所需费用。

第四，研究拟采用生产方法是否符合节能和清洁的要求。

② 工艺流程方案选择。工艺流程是指投入物（原料或半成品）经过有次序的生产加工，成为产出物（产品或加工品）的过程。选择工艺流程方案的具体内容包括以下几个方面：

第一，研究工艺流程方案对产品质量的保证程度。

第二，研究工艺流程各工序间的合理衔接，工艺流程应通畅、简捷。

第三，研究选择先进合理的物料消耗定额，提高收效和效率。

第四，研究选择主要工艺参数。

第五，研究工艺流程的柔性安排，既能保证主要工序生产的稳定性，又能根据市场需求变化，使生产的产品在品种规格上保持一定的灵活性。

4. 设备方案

在生产工艺流程和生产技术确定后，就要根据生产规模和工艺过程的要求，选择设备的型号和数量。设备的选择与技术密切相关，二者必须匹配。没有先进的技术，再好的设备也没用，没有先进的设备，技术的先进性则无法体现。对于主要设备方案选择，应符合以下要求：

（1）主要设备方案应与确定的建设规模、产品方案和技术方案相适应，并满足项目投产后生产或使用的要求。

（2）主要设备之间、主要设备与辅助设备之间，能力要相互匹配。

（3）设备质量可靠、性能成熟，保证生产和产品质量稳定。

（4）在保证设备性能前提下，力求经济合理。

（5）选择的设备应符合政府部门或专门机构发布的技术标准要求。

因此，在设备选用中，应注意处理好以下问题：

① 要尽量选用国产设备。凡国内能够制造，并能保证质量、数量和按期供货的设备，或者进口专利技术就能满足要求的，则不必从国外进口整套设备；凡只要引进关键设备就能由国内配套使用的，就不必成套引进。

② 要注意进口设备之间以及国内外设备之间的衔接配套问题。有时一个项目从国外引进设备时，为了考虑各供应厂家的设备特长和价格等问题，可能分别向几家制造厂购买，这时，就必须注意各厂所供设备之间技术、效率等方面的衔接配套问题。为了避免各厂所供设备不能配套衔接，引进时最好采用总承包的方式。还有一些项目，一部分为进口国外设备，另一部分则引进技术由国内制造，这时，也必须注意国内外设备之间的衔接配套问题。

③ 要注意进口设备与原有国产设备、厂房之间的配套问题。主要应注意本厂原有国产设备的质量、性能与引进设备是否配套，以免因国内外设备能力不平衡而影响生产。有的项目利用原有厂房安装引进设备，就应把原有厂房的结构、面积、高度以及原有设备的情况了解清楚，以免设备到厂后安装不下或互不适应而造成浪费。

④ 要注意进口设备与原材料、备品备件及维修能力之间的配套问题。应尽量避免引进的设备所用主要原料需要进口。如果必须从国外引进时，应安排国内有关厂家尽快研制这种原料。在备品备件供应方面，随机引进的备品备件数量往往有限，有些备件在厂家输出技术或设备之后不久就被淘汰，因此采用进口设备，还必须同时组织国内研制所需备品备件问题，以保证设备长期发挥作用。另外，对于进口的设备，还必须懂得如

何操作和维修，否则不能发挥设备的先进性。在外商派人调试安装时，可培训国内技术人员及时学会操作，必要时也可派人出国培训。

5. 工程方案

工程方案构成项目的实体，工程方案是在已选定项目建设规模、技术方案和设备方案的基础上，研究论证主要建筑物、构筑物的建造方案，包括对于建筑标准的确定。工程方案选择原则应满足生产使用功能要求；适应已选定的场址（线路走向）；符合工程标准规范要求；经济合理。主要内容是一般工业项目建筑物、构筑物的工程方案主要研究其建筑特征，建筑物、构筑物的结构形式，以及特殊建筑要求，基础工程方案，抗震设防等；矿产开采项目主要研究开拓方式；铁路项目主要研究线路、路基、轨道、桥涵、隧道、站场以及通信信号等；水利水电项目主要研究防洪、治涝、灌溉、供水、发电等。

6. 环境保护措施

建设项目一般会引起项目所在地自然环境、社会环境和生态环境的变化，对环境状况、环境质量产生不同程度的影响。因此，在厂址方案或技术方案中，应调查识别拟建项目影响环境的因素，研究提出治理和保护环境的措施，比选和优化环境保护方案。

课题 2.2　建设项目可行性研究报告

2.2.1　可行性研究的概念和作用

1. 可行性研究的概念

建设项目的可行性研究是在投资决策前对拟建项目有关的社会、经济、技术等各方面进行深入细致的调查研究和全面的技术经济论证，对项目建成后的经济效益进行科学的预测和评价，为项目决策提供科学依据的一种科学分析方法。

2. 可行性研究的作用

可行性研究是保证项目建设以最小的投资耗费取得最佳的经济效果，是实现项目技术在技术上先进、经济上合理和建设上可行的科学方法。可行性研究的主要作用有以下几点。

（1）可行性研究是建设项目投资决策和编制设计任务书的依据。可行性研究对建设项目的各方面都进行了深入细致的调查研究，系统地论证了项目的可行性。项目投资与否，主要依据项目可行性研究所做出的定性和定量的技术经济分析，因此可行性研究是投资决策的主要依据。

（2）可行性研究是筹集资金的依据。特别是需要申请银行贷款的项目，可行性研究提供了可参考的经济效益水平以及偿还能力等评估结论。银行等金融机构在确认项目是否可获得贷款前，要对可行性研究报告进行全面分析、评估，最终进行贷款决策。

（3）可行性研究报告是工程项目建设前期准备的依据。项目建设之前必须经过环保部门、地方政府和规划部门审批，而项目审批的依据主要就是可行性研究报告。此外，施工组织、工程进度安排及竣工验收、设计、设备订货、合同的洽谈等都要依据可行性研究的结果。

3. 项目投资决策的可行性研究的阶段划分

可行性研究工作是一个由粗到细的分析过程，主要包括四个阶段：机会研究、初步可行性研究、详细可行性研究、评价和决策阶段。

1）机会研究

投资机会研究又称投资机会论证。这一阶段的主要任务是提出建设项目投资方向建议，即在一个确定的地区和部门内，根据自然资源、市场需求、国家产业政策和国际贸易情况，通过调查、预测和分析研究，选择建设项目，寻找投资的有利机会。机会研究要解决两个方面的问题：一是社会是否需要：二是有没有可以开展项目的基本条件。

机会研究一般从以下三个方面着手开展工作：第一，以开发利用本地区的某一丰富资源为基础，谋求投资机会；第二，以现有工业的拓展和产品深加工为基础，通过增加现有企业的生产能力与生产工序等途径创造投资机会；第三，以优越的地理位置、便利的交通条件为基础分析各种投资机会。

这一阶段的工作比较粗略，一般是根据条件和背景相类似的工程项目来估算投资额和生产成本，初步分析建设投资效果，提供一个或一个以上可能进行建设的项目投资或投资方案。这个阶段所估算的投资额和生产成本的精确程度控制在30%左右。大中型项目的机会研究所需时间一般为1～3个月，所需费用占投资总额的0.2%～1%。如果投资者对这个项目感兴趣，再进行下一步的可行性研究工作。

该阶段的工作成果为项目建议书，项目建议书的内容视项目的不同情况而有繁有简，但一般应包括以下几个方面：

① 建设项目提出的必要性和依据，引进技术和进口设备的，还要说明国内外技术差距概况及进口的理由；

② 产品方案、拟建规模和建设地点的初步设想；

③ 资源情况、建设条件、协作关系等的初步分析；

④ 投资估算和资金筹措设想，利用外资项目要说明利用外资的可能性以及偿还贷款能力的大体测算；

⑤ 项目的进度安排；

⑥ 经济效益和社会效益的估计。

2）初步可行性研究

在项目建议书被主管计划部门批准后，对于投资规模大，技术工艺又比较复杂的大中型骨干项目，需要先进行初步可行性研究。初步可行性研究也称为预可行性研究，是正式的详细可行性研究前的预备性研究阶段。经过投资机会研究认为可行的建设项目，值得继续研究，但又不能肯定是否值得进行详细可行性研究时，就要做初步可行性研究，

进一步判断这个项目是否具有生命力，是否有较高的经济效益。若经过初步可行性研究，认为该项目具有一定的可行性，便可转入详细可行性研究阶段。否则，就终止该项目。初步可行性研究是作为投资项目机会研究与详细可行性研究的中间性或过渡性研究阶段。这阶段的主要目的有：

① 确定项目是否还要进行详细可行性研究；

② 确定哪些关键问题需要进行辅助性专题研究。

初步可行性研究内容和结构与详细可行性研究基本相同，主要区别是所获得资料的详尽程度和研究深度不同。对建设投资和生产成本的估算精度一般要求控制在±20%左右，研究时间为4～6个月，所需费用占投资总额的0.25%～1.25%。

3）详细可行性研究

详细可行性研究又称技术经济可行性研究，是可行性研究的主要阶段，是建设项目投资决策的基础。它为项目决策提供技术、经济、社会、商业方面的评价依据，为项目的具体实施提供科学依据。这一阶段的主要目标有：

① 提出项目建设方案；

② 效益分析和最终方案选择；

③ 确定项目投资的最终可行性和选择依据标准。

这一阶段的内容比较详尽，所花费的时间和精力都比较大。而且本阶段还为下一步工程设计提供基础资料和决策依据。在此阶段，建设投资和生产成本计算精度控制在±10%以内；大型项目研究工作所花费的时间为 8～12 个月，所需费用占投资总额的0.2%～1%；中小型项目研究工作所花费的时间为4～6个月，所需费用占投资额的1%～3%。

4）评价和决策阶段

评价是由投资决策部门组织和授权有关咨询公司或有关专家，代表项目业主和出资人对建设项目可行性研究报告进行全面的审核和再评价。其主要任务是对拟建项目的可行性研究报告提出评价意见，最终决策该项目投资是否可行，确定最佳投资方案。项目评价与决策是在可行性研究报告基础上进行的，其内容包括：

① 全面审核可行性研究报告中反映的各项情况是否属实；

② 分析项目可行性研究报告中各项指标计算是否正确，包括各种参数、基础数据、定额费率的选择；

③ 从企业、国家和社会等方面综合分析和判断工程项目的经济效益和社会效益；

④ 分析判断项目可行性研究的可靠性、真实性和客观性，对项目做出最终的投资决策；

⑤ 最后写出项目评估报告。

由于基础资料的占有程度、研究深度与可靠程度要求不同，可行性研究的各个工作阶段的研究性质、工作目标、工作要求、工作时间与费用各不相同。一般来说，各阶段的研究内容由浅入深，项目投资和成本估算的精度要求由粗到细，研究工作量由小到大，研究目标和作用逐步提高，因此工作时间和费用也逐渐增加。

表 2.1 总结了可行性研究各阶段的要求。

表 2.1 可行性研究各阶段要求

工作阶段	机会研究	初步可行性研究	详细可行性研究	评价阶段
工作性质	项目设想	项目初步选择	项目拟定	项目评估
工作内容	鉴别投资方向和目标，选择项目，寻求投资机会（地区、行业、资源和项目的机会研究），提出项目投资建议	对项目初步评价作专题辅助研究，广泛分析、筛选方案，鉴定项目的选择依据和标准，研究项目的初步可行性，决定是否需要进一步做详细可行性研究或否定项目	对项目进行深入细致的技术经济论证，重点对项目进行财务效益和经济效益分析评价，多方案比选，提出结论性意见，确定项目投资的可行性和选择依据标准	综合分析各种效益，对可行性研究报告进行评估和审查，分析判断项目可行性研究的可靠性和真实性，对项目做最终决定
工作成果及作用	编制项目建议书作为判定经济计划和编制项目建议书的基础，为初步选择投资项目提供依据	编制初步可行性报告，判定是否有必要进行下一步详细可行性研究，进一步判明建设项目的生命力	编制可行性研究报告，作为项目投资决策的基础和重要依据	提出项目评估报告，为投资决策提供最后决策依据，决定项目取舍和选择最佳投资方案
估算精度	±30%	±20%	±10%	±0%
研究费用占总投资的百分比	0.2～1	0.25～1.25	大项目 0.2～1.0 小项目 1.0～3.0	
需要时间（月）	1～3	4～6	8～12	

2.2.2 可行性研究报告的内容与编制

1. 可行性研究报告的编制程序

根据我国现行的工程项目建设程序和国家颁布的《关于建设项目进行可行性研究试行管理办法》，可行性研究的工作程序分为以下三个部分。

1）建设单位提出项目建议书和初步可行性研究报告

各投资单位根据国家经济发展的长远规划、经济建设的方针任务和技术经济政策，结合资源情况、建设布局等条件，在广泛调查研究、收集资料、踏勘建设地点、初步分析投资效果的基础上，提出需要进行可行性研究的项目建议书和初步可行性研究报告。跨地区、跨行业的建设项目以及对国计民生有重大影响的大型项目，由有关部门和地区联合提出项目建议书和初步可行性研究报告。

2）项目业主、承办单位委托有资格的单位进行可行性研究

当项目建议书经国家计划部门、贷款部门审定批准后，该项目即可立项。项目业主或承办单位就可以以签订合同的方式委托有资格的工程咨询公司（或设计单位）着手编制拟建项目可行性研究报告。双方签订的合同中，应规定研究工作的依据、研究范围和内容、前提条件、研究工作质量和进度安排、费用支付办法、协作方式及合同双方的责任和关于违约的处理方法。

3）设计或咨询单位进行可行性研究工作，编制完整的可行性研究报告

设计单位与委托单位签订全过程造价咨询合同后，即可开展可行性研究工作，如图2.2所示。

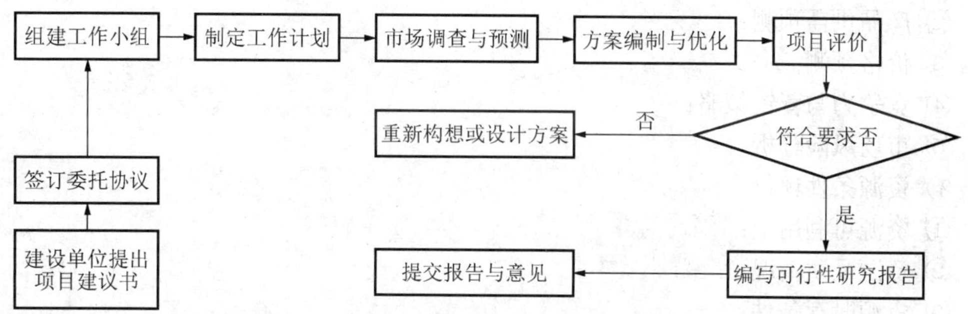

图2.2　可行性研究工作程序

① 了解有关部门与委托单位对建设项目的意图，并组建工作小组，制定工作计划。

② 调查研究与收集资料。工作小组在摸清了委托单位对建设项目的意图和要求之后，即应组织收集和查阅与项目有关的自然环境、经济与社会等基础资料和文件资料，并拟定调研提纲，组织人员赴现场进行实地踏勘与抽样调查，收集整理所得的设计基础资料。必要时还必须进行专题调查研究。调查研究主要从市场调查和资源调查两方面着手。通过分析论证，研究项目建设必要性。

③ 方案设计和优选。根据项目建议书要求，结合市场和资源调查，在收集到一定的基础资料和基础数据的基础上，选择建设地点，确定生产工艺，建立几种可供选择的技术方案和建设方案，结合实际条件进行方案论证和比较，从中选出最优方案，研究论证项目在技术上的可行性。在方案设计和优选中，对重大问题或有争论的问题，要会同委托单位共同讨论确定。

④ 经济分析和评价。项目经济分析人员根据调查资料和相关规定，选定与本项目有关的经济评价基础数据和定额指标参数，对选定的最佳建设总体方案进行详细的财务预测、财务效益分析、国民经济评价和社会效益评价。研究论证项目在经济方面和社会方面赢利性与合理性，进一步提出资金筹集建议和制定项目实施总进度计划。

⑤ 编写可行性研究报告。项目可行性研究各专业方案，经过技术经济论证和优化后，由各专业组分工编写，经项目负责人衔接协调，综合汇总，提出可行性研究报告初稿。

⑥ 与委托单位交换意见。

2. 可行性研究报告的内容

1）总论

① 项目提出的背景与概况；

② 可行性研究报告编制的依据；

③ 项目建设条件；

可行性研究报告示例

④ 问题与建议。

2）市场预测

① 市场现状调查；

② 产品供需预测；

③ 价格预测；

④ 竞争力与营销策略；

⑤ 市场风险分析。

3）资源条件评价

① 资源可利用量；

② 资源品质情况；

③ 资源赋存条件；

④ 资源开发价值。

4）建设规模与产品方案

① 建设规模与产品方案构成；

② 建设规模与产品方案的比选；

③ 推荐的建设规模与产品方案；

④ 技术改造项目推荐方案与原企业设施利用的合理性。

5）场（厂）址选择

① 场（厂）址现状及建设条件描述；

② 场（厂）址方案比选；

③ 推荐的场（厂）址方案；

④ 技术改造项目场（厂）址与原企业的依托关系。

6）技术设备工程方案

① 技术方案选择；

② 主要设备方案选择；

③ 工程方案选择；

④ 技术改造项目技术设备方案与改造前比较。

7）原材料燃料供应

① 主要原材料供应方案选择；

② 燃料供应方案选择。

8）总图运输与公用辅助工程

① 总图布置方案；

② 场（厂）内外运输方案；

③ 公用工程与辅助工程方案；

④ 技术改造项目与原企业设施的协作配套。

9）节能措施

① 节能设施；

② 能耗指标分析（技术改造项目应与原企业能耗比较）。

10）节水措施

① 节水设施；

② 水耗指标分析（技术改造项目应与原企业水耗比较）。

11）环境影响评价

① 环境条件调查；

② 影响环境因素分析；

③ 环境保护措施；

④ 技术改造项目与原企业环境状况比较。

12）劳动安全卫生与消防

① 危险因素和危害程度分析；

② 安全防范措施；

③ 卫生保健措施；

④ 消防措施。

13）组织机构与人力资源配置

① 组织机构设置及其适应性分析；

② 人力资源配置；

③ 员工培训。

14）项目实施进度

① 建设工期；

② 实施进度安排；

③ 技术改造项目的建设与生产的衔接。

15）投资估算

① 投资估算范围与依据；

② 建设投资估算；

③ 流动资金估算；

④ 总投资额及分年投资计划。

16）资金筹措

① 融资组织形式选择；

② 资本金筹措；

③ 债务资金筹措；

④ 融资方案分析。

17）经济效益和社会效益

① 项目的经济效益；

② 项目的社会效益。

18）研究结论与建议

① 推荐方案总体描述；

② 推荐方案的优缺点描述；

③ 主要对比方案；

④ 结论与建议。

3. 可行性研究报告的编制依据

（1）项目建议书（初步可行性研究报告）及其批复文件。

（2）国家和地方的经济和社会发展规划，行业部门发展规划。

（3）国家有关法律、法规、政策。

（4）对于大中型骨干项目，必须具有国家批准的资源报告、国土开发整治规划、区域规划、江河流域规划、工业基地规划等有关文件。

（5）有关机构发布的工程建设方面的标准、规范、定额。

（6）合资、合作项目各方签订的协议书或意向书。

（7）委托单位的委托合同。

（8）经国家统一颁布的有关项目评价的基本参数和指标。

（9）有关的基础数据。

4. 可行性研究报告的编制要求

（1）应能充分反映项目可行性研究工作的成果，内容齐全、结论明确、数据准确、论据充分，满足决策者确定方案与项目的要求。

（2）选用主要设备的规格、参数应能满足订货的要求，引进的技术设备资料应能满足合同谈判的要求。

（3）报告中的重大技术、经济方案应有两个以上的方案比选。

（4）确定的主要工程技术数据，应能满足项目初步设计的要求。

（5）融资方案应能满足银行等金融部门信贷决策的需要。

（6）反映在可行性研究中出现的某些方案的重大分歧及未被采纳的理由，以供委托单位与投资者权衡利弊进行决策。

（7）应附有评估、决策（审批）所必需的合同、协议、意向书、政府批件等。

5. 可行性研究的质量要求

为保证可行性研究工作的科学性、客观性和公正性，有效地防止错误和遗漏，要做到以下三点：

（1）首先必须站在客观公正的立场进行调查研究，做好基础资料的收集工作。要按照客观实际情况进行论证评价，如实地反映客观经济规律，从客观数据出发，通过科学分析，得出项目是否可行的结论。

（2）可行性研究报告的内容深度必须达到国家规定的标准，基本内容要完整，应尽可能多地占有数据资料。

（3）为保证可行性研究的工作质量，应保证咨询设计单位有足够的工作周期，防止因各种原因的不负责任草率行事。

6. 可行性研究报告的审查

对可行性研究内容逐项进行审查和分析，然后做出综合评价，也可以在可行性研究内容基础上进行分析和归纳，重点审查：

（1）审查项目厂地、规模、建设方案是否经多方案比较优选。

（2）审查各项数据是否齐全，可信程度如何。

（3）运用经济评价、效益分析考核指标对投资估算和预计效益进行复核、分析、测评，看是否进行动态分析、静态分析、财务分析、效益分析及对重大项目进行国民经济评价。

（4）审查可行性报告审批情况，可行性报告是否经编制单位的行政、技术、经济负责人签字，是否组织多方面专家参加审查会议并据实做出审查意见以及上述审查意见的执行情况等。

（5）审查建设规模的市场预测的准确性。

（6）审查厂址及建设条件，主要审查与建设工程相关的地形、地质、水文等条件。

（7）审查建设项目工艺和技术方案，主要看工艺技术、设备造型是否先进，经济上是否合理。

（8）审查交通运输环境条件是否有保证，并从长远规划角度考虑。

（9）审查环境保护的措施，是否与主体工程设计、建设投资同步进行。

（10）审查投资估算和资金的筹措，主要是审查建设资金安排是否合理、估算和概算内容是否完整、指标选用是否合理、资金来源渠道是否正常、贷款有无偿还能力、投资回收期是否正确等。

（11）审查投资效益，主要从建设项目宏观和微观两个方面进行。

通过审核，要求建设项目可行性研究报告基本满足：①投资机会的可行性；②项目建设的必要性；③技术与设备的可靠性；④生产要素组合的合理性；⑤环境变化的适应性；⑥资金使用的经济性；⑦项目建设的前瞻性。

7. 可行性研究报告的审批

1）政府对于投资项目的管理

根据《国务院关于投资体制改革的决定》，政府对于投资项目的管理分为审批、核准和备案三种方式。

（1）对于政府投资项目，继续实行审批制。其中采用直接投资和资本金注入方式的，审批程序上与传统的投资项目审批制度基本一致，继续审批项目建议书、可行性研究报告等。采用投资补助、转贷和贷款贴息方式的，不再审批项目建议书和可行性研究报告，只审批资金申请报告。

（2）对于企业不使用政府性资金投资建设的项目，一律不再实行审批制，区别不同情况实行核准制和备案制。其中，政府仅对重大项目和限制类项目从维护社会公共利益角度进行核准，其他项目无论规模大小，均改为备案制《政府核准的投资项目目录》对于实行核准制的范围进行了明确界定。

（3）对于以投资补助、转贷或贷款贴息方式使用政府投资资金的企业投资项目，应在项目核准或备案后向政府有关部门提交资金申请报告；政府有关部门只对是否给予资金支持进行批复，不再对是否允许项目投资建设提出意见。以资本金注入方式使用政府投资资金的，实际上是政府、企业共同出资建设，项目单位应向政府有关部门报送项目建议书、可行性研究报告等。

由此可知，凡企业不使用政府性资金投资建设的项目，政府实行核准制或备案制，其中企业投资建设实行核准制的项目，仅需向政府提交资金申请报告，而无需报批项目建议书、可行性研究报告和开工报告；备案制无需提交项目申请报告，只要备案即可。因此，凡不使用政府性投资资金的项目，可行性研究报告无须经过任何部门审批。

对于外商投资项目和境外投资项目，除中央管理企业限额以下投资项目实行备案制以外，其他均需政府核准。

2）政府直接投资和资本金注入的项目审批

对于政府投资项目，只有直接投资和资本金注入方式的项目政府需要对可行性研究报告进行审批，其他项目无需审批可行性研究报告。

（1）由国家发展和改革委员会审核报国务院审批的项目。

① 使用中央预算内投资、中央专项建设基金、中央统还国外贷款 5 亿元及以上的项目。

② 使用中央预算内投资、中央专项建设基金、统借自还国外贷款的总投资 50 亿元及以上项目。

（2）国家发展和改革委员会审批地方政府投资的项目。

① 各级地方政府采用直接投资（含通过各类投资机构）或以资本金注入方式安排地方各类财政性资金，建设《政府核准的投资项目目录》范围内应由国务院或国务院投资主管部门管理的固定资产投资项目，需由省级投资主管部门（通常指省级发展改革委员会和具有投资管理职能的经贸委）报国家发展和改革委会同有关部门审批或核报国务院审批。

② 需上报审批的地方政府投资项目，只需报批项目建议书。国家发改委主要从发展建设规划、产业政策以及经济安全等方面进行审查。

③ 地方政府投资项目申请中央政府投资补助、贴息和转贷的，按照国家发改委发布的有关规定报批资金申请报告，也可在向国家发改委报批项目建议书时，一并提出申请。

④ 本规定范围以外的地方政府投资项目，按照地方政府的有关规定审批。

可见，国家发展和改革委员会对地方政府投资项目秩序只需项目建议书，无须审批可行性研究报告。

（3）使用国外援助性资金的项目审批。对于借用世界银行、亚洲开发银行、国际农业发展基金会等国际金融组织贷款和外国政府贷款及与贷款混合使用的赠款、联合融资

等国际金融组织和外国政府贷款投资项目，有关规定如下：

① 由中央统借统还的项目，按照中央政府直接投资项目进行管理，其可行性研究报告由国务院发展改革部门审批或审核后报国务院审批。

② 由省级政府负责偿还或提供还款担保的项目，按照省级政府直接投资项目进行管理，其项目审批权限，按国务院及国务院发展改革部门的有关规定执行。除应当报国务院及国务院发展改革部门审批的项目外，其他项目的可行性研究报告均由省级发展改革部门审批，审批权限不得下放。

③ 由项目用款单位自行偿还且不需政府担保的项目，参照《政府核准的投资项目目录》规定办理：凡《政府核准的投资项目目录》所列的项目，其项目申请报告分别由省级发展改革部门、国务院发展改革部门核准，或由国务院发展改革部门审核后报国务院核准；《政府核准的投资项目目录》之外的项目，报项目所在地省级发展改革部门备案，可行性研究报告无需审批。

课题2.3　投资估算的编制与审查

2.3.1　建设项目投资估算的含义和内容

投资估算的含义和内容

1. 投资估算的含义

建设项目投资估算是在对项目的建设规模、产品方案、工艺技术及设备方案、工程方案及项目实施进度等进行研究并基本确定的基础上估算项目所需资金总额，并测算建设期分年资金使用计划。投资估算是拟建项目编制项目建议书、可行性研究报告的重要组成部分，是项目决策的重要依据之一。

2. 投资估算的内容

（1）根据国家规定，建设项目投资估算的费用内容根据分析角度的不同，可有两种不同的划分。

① 从满足建设项目投资设计和投资规模的角度，建设项目投资的估算包括固定资产投资估算和流动资金估算两部分。

固定资产投资估算内容按照费用的性质划分，包括建筑安装工程费用、设备及工器具购置费、工程建设其他费用（此时不含流动资金）、基本预备费、价差预备费、建设期利息。其中，建筑安装工程费、设备及工器具购置费形成固定资产；工程建设其他费用可分别形成固定资产、无形资产及其他资产。基本预备费、价差预备费、建设期利息，在可行性研究阶段为简化计算，一并记入固定资产。

流动资金是指生产经营性项目投产后，用于购买原材料、燃料、支付工资及其他经营费用等所需的周转资金。流动资金的概念，实际上就是财务中的营运资金。

② 从体现资金的时间价值的角度，可将投资估算分为静态投资部分和动态投资部

分两项。

静态投资是指不考虑资金的时间价值的投资部分，一般包括建筑安装工程费用、设备及工器具购置费、工程建设其他费用中静态部分（不涉及时间变化因素的部分），以及预备费里的基本预备费。动态投资包括工程建设其他投资中涉及价格、利率等时间动态因素的部分，如预备费里的价差预备费，建设期利息。

（2）根据《国家发展改革委、建设部关于印发建设项目经济评价方法与参数的通知》（发改投资［2006］1325号）文件精神，建设项目评价中的总投资包括建设投资、建设期利息和流动资金之和。

按照费用归集形式，建设投资可按概算法或形成资产法分类。根据项目前期研究各阶段对投资估算精度的要求、行业特点和相关规定，可选用相应的投资估算方法。投资估算的内容与深度应满足项目前期研究各阶段的要求，并为融资决策提供基础。

按概算法分类，建设投资由工程费用、工程建设其他费用和预备费三部分构成。其中工程费用又由建筑工程费、设备购置费（含工器具及生产家具购置费）和安装工程费构成；工程建设其他费用内容较多，且随行业和项目的不同而有所区别。预备费包括基本预备费和价差预备费。详见表 2.2。

表 2.2　建设投资估算表（概算法）

人民币单位：万元　外币单位：

序号	工程或费用名称	建筑工程费	设备购置费	安装工程费	其他费用	合计	其中：外币	比例(%)
1	工程费用							
1.1	主体工程							
1.1.1	×××							
	⋮							
1.2	辅助工程							
1.2.1	×××							
	⋮							
1.3	公用工程							
1.3.1	×××							
	⋮							
1.4	服务性工程							
1.4.1	×××							
	⋮							
1.5	厂外工程							
1.5.1	×××							
	⋮							

续表

序号	工程或费用名称	建筑工程费	设备购置费	安装工程费	其他费用	合计	其中：外币	比例（%）
1.6	×××							
2	工程建设其他费用							
2.1	×××							
	⋮							
3	预备费							
3.1	基本预备费							
3.2	价差预备费							
4	建设投资合计							
	比例（%）							100%

注：1．“比例”分别指各主要科目的费用（包括横向和纵向）占建设投资的比例。

2．本表适用于新设法人项目与既有法人项目的新增建设投资的估算。

3．“工程或费用名称”可依不同行业的要求调整。

按形成资产法分类，建设投资由形成固定资产的费用、形成无形资产的费用、形成其他资产的费用和预备费四部分组成。固定资产费用系指项目投产时将直接形成固定资产的建设投资，包括工程费用和工程建设其他费用中按规定将形成固定资产的费用，后者被称为固定资产其他费用，主要包括建设单位管理费、可行性研究费、研究试验费、勘察设计费、环境影响评价费、场地准备及临时设施费、引进技术和引进设备其他费、工程保险费、联合试运转费、特殊设备安全监督检验费和市政公用设施建设及绿化费等；无形资产费用系指将直接形成无形资产的建设投资，主要是专利权、非专利技术、商标权、土地使用权和商誉等。其他资产费用系指建设投资中除形成固定资产和无形资产以外的部分，如生产准备及开办费等。

对于土地使用权的特殊处理：按照有关规定，在尚未开发或建造自用项目前，土地使用权作为无形资产核算，房地产开发企业开发商品房时，将其账面价值转入开发成本；企业建造自用项目时将其账面价值转入在建工程成本。因此，为了与以后的折旧和摊销计算相协调，在建设投资估算表中通常可将土地使用权直接列入固定资产其他费用中。详见表 2.3。

表 2.3　建设投资估算表（形成资产法）

人民币单位：万元　外币单位：

序号	工程或费用名称	建筑工程费	设备购置费	安装工程费	其他费用	合计	其中：外币	比例（%）
1	固定资产费用							
1.1	工程费用							
1.1.1	×××							
1.1.2	×××							
1.1.3	×××							
	⋮							

续表

序号	工程或费用名称	建筑工程费	设备购置费	安装工程费	其他费用	合计	其中：外币	比例（%）
1.2	固定资产其他费用							
	×××							
	⋮							
2	无形资产费用							
2.1	×××							
	⋮							
3	其他资产费用							
3.1	×××							
	⋮							
4	预备费							
4.1	基本预备费							
4.2	价差预备费							
5	建设投资合计							
	比例（%）							100%

注：1.“比例”分别指各主要科目的费用（包括横向和纵向）占建设投资的比例。

2．本表适用于新设法人项目与既有法人项目的新增建设投资的估算。

3．“工程或费用名称”可依不同行业的要求调整。

【知识链接】

根据中国建设工程造价管理协会制定的《建设项目投资估算编审规程》（CECA/GC 2—2007）文件，建设项目总投资由建设投资、建设期利息、固定资产投资方向调节税和流动资金组成。详见表2.4。

表2.4　建设项目总投资组成表

费用项目名称				资产类别归并（限项目经济评价用）
建设项目总投资	建设投资	第一部分工程费用	建筑工程费	固定资产费用
			设备购置费	
			安装工程费	
		第二部分工程建设其他费用	建设管理费	
			建设用地费	
			可行性研究费	
			研究试验费	
			勘察设计费	

续表

<table>
<tr><th colspan="4">费用项目名称</th><th>资产类别归并
（限项目经济评价用）</th></tr>
<tr><td rowspan="14">建设项目总投资</td><td rowspan="12">建设投资</td><td rowspan="10">第二部分
工程建设
其他费用</td><td>环境影响评价费</td><td rowspan="8">固定资产费用</td></tr>
<tr><td>劳动安全卫生评价费</td></tr>
<tr><td>场地准备及临时设施费</td></tr>
<tr><td>引进技术和引进设备其他费</td></tr>
<tr><td>工程保险费</td></tr>
<tr><td>联合试运转费</td></tr>
<tr><td>特殊设备安全监督检验费</td></tr>
<tr><td>市政公用设施费</td></tr>
<tr><td>专利及专有技术使用费</td><td>无形资产</td></tr>
<tr><td>生产准备及开办费</td><td>其他资产费用
（递延资产）</td></tr>
<tr><td rowspan="2">第三部分
预备费用</td><td>基本预备费</td><td rowspan="2">固定资产费用</td></tr>
<tr><td>价差预备费</td></tr>
<tr><td colspan="3">建设期利息</td><td>固定资产费用</td></tr>
<tr><td colspan="3">流动资金</td><td>流动资产</td></tr>
</table>

2.3.2 投资估算的依据、要求及步骤

1. 投资估算的编制依据

投资估算的编制依据是指在编制投资估算时需要计量、价格确定、工程计价有关参数、率值确定的基础资料。投资估算的编制依据主要有以下几个方面：

（1）国家、行业和地方政府的有关规定。

（2）工程勘察与设计文件，图示计量或有关专业提供的主要工程量和主要设备清单。

（3）行业部门、项目所在地工程造价管理机构或行业协会等编制的投资估算指标、概算指标（定额）、工程建设其他费用定额（规定）、综合单价、价格指数和有关造价文件等。

（4）类似工程的各种技术经济指标和参数。

（5）工程所在地的同期的工、料、机市场价格，建筑、工艺及附属设备的市场价格和有关费用。

（6）政府有关部门、金融机构等部门发布的价格指数、利率、汇率、税率等有关参数。

（7）与建设项目相关的工程地质资料、设计文件、图纸等。

（8）委托人提供的其他技术经济资料。

2. 我国建设工程项目投资估算的阶段划分与精度要求

我国建设工程项目的投资估算分为以下几个阶段。

（1）项目规划阶段的投资估算。建设工程项目规划阶段是指有关部门根据国民经济发展规划、地区发展规划和行业发展规划的要求编制一个项目的建设规划。此阶段是按项目规划的要求和内容，粗略地估算项目所需要的投资额，投资估算允许误差大于±30%。

（2）项目建议书阶段的投资估算。在项目建议书阶段，按项目建议书中的产品方案、项目建设规模、产品主要生产工艺、企业车间组成、初选建厂地点等估算项目所需要的投资额。其对投资估算精度的要求为误差控制在±30%以内。此阶段项目投资估算是为了判断一个项目是否需要进行下一阶段的工作。

（3）初步可行性研究阶段的投资估算。初步可行性研究阶段，是在掌握了更详细、更深入的资料的条件下，估算项目所需的投资额，其对投资估算精度的要求为误差控制在±20%以内。此阶段项目投资估算是为了确定是否进行详细可行性研究。

（4）详细可行性研究阶段的投资估算。详细可行性研究阶段的投资估算至关重要，因为这个阶段的投资估算经审查批准之后，便是工程设计任务书中规定的项目投资限额，并可据此列入项目年度基本建设计划。其对投资估算精度的要求为误差控制在±10%以内。

3. 投资估算的编制步骤

投资估算的编制步骤

投资估算是根据项目建议书或可行性研究报告中建设工程项目的总体构思和描述报告，利用以往积累的工程造价资料和各种经济信息，凭借估价人员的知识、技能和经验编制而成的。其编制步骤如图2.3所示。

（1）估算建筑工程费用。根据总体构思和描述报告中的建筑方案和结构方案构思、建筑面积分配计划和单项工程描述，列出各单项工程的用途、结构和建筑面积；利用工程计价的技术经济指标和市场经济信息，估算出建设工程项目中的建筑工程费用。

（2）估算设备、工器具购置费用以及需安装设备的安装工程费用。根据可研报告中机电设备构思和设备购置及安装工程描述，列出设备购置清单；参照设备安装工程估算指标及市场经济信息，估算出设备、工器具购置费用以及需安装设备的安装工程费用。

（3）估算其他费用。根据建设中可能涉及的其他费用的构思和前期工作的设想，按照国家、地方有关法规和政策，编制其他费用估算。

（4）估算预备费用和贷款利息。

（5）估算流动资金。根据产品方案，参照类似项目流动资金占用率来估算流动资金。

（6）汇总出总投资。将建筑安装工程费用，设备、工器具购置费用及其他费用和流动资金等汇总，估算出建设工程项目总投资。

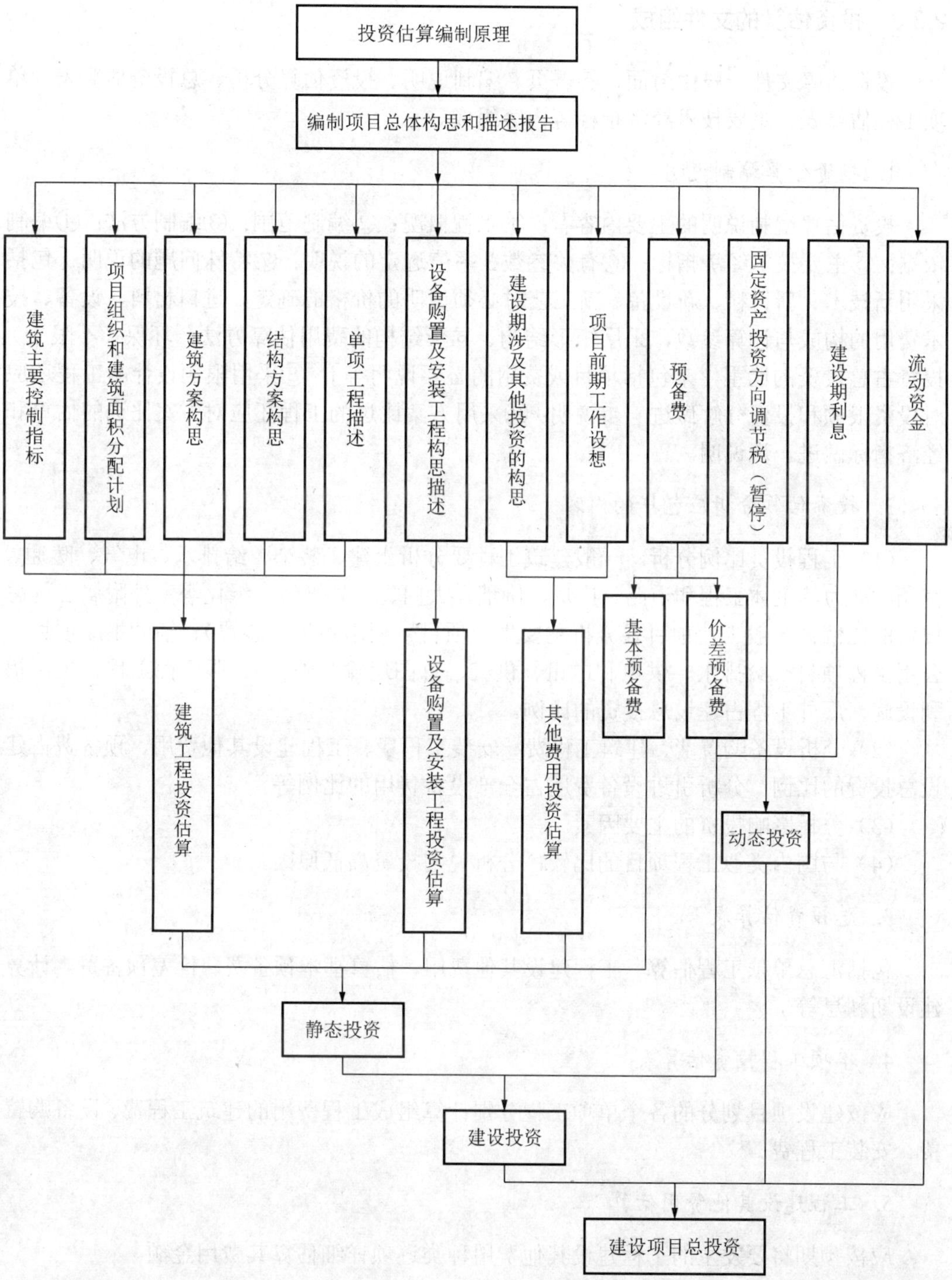

图2.3　建设工程项目投资估算编制步骤

2.3.3 投资估算的文件组成

投资估算文件一般由封面、签署页、编制说明、投资估算分析、总投资估算表、单项工程估算表、主要技术经济指标等内容组成。

1. 投资估算编制说明

投资估算编制说明的主要内容有：①工程概况；②编制范围；③编制方法；④编制依据；⑤主要技术经济指标；⑥有关参数、率值选定的说明；⑦特殊问题的说明［包括采用新技术、新材料、新设备、新工艺时必须说明的价格的确定，进口材料、设备、技术费用的构成与计算参数，采用矩形结构、异形结构的费用估算方法，环保（不限于）投资占总投资的比重，未包括项目或费用的必要说明等］；⑧采用限额设计的工程还应对投资限额和投资分解做进一步说明；⑨采用方案比选的工程还应对方案比选的估算和经济指标做进一步说明。

2. 投资估算分析应包括的内容

（1）工程投资比例分析。一般建筑工程要分析土建、装饰、给排水、电气、暖通、空调、动力等主体工程和道路、广场、围墙、大门、室外管线、绿化等室外附属工程总投资的比例；一般工业项目要分析主要生产项目（列出各生产装置）、辅助生产项目、公用工程项目（给排水、供电和电讯、供气、总图运输及外管）、服务性工程、生活福利设施、厂外工程占建设总投资的比例。

（2）分析设备购置费、建筑工程费、安装工程费、工程建设其他费用、预备费占建设总投资的比例；分析引进设备费用占全部设备费用的比例等。

（3）分析影响投资的主要因素。

（4）与国内类似工程项目的比较，分析说明投资高低原因。

3. 总投资估算表

包括汇总单项工程估算、工程建设其他费用，估算基本预备费、价差预备费，计算建设期利息等。

4. 单项工程投资估算表

应按建设项目划分的各个单项工程分别计算组成工程费用的建筑工程费、设备购置费、安装工程费。

5. 工程建设其他费用估算

应按预期将要发生的工程建设其他费用种类逐项详细估算其费用金额。

6. 其他说明

编制投资估算时除要完成上述表格编制和说明外，还应根据项目特点，计算并分析

整个建设项目、各单项工程和主要单位工程的主要技术经济指标。

【知识链接】

根据中国建设工程造价管理协会标准《建设项目投资估算编审规程》（CECA/GC 2—2007）文件，建设项目可行性研究阶段投资估算的表格可参照表2.5～表2.9执行。

表2.5　投资估算封面格式

（工程名称）
投资估算

档案号：

（编制单位名称）
（工程造价咨询单位执业章）
年　月　日

表2.6　投资估算签署页格式

（工程名称）
投资估算

档案号：

编制人：［执业（从业）印章］
审核人：［执业（从业）印章］
审定人：［执业（从业）印章］
法定负责人：

表2.7　投资估算编制说明

编制说明

① 工程概况；②编制范围；③编制方法；④编制依据；⑤主要技术经济指标；⑥有关参数、率值选定的说明；⑦特殊问题的说明等。

表 2.8　投资估算汇总表

工程名称：

序号	工程和费用名称	估算价值（万元）					技术经济指标			
		建筑工程费	设备及工器具购置费	安装工程费	其他费用	合计	单位	数量	单位价值	%
一	工程费用									
（一）	主要生产系统									
1										
2										
（二）	辅助生产系统									
1										
2										
（三）	公用及福利设施									
1										
2										
（四）	外部工程									
1										
2										
	小计									
二	工程建设其他费用									
2										
	小计									
三	预备费									
1	基本预备费									
2	价差预备费									
	小计									
四	建设期利息									
五	流动资金									
	投资估算合计（万元）									
	%									

编制人：　　　　审核人：　　　　审定人：

表 2.9　单项工程投资估算汇总表

工程名称：

序号	工程和费用名称	估算价值（万元）					技术经济指标			
		建筑工程费	设备及工器具购置费	安装工程费	其他费用	合计	单位	数量	单位价值	%
	工程费用									
（一）	主要生产系统									
1	××车间									
	一般土建									
	给排水									
	采暖									
	通风空调									
	照明									
	工艺设备及安装									
	工艺金属结构									
	工艺管道									
	工业筑炉及保温									
	变配电设备及安装									
	仪表设备及安装									
	小计									
2										
3										

编制人：　　　　　　　　　　　　审核人：　　　　　　　　　　　　审定人：

2.3.4　投资估算的编制方法

生产能力指数估算法

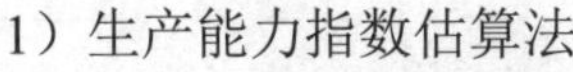

1. 项目规划和项目建议书阶段的静态投资估算

1）生产能力指数估算法

该方法是利用已知建成项目的投资额或其设备的投资额，估算同类型但生产规模不同的两个项目的投资额或其设备投资额的方法。计算公式为

$$c_2 = c_1 \times \left(\frac{Q_2}{Q_1}\right)^x \times f \tag{2.1}$$

式中：c_1——已建同类项目的固定资产投资额；

c_2——拟建项目固定资产投资额；

Q_1——已建同类项目的生产能力；

Q_2——拟建项目的生产能力；

f——不同时期、不同地点的定额、单价、费用变更等的综合调整系数；

x——生产能力指数。

式（2.1）表明，造价与规模（或容量）呈非线性关系，且单位造价随工程规模（或容量）的增大而减小。在通常情况下，$0<x\leqslant 1$，不同生产率水平的国家和不同性质的项目中，x 的取值是不相同的。比如化工项目，美国取 $x=0.6$，英国取 $x=0.66$，日本取 $x=0.7$。

若已建同类项目的生产规模与拟建项目生产规模相差不大，Q_1 与 Q_2 的比值在 0.5～2 之间，则指数 x 的取值近似为 1。

当已建同类项目的生产规模与拟建项目生产规模相差不大于 50 倍，且拟建项目生产规模的扩大仅靠增大设备规模来达到时，则 x 的取值约在 0.6～0.7 之间；当靠增加相同规格设备的数量达到时，x 的取值约在 0.8～0.9 之间。生产能力指数估算法精确度一般可控制在 20%以内。

当 x 固定取值为 1 时，主要用于建设投资与其生产能力之间为线性关系的类型项目，又称为单位生产能力估算法。但是，这是比较理想化的，因此，估算结果精确度较差。使用这种方法时要注意拟建项目的生产能力和类似项目的可比性，否则误差很大，可达 ±30%。

应用案例 2-3

按照生产能力指数法（$n=0.6$，$f=1$），若将设计中的化工生产系统的生产能力提高三倍，投资额大约增加（　　）。

A. 200%　　B. 300%　　C. 230%　　D. 130%

答案：D

【案例解析】 生产能力指数法是根据已建成的类似项目生产能力和投资额来粗略估算拟建建项目投资额的方法。其计算公式为

$$c_2 = c_1 \times \left(\frac{Q_2}{Q_1}\right)^x \times f$$

计算过程如下：

$$\frac{c_2}{c_1} = \left(\frac{Q_2}{Q_1}\right)^x \times f = \left(\frac{4}{1}\right)^{0.6} \times 1 = 2.3$$

2）系数估算法

系数估算法

系数估算法也称为因子估算法，它是以拟建项目的主体工程费或主要设备为基数，以其他工程费与主体工程费或主要设备费的百分比为系数估算项目总投资的方法。这种方法简单易行，但是精度不高，一般只限用于项目建议书阶段。系数估算法的种类很多，我国国内常用的方法有设备系数法和主体专业系数法，世界银行投资的项目估算常用朗格系数法。

（1）设备系数法。以拟建项目的设备费为基数，根据已建成的同类项目的建筑安装费和其他工程费等与设备价值的百分比，求出拟建项目建筑安装工程费和其他工程费，进而求出建设项目总投资。其计算公式为

$$C = E(1 + f_1P_1 + f_2P_2 + \cdots) + I \tag{2.2}$$

式中：C——拟建项目投资额；

E——拟建项目设备费；

P_1、P_2、… ——已建项目中建筑安装费及其他工程费等与设备费的比例；

f_1、f_2、…——由于时间因素引起的定额、价格、费用标准等变化的综合调整系数；

I——拟建项目的其他费用。

应用案例 2-4

甲公司于 2010 年 8 月拟兴建以年产 60 万吨甲产品的工厂，现获得乙公司 2005 年 6 月投产的年产 40 万吨甲产品类似工厂的建设投资资料。乙公司类似厂的设备费为 18000 万元，建筑工程费 9000 万元，安装工程费 6000 万元，工程建设其他费 5000 万元。若拟建项目的其他费用为 7000 万元，考虑因 2005 年至 2010 年时间因素导致的对设备费、建筑工程费、安装工程费、工程建设其他费的综合调整系数分别为 1.1、1.2、1.2、1.1，生产能力指数为 0.6。估算拟建项目的静态投资。

【解】

（1）求已建项目建筑工程费、安装工程费、工程建设其他费站设备费的百分比。

建筑工程费：9000/18000=0.5，安装工程费：6000/18000=0.33

工程建设其他费：5000/18000=0.28

（2）估算拟建项目的静态投资：

$$C = E(1 + f_1P_1 + f_2P_2 + \cdots) + I$$

$$=18000 \times \left(\frac{60}{40}\right)^{0.6} \times (1.1+1.2 \times 0.5+1.2 \times 0.33+1.1 \times 0.28)+7000$$

$$=62190.17\text{（万元）}$$

（2）主体专业系数法。以在拟建项目中投资比重较大，并与生产能力直接相关的专业（多数为工艺专业，民建项目为土建专业）确定为主体专业，先详细估算出主体专业投资；根据已建同类项目的有关统计资料，计算出拟建项目各专业（如总图、土建、采暖、给排水、管道、电气、自控等）与主体专业投资的百分比，以主体专业投资为基数求出拟建项目各专业投资。然后加总即为项目总投资。其计算公式为

主体专业系数法

$$C = E(1 + f_1G_1 + f_2G_2 + \cdots) + I \tag{2.3}$$

式中：E——拟建项目主体专业费；

G_1、G_2、… ——拟建项目中各专业工程费用与主体专业的比重；

其他符号同式（2.2）。

朗格系数法

（3）朗格系数法。这种方法是以设备费为基数，乘以适当系数来推算

项目的建设投资。该方法的基本原理是将总成本费用中的直接成本和间接成本分别计算，再合为项目建设的总成本费用。其计算公式为

$$C = E\left(1+\sum k_i\right)k_c \tag{2.4}$$

式中：C ——总建设费用；

E ——主要设备费；

k_i ——管线、仪表、建筑物等项费用的估算系数；

k_c ——管理费、合同费、应急费等项费用的估算系数。

总建设费用与设备费用之比为朗格系数 k_L，即

$$k_L = \left(1+\sum k_i\right)k_c \tag{2.5}$$

朗格系数包含的内容见表 2.10。

表 2.10　朗格系数包含的内容

项目		固体流程	固流流程	液体流程
朗格系数 K_L		3.1	3.63	4.74
内容	（a）包括基础、设备、绝热、油漆及设备安装	$E\times1.43$		
	（b）包括上述在内和配管工程费	（a）×1.1	（a）×1.25	（a）×1.6
	（c）装置直接费	（b）×1.5		
	（d）包括上述在内和间接费	（c）×1.31	（c）×1.35	（c）×1.38

表 2.10 中的各种流程指的是产品加工流程中使用的材料分类。固体流程指加工流程中材料为固体形态；流体流程指加工流程中材料为流体（气、液、粉体等）形态；固流流程指加工流程中材料为固体形态和流体形态的混合。

应用案例 2-5

某市拟建设一年产 50 万台电视机的工厂，已知该工厂的设备到达工地的费用为 30000 万元，计算各阶段费用并估算工厂的静态投资。

【解】

电视机加工流程中使用的材料为固体，因此为固体流程。

（1）基础、绝热、油漆及设备安装费：30000×1.43−30000=12900（万元）

（2）配管工程费：30000×1.43×1.1−30000−12900=4290（万元）

（3）装置直接费：30000×1.43×1.1×1.5=70785（万元）

（4）间接费：30000×1.43×1.1×1.5×1.31−70785=21943.35（万元）

（5）电视机厂的静态投资：70785×1.31=92728.35（万元）

3）指标估算法

具体见可行性研究阶段的静态投资估算。

2. 可行性研究阶段的静态投资估算

1）比例估算法

根据统计资料，先求出已有同类企业主要设备投资占全厂建设投资的比例，然后再

估算出拟建项目的主要设备投资，即可按比例求出拟建项目的建设投资。其表达式为

$$I=\frac{1}{K}\sum_{i=1}^{n}Q_iP_i \tag{2.6}$$

式中：I——拟建项目的建设投资；

K——已建项目主要设备投资占已建项目投资的比例；

n——设备种类数；

Q_i——第 i 种设备的数量；

P_i——第 i 种设备的单价（到厂价格）。

指标估算法

2）指标估算法

该方法是把建设项目划分为建筑工程、设备安装工程、设备及工器具购置费及其他基本建设费等费用项目或单位工程，然后根据各种具体的投资估算指标进行各项费用项目或单位工程投资的估算，在此基础上可汇总成每一单项工程的投资。通过再估算工程建设其他费用及预备费，即求得建设项目总投资。估算指标是一种比概算指标更为扩大的单位工程指标或单项工程指标。

（1）建筑工程费的估算。建筑工程费投资估算一般采用以下方法。

① 单位建筑工程投资估算法。单位建筑工程投资估算法是指以单位建筑工程量的投资乘以建筑工程总量计算。一般工业与民用建筑以单位建筑面积（m^2）的投资，工业窑炉砌筑以单位面积（m^2）的投资，水库以水坝单位长度（m）的投资，铁路路基以单位长度（km）的投资，矿山掘进以单位长度（m）的投资，乘以相应的建筑工程总量计算建筑工程费。

② 单位实物工程量投资估算法。单位实物工程量投资估算法，以单位实物工程量的投资乘以实物工程总量计算。土石方工程按每立方米投资，矿井巷道衬砌工程按每延长米投资，路面铺设工程按每平方米投资，乘以相应的实物工程总量计算建筑工程费。

③ 概算指标投资估算法。对于没有上述估算指标且建筑工程费占总投资比例较大的项目，可采用概算指标估算法。采用这种估算法，应占有较为详细的工程资料、建筑材料价格和工程费用指标，投入的时间和工作量较大。具体估算方法见有关专业机构发布的概算编制办法。

（2）设备及工器具购置费估算。分别估算各单项工程的设备和工器具购置费，需要主要设备的数量、出厂价格和相关运杂费资料。一般运杂费可按设备价格的百分比估算，进口设备要注意按照有关规定和项目实际情况估算进口环节的有关税费，并注明需要的外汇额。主要设备以外的零星设备费可按占主要设备费的比例估算，工器具购置费一般也按占主要设备费的比例估算。

（3）安装工程费估算。需要安装的设备应估算安装工程费，包括各种机电设备装配和安装工程费用，与设备相连的工作台、梯子及其装设工程费用，附属于被安装设备的管线敷设工程费用，安装设备的绝缘、保温、防腐等工程费用，单体试运转和联动无负荷试运转费用等。

安装工程费通常按行业或专门机构发布的安装工程定额、取费标准和指标估算投资。

具体计算可按安装费率、每吨设备安装费或者每单位安装实物工程量的费用估算，即

安装工程费=设备原价×安装费率

安装工程费=设备吨位×每吨安装费

安装工程费=安装工程实物量×安装费用指标

（4）工程建设其他费用估算。其他费用种类较多，无论采取何种投资估算分类，一般其他费用都需要按照国家、地方或部门的有关规定逐项估算。要注意随着地区和项目性质的不同，费用科目可能会有所不同。在项目的初期，也可按照工程费用的百分数综合估算。

（5）基本预备费估算。基本预备费以工程费用和工程建设其他费用之和为基数乘以适当的基本预备费率（百分数）估算。预备费率的取值一般按行业规定，并结合估算深度确定，通常对外汇和人民币分别取不同的预备费率。

3. 建设投资动态部分的计算

1）价差预备费估算

一般以分年工程费用为基数分别估算各年的价差预备费，相加后求得总的价差预备费。

2）建设期利息估算

建设工程项目在建设期内如能按期支付利息，应按单利计息；在建设期内如不支付利息，应按复利计息。对借款额在建设期各年年内按月、按季均衡发生的项目，为了简化计算，通常假设借款发生当年均在年中使用，按半年计息，其后年份按全年计息。对借款额在建设期各年年初发生的项目，则应按全年计息。

2.3.5 流动资金投资估算

流动资金是项目投产之后，为进行正常生产运营而用于支付工资、购买原材料等的周转性资金。流动资金估算一般是参照现有同类企业的状况采用分项详细估算法，个别情况或者小型项目可采用扩大指标估算法。

1. 分项详细估算法

对流动资产和流动负债这两类因素分别进行估算，流动资产与流动负债的差值即为流动资金需要量。在可行性研究中，为简化计算，仅对存货、现金、应收账款这3项流动资金和应付账款这项负债进行估算。可行性研究阶段的流动资金估算应采用分项详细估算法，可按下述步骤及计算公式计算：

流动资金=流动资产−流动负债

其中：

1）流动资产=应收账款+存货+现金+预付账款

2）流动负债=应付账款+预收账款

3）应收账款=年销售收入/应收账款周转次数

4）存货=外购原材料+外购燃料+在产品+产成品

5）外购原材料=年外购原材料总成本/按种类分项周转次数

6）外购燃料=年外购燃料/按种类分项周转次数

7）其他材料=年其他材料费用/其他材料周转次数

8）在产品=(年外购原材料、燃料+年工资及福利费+年修理费+年其他制造费用)÷在产品周转次数

9）产成品=年经营成本/产成品周转次数

10）现金=(年工资及福利费+年其他费用)/现金周转次数

11）年其他费用=制造费用+管理费用+销售费用-(以上三项费用中所含的工资及福利费、折旧费、摊销费、修理费)

12）预付账款=外购商品或服务年费用金额/预付账款周转次数

13）应付账款=外购原材料、燃料动力及其他材料年费用/应付账款周转次数

14）预收账款=预收的营业收入年金额/预收账款周转次数

应用案例 2-6

某建设项目达到设计能力后，全场定员 1000 人，工资和福利费按照每人每年 2000 元估算。每年的其他费用 1000 万元，其中其他制造费 600 万元，现金的周转次数为每年 10 次。流动资金估算中应收账款估算额为 2000 万元，预收账款估算额为 300 万元，应付账款估算额为 1500 万元，存货估算额为 6000 万元，预付账款估算额为 500 万元。求该项目流动资金估算额。

【解】

现金=(年工资及福利费+年其他费用)/现金周转次数=(2×1000+1000)/10=300(万元)

流动资金=流动资产-流动负债

=(应收账款+存货+现金+预付账款) - (应付账款+预收账款)

=2000+6000+300+500-(1500+300)

=7000(万元)

2. 扩大指标估算法

扩大指标估算法是指在拟建项目某项指标的基础上，按照同类项目相关资金比率估算出流动资金需用量的方法。

（1）按建设投资的一定比例估算。例如国外化工企业的流动资金一般是按建设投资的 15%～20%计算。

（2）按经营成本的一定比例估算。

（3）按年销售收入的一定比例估算。

（4）按单位产量占用流动资金的比例估算。

流动资金一般在项目投产前开始筹措，在投产第一年开始按生产负荷进行安排，其借款部分按照全年计算利息，利息支出计入财务费用，项目计算期末回收全部流动资金。

流动资金的计算公式为

年流动资金额=年费用基数×各类流动资金率（%）

应用案例 2-7

某项目投产后的年产量为 1.8 亿件，其同类企业的千件产量流动资金占用额为 180 元，则该项目的流动资金估算额为（　　）万元。

答案：D

【案例解析】 本题考核扩大指标估算法计算流动资金。本题的已知条件为年产量，因此计算过程如下：

年流动资金额=年产量×单位产品产量占用流动资金额

=180000000×180/1000

=3240（万元）

课题 2.4　建设项目的经济与财务评价

2.4.1　经济评价

1. 经济评价的主要内容

经济评价

建设项目的经济评价是采用一定方法和经济参数对项目投入产出的各种因素进行调查研究、分析计算、对比论证的工作。

建设项目经济评价是项目可行性研究的有机组成部分和重要内容，是项目决策科学化的重要手段。经济评价的目的是根据国民经济和社会发展战略和行业、地区发展规划的要求，在做好市场需求预测及厂址选择、工艺技术选择等工程技术研究的基础上，计算项目的效益和费用，通过多方案比较，对拟建项目的财务可行性和经济合理性进行分析论证，做出全面的经济评价，为项目的科学决策提供依据。

按我国现行评价制度，建设项目经济评价分为财务评价和国民经济评价两个层次。财务评价是在国家财税制度和价格体系条件下，从项目财务角度分析、计算项目的财务赢利能力和借款清偿能力，以判断项目的财务可行性；国民经济评价是从国家整体角度出发分析、计算项目对国民经济的净贡献，以判断项目经济的合理性。

2. 财务评价与国民经济评价的区别及联系

1）两种评价的区别

① 评价角度不同。财务评价是从项目财务角度考察项目的赢利情况及借款偿还能力，以确定投资行为的财务可行性分析。国民经济评价从国家整体角度考察项目对国民经济的贡献以及需要国民经济付出的代价，以确定投资行为的经济合理性。

② 效益与费用的含义及划分范围不同。财务评价是根据项目实际收支确定项目的效益与费用。国民经济评价是着眼于项目对社会提供的有用产品和服务及项目所耗费的

全社会有用资源，来考察项目的效益和费用，故补贴不计为项目的效益，税金和国内借款利息均不计为项目的费用。财务评价只计算项目直接发生的效益与费用，国民经济评价对项目引起的间接效益与费用即外部效果也要进行计算和分析。

③ 评价采用的价格不同。财务评价对投入物和产出物采用财务价格，国民经济评价采用影子价格。

④ 主要参数不同。财务评价采用官方汇率和行业基准收益率，国民经济评价采用国家统一测定的影子汇率和社会折现率。

以上两种评价方法的区别，可能会导致两种评价结论的不一致。

2）两种评价之间的联系

① 财务评价是国民经济评价的基础，没有财务评价就不能进行国民经济评价。

② 两种经济评价结论一致，可以对项目做出肯定或否定判断。

③ 国民经济评价方法仍然保留了财务评价中用现金流折现的方法，对费用和效益也用货币单位计量，并采用折现手段，最后计算若干个评价指标，如净现值和内部收益率等。

财务评价

2.4.2　财务评价

1. 财务评价的概念

所谓财务评价就是根据国民经济与社会发展以及行业、地区发展规划的要求，在拟定的工程建设方案、财务效益与费用估算的基础上，采用科学的分析方法对工程建设方案的财务可行性和经济合理性进行分析论证，为项目科学决策提供依据。

财务评价又称财务分析，应在项目财务效益与费用估算的基础上进行。对于经营性项目，财务分析是从建设项目的角度出发，根据国家现行财政、税收和现行市场价格，计算项目的投资费用、产品成本与产品销售收入、税金等财务数据，通过编制财务分析报表，计算财务指标，分析项目的盈利能力、偿债能力和财务生存能力，据此考察建设项目的财务可行性和财务可接受性，明确项目对财务主体及投资者的价值贡献，并得出财务评价的结论。投资者可根据项目财务评价结论、项目投资的财务状况和投资者所承担的风险程度决定是否应该投资建设。对于非经营性项目，财务分析应主要分析项目的财务生存能力。

2. 财务评价的程序（图 2.4）

1）熟悉建设项目的基本情况

熟悉建设项目的基本情况，包括投资目的、意义、要求、建设条件和投资环境，做好市场调研和预测以及项目技术水平研究和设计方案。

2）收集、整理和计算有关技术经济数据资料与参数

技术经济数据资料与参数是进行项目财务评价的基本依据，所以在进行财务评价之前，必须先预测和选定有关的技术经济数据与参数。所谓预测和选定技术经济数据与参数就是收集、估计、预测和选定一系列技术经济数据与参数，主要包括以下几点。

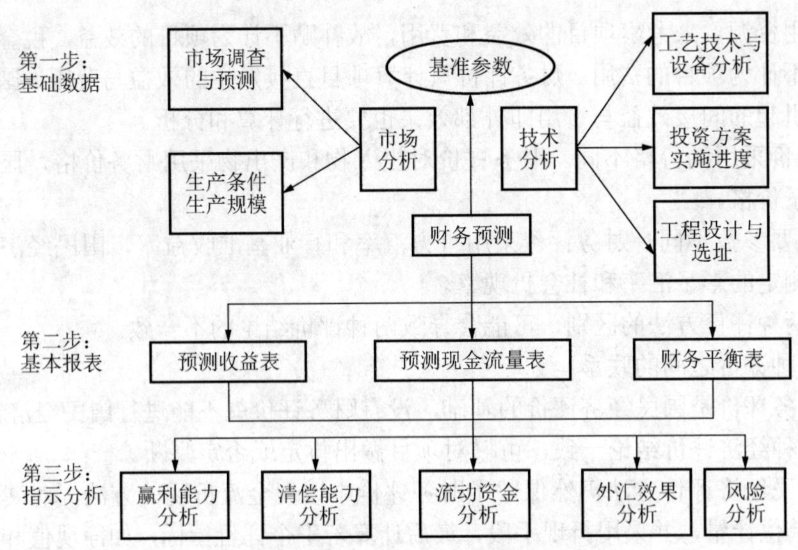

图 2.4　建设项目财务评价程序

① 项目投入物和产出物的价格、费率、税率、汇率、计算期、生产负荷以及准收益率等。

② 项目建设期间分年度投资支出额和项目投资总额。项目投资包括建设投资和流动资金需要量。

③ 项目资金来源方式、数额、利率、偿还时间，以及分年还本付息数额。

④ 项目生产期间的分年产品成本。

⑤ 项目生产期间的分年产品销售数量、营业收入、营业税金及附加和营业利润及其分配数额。

3）编制基本财务报表

4）计算与分析财务效益指标

财务效益指标包括反映项目盈利能力和项目偿债能力的指标。

5）提出财务评价结论

将计算出的有关指标值与国家有关基准值进行比较，或与经验标准、历史标准、目标标准等加以比较，然后从财务的角度提出项目是否可行的结论。

6）进行不确定性分析

不确定性分析包括盈亏平衡分析和敏感性分析两种方法，主要分析项目适应市场变化的能力和抗风险的能力。

2.4.3　财务评价的内容和评价指标

1. 财务评价的内容

1）财务盈利能力评价

主要考察投资项目的盈利水平。为此，需编制全部投资现金流量表、自有资金现金流量表和损益表三个基本财务报表。计算财务内部收益率、财务净现值、投资回收期、投资收益率等指标。

2）项目的偿债能力分析

投资项目的资金构成一般可分为借入资金和自有资金。自有资金可长期使用，而借入货金必须按期偿还。项目的投资者自然要关心项目偿债能力；借入资金的所有者——债权人也非常关心贷出资金能否按期收回本息。项目偿债能力分析可在编制贷款偿还表的基础上进行。为了表明项目的偿债能力，可按尽早还款的方法计算。

3）外汇平衡分析

主要是考察涉及外汇收支的项目在计算期内各年的外汇余缺程度，在编制外汇平衡表的基础上，了解各年外汇余缺状况，对外汇不能平衡的年份根据外汇短缺程度，提出切实可行的解决方案。

4）不确定性分析

不确定性分析是指在信息不足，无法用概率描述因素变动规律的情况下，估计可变因素变动对项目可行性的影响程度及项目承受风险能力的一种分析方法。不确定性分析包括盈亏平衡分析和敏感性分析。

5）风险分析

风险分析是指在可变因素的概率分布已知的情况下，分析可变因素在各种可能状态下项目经济评价指标的取值，从而了解项目的风险状况。

2. 财务评价指标体系

财务评价的指标体系是最终反映项目财务可行性的数据体系。由于投资项目投资目标具有多样性，财务评价的指标体系也不是唯一的，根据不同的评价深度和可获得资料的多少以及项目本身所处条件的不同可选用不同的指标，这些指标可以从不同层次、不同侧面来反映项目的经济效果。

建设项目财务评价指标体系根据不同的标准，可以作不同的分类形式，包括以下几种：

（1）根据是否考虑资金时间价值进行贴现运算，可将常用方法与指标分为两类：静态分析方法与指标和动态分析方法与指标（图2.5）。前者不考虑资金时间价值、不进行贴现运算，后者则考虑资金时间价值、进行贴现运算。

（2）按照指标的经济性质，可以分为时间性指标、价值性指标、比率性指标（图2.6）。

（3）按照指标所反映的评价内容，可以分为盈利能力分析指标和偿债能力分析指标（图2.7）。

3. 盈利能力分析

盈利能力分析的主要指标包括项目投资财务内部收益率和财务净现值、投资回收期、总投资收益率、项目资本金净利润率等，可根据项目的特点及财务分析的目的、要求等选用。

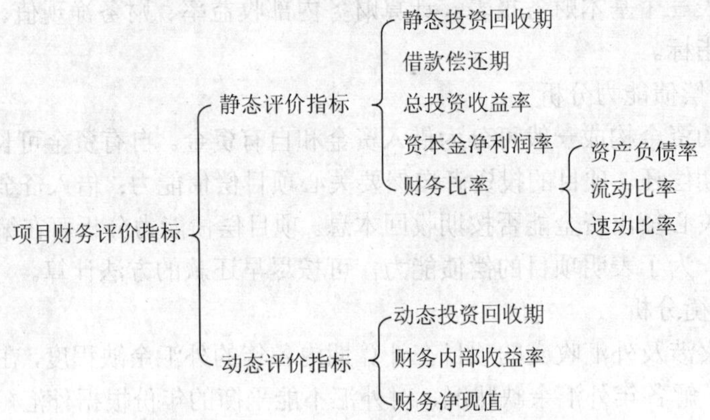

图 2.5　财务评价指标体系一

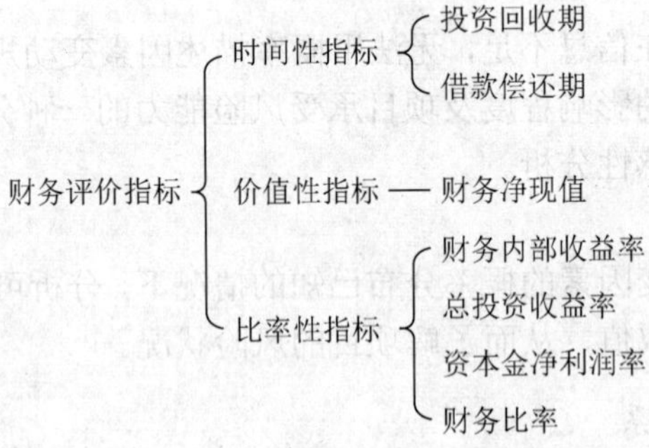

图 2.6　财务评价指标体系二

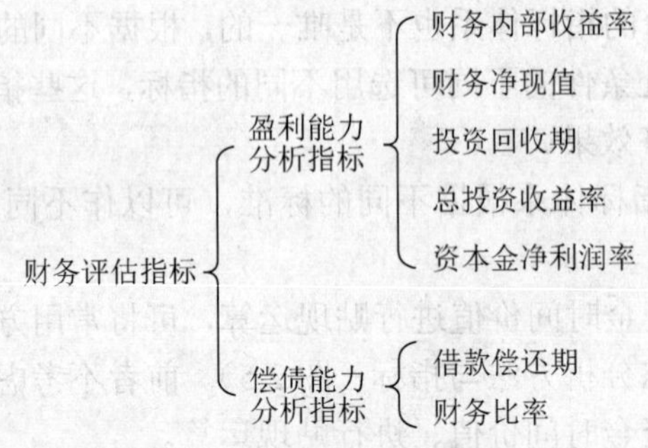

图 2.7　财务评价指标体系三

1）财务内部收益率（FIRR）

财务内部收益率是指项目在整个计算期内各年财务净现金流量的现值之和等于零时的折现率，也就是使项目的财务净现值等于零时的折现率。

$$\sum_{t=1}^{n}(CI-CO)_t(1+\mathrm{FIRR})^{-t}=0 \tag{2.7}$$

式中：FIRR——财务内部收益率；

CI——现金流入量；

CO——现金流出量；

$(CI-CO)_t$——第 t 期的净现金流量；

n——项目计算期。

财务内部收益率指标考虑了资金的时间价值以及项目在整个计算期内的经济状况，不仅能反映投资过程的收益程度，而且 FIRR 的大小不受外部参数影响，完全取决于项目投资过程净现金流量系列的情况。避免了像财务净现值之类的指标那样需事先确定基准收益率这个难题，而只需要知道基准收益率的大致范围即可。

财务内部收益率计算比较麻烦，对于具有非常规现金流量的项目来讲，其财务内部收益率在某些情况下甚至不存在或存在多个内部收益率。

2）财务净现值（FNPV）

财务净现值是指项目按行业的基准收益率或设定的目标收益率，将项目计算期内各年的净现金流量折算到开发活动起始点的现值之和，它是房地产开发项目财务评价中的一个重要经济指标。主要反映技术方案在计算期内盈利能力的动态评价指标。

$$\mathrm{FNPV}=\sum_{t=1}^{n}(CI-CO)_t(1+i_c)^{-t} \tag{2.8}$$

式中：i_c——设定的折现率（同基准收益率）。

财务净现值是评价技术方案盈利能力的绝对指标。当 FNPV>0 时，说明该方案除了满足基准收益率要求的盈利外，还能得到超额收益；当 FNPV=0 时，说明该方案能够满足基准收益率要求的盈利水平，该方案在财务上是可行的；当 FNPV<0 时，说明该方案不能满足基准收益率要求的盈利要求，该技术方案不可行。

FNPV 的优点是考虑了资金的时间价值，并全面考虑了整个计算期内的现金流量的时间分布的状况；经济意义明确直观，能够直接以货币额表示项目的盈利水平；判断直观。

FNPV 的缺点是必须首先确定一个符合经济现实的基准收益率，而基准收益率的确定往往是比较困难的；特别是在互斥方案中更应注意，若互斥方案的寿命不等，必须构造一个相同的分析期限进行比选；不能真正反映该方案投资的使用效率；不能直接说明投资运营期的经营成果；不能给出投资确切的收益大小；不能反映投资的回收速度。

3）项目投资回收期

投资回收期就是使累计的经济效益等于最初的投资费用所需的时间。投资回收期就是指通过资金回流量来回收投资的年限。标准投资回收期是国家根据行业或部门的技术经济特点规定的平均先进的投资回收期。

$$\sum_{t=1}^{P_t}(CI-CO)_t=0 \tag{2.9}$$

4）总投资收益率（ROI）

总投资收益率又称投资报酬率（return on investment，简称 ROI），是指达产期正常年份的年息税前利润或运营期年均息税前利润占项目总投资的百分比。

$$\mathrm{ROI}=\frac{EBIT}{TI}\times 100\% \tag{2.10}$$

式中：*EBIT*——项目正常年份的年息税前利润或运营期内年平均息税前利润；

TI——项目总投资。

总投资收益率高于同行业的收益率参考值，表明用总投资收益率表示的盈利能力满足要求。

5）项目资本金净利润率（ROE）

项目资本金净利润率表示项目资本金的盈利水平，系指项目达到设计能力后正常年份的年净利润或运营期内年平均净利润（*NP*）与项目资本金（*EC*）的比率。

$$\mathrm{ROE}=\frac{NP}{EC}\times 100\% \tag{2.11}$$

式中：*NP*——项目达到设计生产能力后正常年份的税后净利润或运营期内税后年平均净利润，净利润=利润总额-所得税；

EC——项目资本金。

4. 偿债能力分析

偿债能力分析应通过计算利息备付率、偿债备付率和资产负债率等指标，分析判断财务主体的偿债能力。

1）利息备付率（ICR）

利息备付率（Interest Coverage Ratio，简称 ICR）也称已获利息倍数，是指项目在借款偿还期内各年可用于支付利息的息税前利润与当期应付利息费用的比值。

$$\mathrm{ICR}=\frac{EBIT}{PI} \tag{2.12}$$

EBIT（息税前利润）——利润总额与计入总成本费用的利息费用之和，即息税前利润=利润总额+计入总成本费用的利息费用；

PI（当期应付利息）——计入总成本费用的全部利息。

2）偿债备付率（DSCR）

偿债备付率（Debt Service Coverage Ratio，简称 DSCR），又称偿债覆盖率，是指项目在借款偿还期内，各年可用于还本付息的资金与当期应还本付息金额的比值。

$$\mathrm{DSCR}=\frac{EBITDA-T_{AX}}{PD} \tag{2.13}$$

式中：*EBITDA*——息税前利润加折旧和摊销；

T_{AX}——企业所得税；

PD——当期应还本付息金额，包括当期归还贷款本金额及计入成本费用的利息。

3）资产负债率（DTAR）

资产负债率（Debt To Assets Ratio，DTAR）是期末负债总额除以资产总额的百分比，也就是负债总额与资产总额的比例关系。资产负债率反映在总资产中有多大比例是通过借债来筹资的，也可以衡量企业在清算时保护债权人利益的程度。资产负债率这个指标

反映债权人所提供的资本占全部资本的比例，也被称为举债经营比率。

$$DTAR = \frac{TL}{TA} \times 100\% \tag{2.14}$$

式中：TL——期末负债总额；

TA——期末资产总额。

5. 建设项目经济评价方法与参数关于财务评价的相关规定

（1）财务分析应在项目财务效益与费用估算的基础上进行。财务分析的内容应根据项目的性质和目标确定。

对于经营性项目，财务分析应通过编制财务分析报表，计算财务指标，分析项目的盈利能力、偿债能力和财务生存能力，判断项目的财务可接受性，明确项目对财务主体及投资者的价值贡献，为项目决策提供依据。

对于非经营性项目，财务分析应主要分析项目的财务生存能力。

（2）财务分析可分为融资前分析和融资后分析，一般宜先进行融资前分析，在融资前分析结论满足要求的情况下，初步设定融资方案，再进行融资后分析。在项目建议书阶段，可只进行融资前分析。

（3）融资前分析应以动态分析（折现现金流量分析）为主，静态分析（非折现现金流量分析）为辅。

融资前动态分析应以营业收入、建设投资、经营成本和流动资金的估算为基础，考察整个计算期内现金流入和现金流出，编制项目投资现金流量表，利用资金时间价值的原理进行折现，计算项目投资内部收益率和净现值等指标。

融资前分析排除了融资方案变化的影响，从项目投资总获利能力的角度，考察项目方案设计的合理性。融资前分析计算的相关指标，应作为初步投资决策与融资方案研究的依据和基础。

根据分析角度的不同，融资前分析可选择计算所得税前指标和（或）所得税后指标。

融资前分析也可计算静态投资回收期指标，用以反映收回项目投资所需要的时间。

（4）融资后分析应以融资前分析和初步的融资方案为基础，考察项目在拟定融资条件下的盈利能力、偿债能力和财务生存能力，判断项目方案在融资条件下的可行性。融资后分析用于比选融资方案，帮助投资者做出融资决策。

（5）融资后的盈利能力分析应包括动态分析和静态分析两种。

① 动态分析包括下列两个层次：

a．项目资本金现金流量分析，应在拟定的融资方案下，从项目资本金出资者整体的角度，确定其现金流入和现金流出，编制项目资本金现金流量表，利用资金时间价值的原理进行折现，计算项目资本金财务内部收益率指标，考察项目资本金可获得的收益水平。

b．投资各方现金流量分析，应从投资各方实际收入和支出的角度，确定其现金流入和现金流出，分别编制投资各方现金流量表，计算投资各方的财务内部收益率指标，考察投资各方可能获得的收益水平。当投资各方不按股本比例进行分配或有其他不对等的收益时，可选择进行投资各方现金流量分析。

② 静态分析系指不采取折现方式处理数据，依据利润与利润分配表计算项目资本金净利润率（ROE）和总投资收益率（ROL）指标。静态盈利能力分析可根据项目的具体情况选做。

财务评价的内容和评价指标可用表 2.11 来总结。

表 2.11　财务评价的内容与评价指标

<table>
<tr><th rowspan="2">评价内容</th><th rowspan="2" colspan="2">基本报表</th><th colspan="2">评价指标</th></tr>
<tr><th>静态指标</th><th>动态指标</th></tr>
<tr><td rowspan="4">盈利能力分析</td><td>融资前分析</td><td>项目投资现金流量表</td><td>项目投资回收期</td><td>项目投资财务内部收益率
项目投资财务净现值</td></tr>
<tr><td rowspan="3">融资后分析</td><td>项目资本金现金流量表</td><td></td><td>项目资本金财务内部收益率</td></tr>
<tr><td>投资各方现金流量表</td><td></td><td>投资各方财务内部收益率</td></tr>
<tr><td>利润与利润分配表</td><td>总投资收益率
项目资本金
净利润率</td><td></td></tr>
<tr><td rowspan="2">偿债能力分析</td><td colspan="2">借款还本付息计划表</td><td>偿债备付率
利息备付率</td><td></td></tr>
<tr><td colspan="2">资产负债表</td><td>资产负债率
流动比率
速动比率</td><td></td></tr>
<tr><td>财务生存能力分析</td><td colspan="2">财务计划现金流量表</td><td>累计盈余资金</td><td></td></tr>
<tr><td>外汇平衡分析</td><td colspan="2">财务外汇平衡表</td><td></td><td></td></tr>
<tr><td rowspan="2">不确定性分析</td><td colspan="2">盈亏平衡分析</td><td>盈亏平衡产量
盈亏平衡生产能力利用率</td><td></td></tr>
<tr><td colspan="2">敏感性分析</td><td>灵敏度
不确定因素的临界值</td><td></td></tr>
<tr><td>风险分析</td><td colspan="2">概率分析</td><td>FNPV≥0 的累计概率
定性分析</td><td></td></tr>
</table>

单 元 小 结

本单元主要研究建设项目投资决策基本知识、建设项目投资估算、建设项目的财务评价三部分内容。通过本单元的学习要求了解建设项目投资决策对工程造价的影响、建设项目投资估算的编写、建设项目的财务评价的内容和评价指标；理解建设项目投资决策、建设项目投资估算、建设项目的财务评价的基本概念；重点掌握建设项目投资估算的方法；难点是灵活运用基本概念基本方法，分析解决工程案例。

综合应用案例

【综合应用案例 2-1】

【背景】

某拟建年产 3000 万吨铸钢厂，根据可行性研究报告提供的已建年产 2500 万吨类似工程的主厂房工艺设备投资约 2400 万元。已建类似项目资料：与设备有关的其他各专业工程投资系数及与主厂房投资有关的辅助工程及附属设施投资系数见表 2.12 和表 2.13。

表 2.12　与设备投资有关的各专业工程投资系数

加热炉	汽化冷却	余热锅炉	自动化仪表	起重设备	供电与传动	建安工程
0.12	0.01	0.04	0.02	0.09	0.18	0.40

表 2.13　与主厂房投资有关的辅助及附属设施投资系数

动力系统	机修系统	总图运输系统	行政及生活福利设施工程	工程建设其他费
0.30	0.12	0.20	0.30	0.20

本项目的资金来源为自有资金和贷款，贷款总额为 8000 万元，贷款利率 8%（按年计息）。本项目建设前期 1 年，建设期 3 年，第 1 年投入 30%，第 2 年投入 50%，第 3 年投入 20%。预计建设期物价年平均上涨率 3%，基本预备费率 5%。

【问题】

1．已知拟建项目建设期与类似项目建设期的综合价格差异系数为 1.25，试用生产能力指数估算法估算拟建工程的工艺设备投资额；用系数估算法估算该项目主厂房投资和项目建设的工程费与其他费投资。

2．估算该项目的建设投资，并编制建设投资估算表。

3．若单位产量占用营运资金额为：0.3367 元/吨，试用扩大指标估算法估算该项目的流动资金，确定该项目的总投资。

【案例解析】

本案例的内容涉及了建设项目投资估算类问题的主要内容和基本知识点。投资估算的方法有：单位生产能力估算法、生产能力指数估算法、比例估算法、系数估算法、指标估算法等。本案例是在可行性研究深度不够，尚未提出工艺设备清单的情况下，先运用生产能力指数估算法估算出拟建项目主厂房的工艺设备投资，再运用系数估算法，估算拟建项目建设投资的一种方法。即：首先，用设备系数估算法估算该项目与工艺设备有关的主厂房投资额；用主体专业系数估算法估算与主厂房有关的辅助工程、附属工程以及工程建设的其他投资。其次，估算拟建项目的基本预备费、价差预备费，得到拟建项目的建设投资。最后，估算建设期利息、并用流动资金的扩大指标估算法，估算出项目的流动资金投资额，得到拟建项目的总投资。具体计算步骤如下。

问题 1，① 拟建项目主厂房工艺设备投资

$$C_2 = C_1\left(\frac{Q_2}{Q_1}\right)^n \times f$$

式中：C_2——拟建项目主厂房工艺设备投资；

C_1——类似项目主厂房工艺设备投资；

Q_2——拟建项目主厂房生产能力；

Q_1——类似项目主厂房生产能力；

n——生产能力指数，该拟建项目与已建类似项目生产规模相差较小，可取 n=1；

f——综合调整系数。

② 拟建项目主厂房投资

$$拟建项目主厂房投资=工艺设备投资\times(1+\sum K_i)$$

式中：K_i——与设备有关的各专业工程的投资系数。

$$拟建项目工程费与工程建设其他费=拟建项目主厂房投资\times(1+\sum K_j)$$

式中：K_j——与主厂房投资有关的各专业工程及工程建设其他费用的投资系数。

问题 2，① 计算预备费：

预备费=基本预备费+价差预备费

式中：

基本预备费=（工程费+工程建设其他费）×基本预备费率

$$价差预备费\ \mathrm{PF} = \sum_{t=1}^{n} I_t\left[\left(1+f\right)^m (1+f)^{0.5}(1+f)^{t-1} - 1\right]$$

② 静态投资计算：

静态投资=工程费与工程建设其他费+基本预备费

③ 建设期利息计算：

$$建设期利息=\sum(年初累计借款+本年新增借款\div 2)\times贷款利率$$

④ 建设投资计算：

建设投资=静态投资+价差预备费

问题 3，流动资金用扩大指标估算法估算：

项目的流动资金=拟建项目年产量×单位产量占用营运资金的数额

拟建项目总投资=建设投资+建设期利息+流动资金

【解】

问题 1，① 估算主厂房工艺设备投资：用生产能力指数估算法

$$主厂房工艺设备投资=2400\times\left(\frac{3000}{2500}\right)\times 1.25=3600（万元）$$

② 估算主厂房投资：用设备系数估算法

主厂房投资=3600×（1+12%+1%+4%+2%+9%+18%+40%）

=3600×（1+0.86）=6696（万元）

其中，

建安工程投资=3600×0.4=1440（万元）

设备购置投资=3600×1.46=5256（万元）

工程费与工程建设其他费=6696×（1+30%+12%+20%+30%+20%）

=6696×（1+1.12）

=14195.52（万元）

问题2，① 基本预备费计算。

基本预备费=14195.52×5%=709.78（万元）

由此得： 静态投资=14195.52+709.78=14905.30（万元）

建设期各年的静态投资额如下：

第1年 14905.3×30%=4471.59（万元）

第2年 14905.3×50%=7452.65（万元）

第3年 14905.3×20%=2981.06（万元）

② 价差预备费计算。

价差预备费=4471.59×$[(1+3\%)^{1.5}-1]$+7452.65×$[(1+3\%)^{2.5}-1]$+2981.06×$[(1+3\%)^{3.5}-1]$

=202.72+571.59+324.93=1099.24（万元）

由此得： 预备费=709.78+1099.24=1809.02（万元）

由此得： 项目的建设投资=14195.52+1809.02=16004.54（万元）

③ 建设期利息计算。

第1年贷款利息=(0+8000×30%÷2)×8%=96（万元）

第2年贷款利息=[(8000×30%+96)+(8000×50%÷2)]×8%

=(2400+96+4000÷2)×8%=359.68（万元）

第3年贷款利息=[(2400+96+4000+359.68)+(8000×20%÷2)]×8%

=(6855.68+1600÷2)×8%=612.45（万元）

建设期利息=96+359.68+612.45=1068.13（万元）

④ 拟建项目固定资产投资估算表，见表2.14。

表2.14 拟建项目建设投资估算表

单位：万元

序号	工程费用名称	系数	建安工程费	设备购置费	工程建设其他费	合计	占总投资比例（%）
1	工程费		7600.32	5256.00		12856.32	80.33
1.1	主厂房		1440.00	5256.00		6696.00	
1.2	动力系统	0.30	2008.80			2008.80	
1.3	机修系统	0.12	803.52			803.52	
1.4	总图运输系统	0.20	1339.20			1339.20	
1.5	行政、生活福利设施	0.30	2008.80			2008.80	
2	工程建设其他费	0.20			1339.20	1339.20	8.37
	（1）+（2）					14195.52	

续表

序号	工程费用名称	系数	建安工程费	设备购置费	工程建设其他费	合计	占总投资比例（%）
3	预备费				1809.02	1809.02	11.3
3.1	基本预备费				709.78	709.78	
3.2	价差预备费				1099.24	1099.24	
项目建设投资合计=（1）+（2）+（3）			7600.32	5256.00	3148.22	16004.54	100

问题 3，① 流动资金=3000×0.3367=1010.10（万元）

② 拟建项目总投资=建设投资+建设期利息+流动资金

=15769.74+1068.13+1010.10=17847.97（万元）

【综合应用案例 2-2】

【背景】

某企业拟全部使用自有资金建设一个市场急需产品的工业项目。建设期 1 年，运营期 6 年。项目投产第一年收到当地政府扶持该产品生产的启动经费 100 万元，其他基本数据如下：

1．建设投资 1000 万元。预计全部形成固定资产，固定资产使用年限 10 年，按直线法折旧，期末残值 100 万元，固定资产余值在项目运营期末收回。投产当年又投入资本金 200 万元作为运营期的流动资金。

2．正常年份年营业收入为 800 万元，经营成本 300 万元，产品营业税及附加税率为 6%，所得税率为 25%，行业基准收益率为 10%；基准投资回收期 6 年。

3．投产第一年仅达到设计生产能力的 80%，预计这一年的营业收入、经营成本和总成本均达到正常年份的 80%。以后各年均达到设计生产能力。

4．运营 3 年后，预计需花费 20 万元更新新型自动控制设备配件，才能维持以后的正常运营需要，该维持运营投资按当期费用计入年度总成本。

【问题】

1．编制拟建项目投资现金流量表；

2．计算项目的静态投资回收期；

3．计算项目的财务净现值；

4．计算项目的财务内部收益率；

5．从财务角度分析拟建项目的可行性。

【案例解析】

本案例全面考核了建设项目融资前财务分析。融资前财务分析应以动态分析为主，静态财务分析为辅。编制项目投资现金流量表，计算项目财务净现值、投资内部收益率等动态盈利能力分析指标；计算项目静态投资回收期。

本案例主要解决以下五个概念性问题：

（1）融资前财务分析只进行营利能力分析，并以投资现金流量分析为主要手段。

（2）项目投资现金流量表中，回收固定资产余值的计算，可能出现两种情况：

营运期等于固定资产使用年限，则固定资产余值=固定资产残值

营运期小于使用年限，则固定资产余值=（使用年限-营运期）×年折旧费+残值

（3）项目投资现金流量表中调整所得税，是以息税前利润为基础，按以下公式计算：

调整所得税=息税前利润×所得税率

式中，

息税前利润=利润总额+利息支出

或

息税前利润=营业收入-营业税金及附加-总成本费用+利息支出+补贴收入

总成本费用=经营成本+折旧费+摊销费+利息支出

或

息税前利润=营业收入-营业税金及附加-经营成本-折旧费-摊销费+补贴收入

注意：这个调整所得税的计算基础区别于“利润与利润分配表”中的所得税计算基础（应纳税所得额）。

（4）财务净现值是指把项目计算期内各年的财务净现金流量，按照基准收益率折算到建设期初的现值之和。各年的财务净现金流量均为当年各种现金流入和流出在年末的差值合计。不管当年各种现金流入和流出发生在期末、期中还是期初，当年的财务净现金流量均按期末发生考虑。

（5）财务内部收益率反映了项目所占用资金的盈利率，是考核项目盈利能力的主要动态指标。在财务评价中，将求出的项目投资或资本金的财务内部收益率 FIRR 与行业基准收益率 i_c 比较。当 FIRR≥i_c 时，可认为其盈利能力已满足要求，在财务上是可行的。

注意区别利用静态投资回收期与动态投资回收期判断项目是否可行的不同。当静态投资回收期小于等于基准投资回收期时，项目可行；只要动态投资回收期不大于项目寿命期，项目就可行。

【解】

问题 1，编制现金流量表之前需要计算以下数据，并将计算结果填入表中。

（1）计算固定资产折旧费：固定资产折旧费=(1000-100)÷10=90（万元）

（2）计算固定资产余值：固定资产使用年限 10 年，运营期末只用了 6 年还有 4 年未折旧。所以，运营期末固定资产余值为

固定资产余值=年固定资产折旧费×4+残值=90×4+100=460（万元）

（3）计算调整所得税：

调整所得税=(营业收入-营业税金及附加-经营成本-折旧费-维持运营投资+补贴收入)×25%

第 2 年调整所得税=(640-38.40-240-90+100)×25%=92.90(万元)；第 3、4、6、7 年调整所得税=(800-48-300-90)×25%=90.50(万元)；第 5 年调整所得税=(800-48-300-90-20)×25%=85.50（万元）

问题 2，计算项目的静态投资回收期：

静态投资回收期

$$=（累计净现金流量出现正值年份-1）+\frac{|出现正值年份上年累计净现金流量|}{出现正值年份当年净现金流量}$$

=（5-1）+108.30/346.5=4.31（年）

项目静态投资回收期为：4.31 年。

问题 3，项目财务净现值是把项目计算期内各年的净现金流量，按照基准收益率折算到建设期初的现值之和，也就是计算期末累计折现后净现金流量 692.26 万元，见表 2.15。

表 2.15　项目投资现金流量表

单位：万元

序号	项目	建设期	运营期					
		1	2	3	4	5	6	7
1	现金流入	0.00	740.00	800.00	800.00	800.00	800.00	1460.00
1.1	营业收入		640.00	800.00	800.00	800.00	800.00	800.00
1.2	补贴收入		100.00					
1.3	回收固定资产余值							460.00
1.4	回收流动资金							200.00
2	现金流出	1000.00	571.30	438.50	438.50	453.50	438.50	438.50
2.1	建设投资	1000.00						
2.2	流动资金投资		200.00					
2.3	经营成本		240.00	300.00	300.00	300.00	300.00	300.00
2.4	营业税及附加		38.40	48.00	48.00	48.00	48.00	48.00
2.5	维持运营投资					20.00		
2.6	调整所得税		92.90	90.50	90.50	85.50	90.50	90.50
3	净现金流量	−1000	168.70	361.50	361.50	346.50	361.50	1021.50
4	累计净现金流量	−1000	−831.30	−469.80	−108.30	238.20	599.70	1621.20
5	基准收益率 10%	0.9091	0.8264	0.7513	0.6830	0.6209	0.5645	0.5132
6	折现后净现金流	−909.10	139.41	271.59	246.90	215.14	204.07	524.23
7	累计折现净现金流	−909.10	−769.69	−498.09	−251.19	−36.05	168.02	692.26

问题 4，计算项目的财务内部收益率：编制项目财务内部收益率计算表。首先确定 i_1=26%，以 i_1 作为设定的折现率，计算出各年的折现系数。利用财务内部收益率试算表，计算出各年的折现净现金流量和累计折现净现金流量，从而得到财务净现值 $FNPV_1$=38.74（万元），见表 2.16。

再设定 i_2=28%，以 i_2 作为设定的折现率，计算出各年的折现系数。同样，利用财务内部收益率计算表，计算各年的折现净现金流量和累计折现净现金流量，从而得到财务净现值 $FNPV_2$=−6.85（万元），见表 2.16。

试算结果满足：$FNPV_1>0$，$FNPV_2<0$，且满足精度要求，可采用插值法计算出拟建

项目的财务内部收益率 FIRR。

表 2.16　财务内部收益率计算表

单位：万元

序号	项目	建设期	运营期					
		1	2	3	4	5	6	7
1	现金流入	0.00	740.00	800.00	800.00	800.00	800.00	1460.00
2	现金流出	1000.00	571.30	438.50	438.50	453.50	438.50	438.50
3	净现金流量	−1000	168.70	361.50	361.50	346.50	361.50	1021.50
4	折现系数 26%	0.7937	0.6299	0.4999	0.3968	0.3149	0.2499	0.1983
5	折现后净现金流	−793.70	106.26	180.71	143.44	109.11	90.34	202.56
6	累计折现净现金流	−793.70	−687.44	−506.72	−363.28	−254.17	−163.83	38.74
7	折现系数 28%	0.7813	0.6104	0.4768	0.3725	0.2910	0.2274	0.1776
8	折现后净现金流	−781.30	102.97	172.36	134.66	100.83	82.21	181.42
9	累计折现净现金流	−781.30	−678.33	−505.96	−371.30	−270.47	−188.27	−6.85

由表可知：i_1=26%时，$FNPV_1$=38.74；i_2=28%时，$FNPV_2$=−6.85

用插值法计算拟建项目的内部收益率 FIRR。即

$$FIRR = i_1+(i_2-i_1)\times[FNPV_1\div(|FNPV_1|+|FNPV_2|)]$$

$$=26\%+(28\%-26\%)\times[38.74\div(38.74+|-6.85|)]=26\%+1.70\%=27.70\%$$

问题 5，从财务角度分析拟建项目的可行性：本项目的静态投资回收期为 4.31 年小于基准投资回收期 6 年；财务净现值为 692.26 万元＞0；财务内部收益率 FIRR=27.70%＞行业基准收益率 10%，所以，从财务角度分析该项目可行。

单元考核题

一、单选题

1．关于生产技术方案的选择，下列说法中正确的是（　　）。

A．应结合市场需要确定建设规模　　B．生产方法应与拟采用的原材料相适应

C．工艺流程宜具有刚性安排　　D．应选择最先进的生产方法

2．下列工作内容中，在选择工艺流程方案时需要研究的是（　　）。

A．主要设备之间的匹配性　　B．生产方法是否符合节能要求

C．工艺流程设备的安装方式　　D．各工序间是否合理衔接

3．初步可行性研究阶段投资估算的精确度可达（　　）。

A．±5%　　B．±10%　　C．±20%　　D．±30%

4．根据已知的同类建设项目主要生产工艺设备占整个建设项目的投资比例，先逐项估算出拟建项目主要生产工艺设备投资，再按比例估算拟建项目的静态投资，这种估

算方法称（　　）。

A．设备系数法　　B．主体专业系数法

C．朗格系数法　　D．比例估算法

5．已知某项目各项财务基础数据中，总成本费用为 1000 万元（其中营业费用为 200 万元），其中折旧费 200 万元，摊销费 50 万元，修理费 100 万元，人工工资及福利费 80 万元，利息为 20 万元，若营业费用中折旧费、摊销费、修理费、人工工资及福利费均为各项费用总额的 20%，产成品的年周转次数为 10 次，则该项目流动资金估算中的产成品为（　　）万元。

A．58.0　　B．73.0　　C．60.0　　D．61.6

6．在编制建设投资估算表时，在尚未开发或建造自用项目前，土地使用权作为（　　）核算。

A．固定资产费用　　B．无形资产费用

C．其他资产费用　　D．工程费用

7．在投资估算分析内容中，属于工程投资比例分析的是（　　）。

A．分析工器具购置费占建设总投资的比例

B．分析引进设备费用占全部设备费用的比例

C．分析工程建设其他费用占建设总投资的比例

D．分析装饰工程占总投资的比例

8．进行流动资产投资估算时，通常计算的是各项流动资金的（　　）。

A．各项流动资金的年库存量　　B．各项流动资金的年周转次数

C．各项流动资金的年周转额度　　D．各项流动资金年平均占用额度

9．利用已知建成项目的投资额或其设备的投资额估算同类型但生产规模不同的两个项目的投资额或其设备的投资额的方法是（　　）。

A．资金周转率法　　B．指标估算法

C．生产能力指数估算法　　D．比例估算法

10．按照生产能力指数法（n=0.6，f=1），若将设计中的化工生产系统的生产能力提高 3 倍，投资额大约增加（　　）。

A．200%　　B．300%　　C．230%　　D．130%

二、多选题

1．在建设项目决策阶段，技术方案影响着工程造价，因此，选择技术方案应坚持的基本原则是（　　）。

A．先进适用　　B．安全可靠

C．经济合理　　D．简明适用

E．平均先进

2．下列关于建设项目决策阶段设备方案选择的说法，正确的有（　　）。

A．设备选择应符合政府部门的技术标准要求

B．尽量选用质量高的进口设备

C．在保证设备性能前提下，力求经济合理

D．注意进口设备的配套问题

E．先确定设备的型号和数量后再确定生产工艺流程

3．对于工业建设项目厂址选择时，需要进行技术经济论证，下列内容中属于建设厂址比较的主要内容的有（　　）。

A．建设费用比较　　B．经营费用比较

C．市场风险比较　　D．技术水平比较

E．环境影响比较

4．在编制建设投资估算表时，按形成资产法分类，下列费用属于建设投资组成部分的有（　　）。

A．固定资产费用　　B．无形资产费用

C．其他资产费用　　D．工程费用

E．预备费

5．固定资产投资估算的一般方法有（　　）。

A．生产能力指数估算法　　B．资金估算法

C．比例估算法　　D．指标估算法

E．系数估算法

6．用于分析项目财务盈利能力的指标是（　　）。

A．财务内部收益率　　B．财务净现值

C．投资回收期　　D．流动比率

E．总投资收益率

三、简答题

1．影响建设项目规模选择的因素有哪些？

2．投资估算包括哪些内容？

3．简述投资估算时可采用哪些方法？

4．基本财务报表有哪些？

四、案例分析题

1．拟建年产10万吨炼钢厂，根据可行性研究报告提供的主厂房工艺设备清单和询价资料估算出该项目主厂设备投资约6000万元。已建类似项目资料：与设备有关的其他专业工程投资系为42%，与主厂房投资有关的辅助工程及附属设施投资系数为32%。该项目的资金来源为自有资金和贷款，贷款总额为8000万元，贷款利率7%(按年计息)。建设期3年，第一年投入30%，第二年投入30%，第三年投入40%。预计建设期物价平

均上涨率 4%，基本预备费率 5%。

【问题】

（1）试用系数估算法，估算该项目主厂房投资和项目建设的工程费与其他费投资。

（2）估算项目的固定资产投资额。

（3）若固定资产投资资金率为 6%，使用扩大指标估算法，估算项目的流动资金。

（4）确定项目总投资。

2．2014 年初，某业主拟建年产 15 万吨产品的工业项目。已知 2011 年已建成投产的年产 12 万吨产品的类似项目，投资额为 500 万元，自 2011 年至 2014 年平均造价指数递增 3%。拟建项目有关数据资料如下：

（1）项目建设期为 1 年，运营期为 6 年，项目全部建设投资为 700 万元，预计全部形成固定资产，残值率为 4%，固定资产余值在项目运营期末收回。

（2）运营期第 1 年投入流动资金 150 万元，全部为自有资金，流动资金在计算期末全部收回。

（3）在运营期间，正常年份每年的营业收入为 1000 万元，总成本费用为 500 万元，经营成本为 350 万元。营业税及附加税率为 6%，所得税率为 25%，行业基准投资回收期为 6 年。

（4）投产第 1 年生产能力达到设计生产能力的 60%，营业收入与经营成本也为正常年份的 60%，总成本费用为 400 万元，投产第 2 年及第 2 年后各年均达到设计生产能力。

（5）为简化起见，将“调整所得税”列为“现金流出”的内容。

【问题】

（1）试用生产能力指数法列式计算拟建项目的静态投资额。

（2）编制融资前该项目的投资现金流量表，并计算项目投资财务净现值（所得税后）。

（3）列式计算该项目的静态投资回收期（所得税后），并评价该项目是否可行。

（计算结果及表中数据均保留两位小数）

单元3

建设项目设计阶段工程造价控制

教学目标 通过本单元的学习，熟悉设计阶段工程造价控制的内容，掌握设计阶段工程造价控制的措施和方法；了解限额设计的方法，掌握设计方案技术经济评价的方法、工程设计方案的优化方法；掌握设计概算和施工图预算的概念、编制依据、编制方法及内容，熟悉设计概算和施工图预算的审查方法。

学习提示 某单位为解决职工的住房问题，经广泛征求意见，决定建设地下带车库的4栋小高层住宅，建筑总面积大约5万平方米。建设地点选定后，基建办公室开始组织征集设计方案并进行公开招标，经过资格预审，有6家满足条件的设计单位进行了投标，并按要求都提交了设计概算书。从安全性、实用性、经济性、美观性综合考虑的角度出发，该单位如何选择满意的设计方案呢？各设计单位的设计概算是如何编制的呢？编制的是否合理呢？

本单元中，我们就来学习在建设项目设计阶段如何进行工程造价的控制。

课题 3.1　工程设计与工程造价控制

拟建项目经过投资决策阶段后，设计阶段就成为工程造价控制的关键阶段。

3.1.1　工程设计的含义

工程设计的含义

工程设计是建设程序的一个环节，是指在可行性研究批准之后，工程开始施工之前，根据已批准的设计任务书，为具体实现拟建项目的技术、经济要求，拟定建筑、安装及设备制造等所需的规划、图纸、数据等技术文件的工作。

一般工业与民用建筑项目设计按初步设计和施工图设计两个阶段进行，称为“两阶段设计”；对于技术上复杂而又缺乏设计经验的项目，可按初步设计、技术设计、施工图设计三个阶段进行，称为“三阶段设计”。初步设计阶段要编制初步设计概算，技术设计阶段要编制修正概算，施工图设计阶段要编制施工图预算。

3.1.2　设计阶段影响工程造价的因素

1. 工业建筑设计影响工程造价的因素

工业建设项目设计是由总平面设计、工艺设计及建筑设计三部分组成，三者之间相互关联和制约，但是对工程造价的影响因素有所差异。

1）总平面设计对工程造价的影响因素

总平面设计主要指总图运输设计和总平面布置，是在按照批准的设计任务书选定厂址后进行的，它是对厂区内的建筑物、构筑物、露天堆场、运输线路、管线、绿化及美化设施等做全面合理的配置，以便使整个项目形成布置紧凑、流程顺畅、经济合理、方便使用的格局。

总平面图设计是否合理对于整个设计方案的经济合理性有重大影响，总平面设计中影响工程造价的因素有以下方面。

（1）现场条件。主要指地质、水文、气象条件等影响基础形式的选择、基础的埋深(持力层、冻土线)；地形地貌影响平面及室外标高的确定；场地大小、邻近建筑物地上附着物等影响平面布置、建筑层数、基础形式及埋深。

（2）占地面积。占地面积的大小会影响征地费用的高低，也会影响管线布置成本及项目建成运营的运输成本。因此，在总平面设计中应尽可能节约用地。

（3）功能分区。工业建筑有许多功能组成，合理的功能分区既可以使建筑物的各项功能充分发挥，又可以使总平面布置紧凑、安全，避免大挖大填，减少土石方量并节约用地，降低工程造价。同时，合理的功能分区还可以使生产工艺流程顺畅，运输简便，降低项目建成后的运营成本。

（4）运输方式。不同的运输方式其运输效率及成本不同。有轨运输运量大，运输安全，但需要一次性投入大量资金；无轨运输无须一次性大规模投资，但是运量小，运输安全性较差。从降低工程造价的角度来看，应尽可能选择无轨运输，可以减少占地，节约投资。但是运输方式的选择不能仅仅考虑工程造价，还应考虑项目运营的需要，如果运输量较大，则有轨运输会比无轨运输成本低。

2）工艺设计过程中影响工程造价的因素

工艺设计是工程设计的核心，影响工程造价的主要因素包括：建设规模、标准和产品方案；工艺流程和主要设备的选型；主要原材料、燃料供应情况；生产组织及生产过程中的劳动定员情况；“三废”治理及环保措施。

3）建筑设计影响工程造价的因素

建筑设计部分，应在兼顾施工过程的合理组织和施工条件的同时，重点考虑工程的平面立体设计和结构方案及工业要求等因素。

（1）平面形状。一般地说，建筑物平面形状越简单，它的单位面积造价就越低。当建筑物的外形复杂而不规则时，其周长与建筑面积的比率将增加，而且不规则的建筑物将导致室外工程、排水工程、砌砖工程及屋面工程等复杂化，从而增加工程费用。平面形状的选择除考虑造价因素外，还应注意对美观、采光和使用要求方面的影响。

【知识链接】

建筑周长系数是建筑物周长与建筑面积比，即单位建筑面积所占外墙长度。通常情况下建筑周长系数越低，设计越经济。

应用案例3-1

单项选择：关于工业建设项目的建筑设计，下列不同平面形状的建筑物，在材料相同的情况下，单位面积造价按从小到大顺序排列正确的是（　　）。

A. 正方形、矩形、T形、L形

B. 矩形、正方形、T形、L形

C. T形、L形、正方形、矩形

D. T形、L形、矩形、方形

答案：A

【案例解析】 圆形、正方形、矩形、T形、L形建筑的建筑周长系数依次增大，通常情况下建筑周长系数越低，设计越经济。

（2）流通空间。建筑物平面布置的主要目标之一是在满足建筑物使用要求和必需的美观要求的前提下，将流通空间减少到最小，相应地降低造价。

（3）层高。在建筑面积不变的情况下，建筑层高增加会引起各项费用的增加。据有关资料分析，单层厂房层高每增加1m，单位面积造价增加1.8%～3.6%，年度采暖费约增加3%；多层厂房的层高每增加0.6m，单位面积造价提高8.3%左右。

单层厂房的高度主要取决于车间内的运输方式，在可能的条件下，特别是当起重量较小时，应考虑采用悬挂式运输设备来代替桥式吊车。多层厂房的高度应综合考虑生产工艺、采光、通风及建筑经济的因素来进行选择，多层厂房的建筑层高还取决于能否容纳车间内的最大生产设备和满足运输的要求。

（4）层数。工业厂房层数的选择应考虑生产性质和生产工艺的要求。对于需要大跨度和大层高，拥有重型生产设备和起重设备，生产时有较大振动及散发大量热和气的重型工业，采用单层厂房是经济合理的；而对于工艺过程紧凑，采用垂直工艺流程，并要求恒温条件的各种轻型车间，可采用多层厂房。

确定多层厂房的经济层数主要有两个因素：一是厂房展开面积的大小，展开面积越大，层数越可提高；二是厂房的宽度和长度，宽度和长度越大，经济层数越可增高，而造价相应降低。

（5）室内外高差。室内外高差过大，则建筑物的工程造价提高；高差过小又影响使用及卫生要求等。

（6）建筑物的体积与面积。随着建筑物体积和面积的增加，工程总造价会提高。对于工业建筑，在不影响生产能力的条件下，厂房、设备布置力求紧凑合理，尽量采用先进工艺和高效能的设备，采用大跨度、大柱距的大厂房平面设计形式。

（7）建筑结构。建筑结构是指建筑工程中由基础、梁、板、柱、墙、屋架等构件所组成的起骨架作用的、能承受直接和间接“作用”的体系。建筑结构按所用材料的不同可分为砌体结构、钢筋混凝土结构、钢结构和木结构等。建筑材料和建筑结构选择是否合理，不仅直接影响到工程质量、使用寿命、耐火抗震性能，而且对施工费用、工程造价有很大的影响。采用各种先进的结构形式和轻质高强度的建筑材料，能减轻建筑物自重，简化基础工程，减少建筑材料和构配件的费用及运费，并能提高劳动生产率和缩短建设工期，经济效果十分明显。

（8）柱网布置。柱网布置就是确定柱子的行距（跨度）和间距（每行柱子中相邻两个柱子间的距离）。对于单跨厂房，当柱间距不变时，跨度越大单位面积造价越低，因为除屋架外，其他结构件分摊在单位面积上的平均造价随跨度的增大而减少。对于多跨厂房，当跨度不变时，中跨数量越多越经济，因为柱子和基础分摊在单位面积上的造价减少了。

2. 民用建筑设计影响工程造价的因素

民用建筑设计包括住宅设计、公共建筑设计以及住宅小区设计，住宅建筑是民用建筑中最大量、最主要的建筑形式。本部分主要介绍住宅建筑设计中影响工程造价的因素。

1）住宅小区规划中影响工程造价的主要因素

住宅小区是人们日常生活相对完整、独立的居住单元，是城市建设的组成部分，所以小区布置是否合理，直接关系到居民生活质量和城市建设发展等重大问题。小区规划设计的核心问题是提高土地利用率。

（1）占地面积。小区用地面积指标反映小区内居住房屋和非居住房屋、绿化园地、道路和工程管网等占地面积及比重，直接影响小区内道路管线长度和公用设备的多少，

是考察建设用地利用率和经济性的重要指标。

（2）建筑群体的布置形式。建筑群体的布置形式对用地的影响不容忽视，通过采取高低搭配、点条结合、前后错列以及局部东西向布置、斜向布置或拐角单元等手法可节省用地。在保证小区居住功能的前提下，适当集中公共设施，合理布置道路，充分利用小区内的边角用地，有利于提高建筑密度，降低小区的总造价。

2）民用住宅建筑设计影响工程造价的因素

（1）建筑物平面形状和周长系数。在同样的建筑面积下，由于住宅建筑平面形状不同，其建筑周长系数也不相同。圆形、正方形、矩形、T 形、L 形等，其建筑周长系数依次增长。但由于圆形建筑施工复杂，施工费用较矩形建筑增加 20%～30%。因此，正方形和矩形的住宅既有利于施工，又能降低工程造价，而在矩形住宅建筑中，又以长宽比为 2∶1 最佳。一般小单元住宅以 4 个单元，大单元住宅以 3 个单元，房屋长度以 60～80 m 较为经济。

（2）住宅的层高和净高。根据不同性质的工程综合测算住宅层高每降低 10cm，可降低造价 1.2%～1.5%。层高降低还可提高住宅区的建筑密度，节约土地成本及市政设施费。在一般情况下，民用住宅的层高一般在 2.5～2.8m 之间。

（3）住宅的层数。民用住宅层数划分为低层住宅（1～3 层）、多层住宅（4～6 层）、中高层住宅（7～9 层）、高层住宅（10 层以上）。在民用建筑中，多层住宅具有降低工程造价和使用费、节约用地的优点，房间内部和外部的设施、供水管道、排水管道、煤气管道、电力照明和交通道路等费用，在一定范围内都随着住宅层数的增加而降低。通过大量数据资料分析表明，中小城市以建造多层住宅较为经济，对于地皮特别昂贵的地区，为了降低土地费用，中、高层住宅是比较经济的选择。

（4）住宅单元组成、户型和住户面积。衡量单元组成、户型设计的指标是结构面积系数，系数越小设计方案越经济。结构面积系数是指住宅结构面积与建筑面积之比。该指标除与房屋结构有关外，还与房屋外形及其长度和宽度有关，也与房间平均面积的大小和户型组成有关，房屋平均面积越大，内墙、隔墙在建筑面积中所占比重就越低。因而，结构面积系数是评比新型结构经济的重要指标。

（5）住宅建筑结构的选择。随着我国工业化水平的提高，住宅工业化建筑体系的结构形式多种多样，考虑工程造价时应根据实际情况，因地制宜、就地取材，采用适合本地区本部门的经济合理的结构形式。

应用案例 3-2

多项选择：住宅建筑是民用建筑中最大量、最主要的建筑形式。下列内容中，属于民用住宅建筑设计中影响工程造价的主要因素有（　　）。

A. 占地面积　　B. 平面形状

C. 层高　　D. 建筑结构

E. 建筑群体的布置形式

答案：BCD

【案例解析】 占地面积和建筑群体的布置形式是建筑规划中影响工程造价的主要因素。

3. 设计阶段影响工程造价的其他因素

设计阶段影响工程造价的其他因素有设计单位和设计人员的知识水平、项目利益相关者和风险因素等。

3.1.3 设计阶段造价控制的措施和方法

设计阶段控制造价的方法有：对设计方案进行优选或优化设计，推广限额设计和标准化设计，加强对设计概算、施工图预算的编制管理和审查。

1. 设计方案的造价估算、设计概算和施工图预算的编制与审查

首先方案估算要建立在分析测算的基础上，能比较全面、真实地反映各个方案所需的造价。在方案的投资估算过程中，要多考虑一些影响造价的因素，如施工的工艺和方法的不同、施工现场的不同情况等，因为它们都会使按照经验估算的造价发生变化，只有这样才能使估算更加完善。对于设计单位来说，要对各类设计资料进行分析测算，以掌握大量的第一手资料数据，为方案的造价估算积累有效的数据。

设计概算不准，与施工图预算差距很大的现象常有发生，其原因主要包括初步设计图纸深度不够，概算编制人员缺乏责任心，概算与设计和施工脱节，概算编制中错误太多等。要提高概算的质量，首先，必须加强设计人员与概算编制人员的联系与沟通；其次，要提高概算编制人员的素质，加强责任心，多深入实际，丰富现场工作经验；再次，加强对初步设计概算的审查，概算审查可以避免重大错误的发生，避免不必要的经济损失，设计单位要建立健全三审制度（自审、审核、审定），大的设计单位还应建立概算抽查制度。

2. 设计方案的优化和比选

为了提高工程建设投资效果，从选择建设场地和工程总平面布置开始，直到最后结构构件的设计，都应进行多方案比选，从中选取技术先进、经济合理的最佳设计方案。或者对现有的设计方案进行优化，使其能够更加经济合理。在设计过程中，可以利用价值工程的思路和方法对设计方案进行比较，对不合理的设计提出改进意见，从而达到控制造价、节约投资的目的。

3. 限额设计和标准化设计的推广

限额设计是设计阶段控制工程造价的重要手段，它能有效地克服和控制“三超”现象，使设计单位加强技术与经济的对立统一管理，能克服设计概预算本身的失控对工程造价带来的负面影响。另外，推广成熟的、行之有效的标准设计不但能够提高设计质量，而且能够提高效率，节约成本；同时因为标准设计大量使用标准构配件，压缩现场工作

量，所以有益于工程造价的控制。

4. 推行设计索赔及设计监理等制度，加强设计变更管理

设计索赔和设计监理等制度的推行，能够真正提高人们对设计工作的重视程度，从而使设计阶段的造价控制得以有效开展，同时也可以促进设计单位建立完善的管理制度，提高设计人员的质量意识和造价意识。设计索赔制度的推行和加大索赔力度是切实保障设计质量和控制造价的必要手段。另外，设计图纸变更发生得越早，造成的经济损失越小；反之则损失越大。工程设计人员应建立设计施工轮训或继续教育制度，尽可能地避免设计与施工相脱节的现象发生，由此可减少设计变更的发生。对非发生不可的变更，应尽量控制在设计阶段，且要用先算账后变更、层层审批等方法，以使投资得到有效控制。

3.1.4　设计阶段工程造价控制的意义

1. 设计阶段进行工程估价的计价分析可以使造价构成更合理，提高资金利用效率

设计阶段通过编制设计概算可以了解工程造价的构成，分析资金分配的合理性，还可以利用价值工程理论分析项目各个组成部分功能与成本的匹配程度，调整项目功能与成本，使其更趋于合理。

2. 提高资金控制效率

编制设计概算并进行分析，可以了解工程各组成部分的投资比例。对于投资比例比较大的部分应作为投资控制的重点，这样可以提高投资控制效率。

3. 设计阶段控制工程造价会使控制工作更主动

在设计阶段控制工程造价，可以先按一定的质量标准，列出新建建筑物每一部分或分项的计划支出报表，即拟订造价计划。在制定出详细设计以后，对工程的每一分部或分项的估算造价，对照造价计划中所列的指标进行审核，预先发现差异，主动采取一些控制方法消除差异。

4. 设计阶段控制工程造价便于技术与经济相结合

建筑师等专业技术人员在设计过程中往往更关注工程的使用功能，力求采用比较先进的技术方法实现项目所需功能，而对经济因素考虑较少。如果在设计阶段吸收造价工程师参与全过程设计，在做出技术方案时就能充分考虑其经济后果，使方案达到技术和经济的统一。

5. 在设计阶段控制工程造价效果显著

从国内外工程实践及工程造价资料分析表明，投资决策阶段对整个项目造价的影响度为75%～95%，设计阶段的影响度为35%～75%，施工阶段为5%～35%，竣工阶段为

0～5%。很显然，当项目投资决策确定以后，设计阶段就是控制工程造价的关键环节。因此在设计一开始就应将控制投资的思想根植于设计人员的头脑中，保证选择恰当的设计标准和合理的功能水平。

课题 3.2　设计方案的优选与限额设计

3.2.1　设计方案的技术经济评价方法

1. 多指标评价法

多指标评价法是指通过对反映建筑产品功能和成本特点的技术经济指标的计算、分析、比较，评价设计方案的经济效果的方法。可分为多指标对比法和多指标综合评分法。

1）多指标对比法

多指标对比法是指使用一组适用的指标体系，将对比方案的指标值列出，然后一一进行对比分析，根据指标值的高低分析判断方案的优劣，是目前采用比较多的一种方法。

这种方法的优点是：指标全面、分析确切，能通过各种技术经济指标定性或定量地直接反映方案技术经济性能的主要方面。其缺点是：容易出现某一方案有些指标较优，另一些指标较差；而另一方案则可能有些指标较差，另一些指标较优，使分析工作复杂化。有时，也会因方案的可比性而产生客观标准不统一的现象。

2）多指标综合评分法

这种方法首先对需要进行分析评价的设计方案设定若干评价指标，并按照其重要程度分配各指标的权重，确定评分标准，并就各设计方案对各指标的满足程度打分，最后计算各方案的加权得分，以加权得分高者为最优设计方案。其计算公式为

$$S=\sum_{i=1}^{n}S_iW_i \tag{3.1}$$

式中：S——设计方案总得分；

S_i——某方案某评价指标得分；

W_i——某评价指标的权重；

n——评价指标数；

i——评价指标数，i=1，2，3，…，n。

这种方法的优点在于避免了多指标对比法指标间可能发生相互矛盾的现象，评价结果是惟一的。但是在确定权重及评分过程中存在主观臆断成分，同时由于分值是相对的，因而不能直接判断各方案的各项功能实际水平。

■ 应用案例 3-3

某设计院组织人员针对某办公楼设计了四套方案，拟确定最优设计方案。在评审时采用的评价指标为：安全性、实用性、经济性、美观性、其他五项，经评委评审，各指

标的权重及各方案的得分（10 分制）如表 3.1，试选择最优设计方案。

【解】 采用多指标综合评分法计算结果见表 3.1。

表 3.1 多指标综合评分法计算表

评价指标	权重	A方案		B方案		C方案		D方案	
		得分	加权得分	得分	加权得分	得分	加权得分	得分	加权得分
安全性	0.3	9	2.7	8	2.4	9	2.7	9	2.7
实用性	0.2	8	1.6	7	1.4	9	1.8	6	1.2
经济性	0.2	8	1.6	9	1.8	6	1.2	8	1.6
美观性	0.2	8	1.6	9	1.8	8	1.6	9	1.8
其他	0.1	9	0.9	8	0.8	9	0.9	9	0.9
合计		—	8.4	—	8.2	—	8.2	—	8.2

由表 3.1 可知：A 方案的加权得分最高，所以 A 方案最优。

2. 静态经济评价指标法

1）投资回收期法

设计方案的比选往往是比选各方案的功能水平及成本。实施功能水平先进的设计方案一般效益比较好，但所需的投资一般也较多。因此，如果考虑用方案实施过程中的效益回收投资，那么通过反映初始投资补偿速度的指标，衡量设计方案优劣也是非常必要的。用投资回收期法评价某一方案的经济效益时，因为方案各年的收益可能相等也可能不等，所以计算方法也有区别。

2）计算费用法

建筑工程的全生命是指建筑工程从勘察、设计、施工、建成后使用直至报废拆除所经历的时间。全生命费用包括工程建设费、使用维护费和拆除费。评价设计方案的优劣应考虑工程的全生命费用。但是初始投资和使用维护费是两类不同性质的费用，二者不能直接相加。因此计算费用法是用一种合乎逻辑的方法将一次性投资与经常性的经营成本统一为一种性质的费用。主要有年计算费用法和总计算费用法。

静态经济评价指标简单直观，易于接受，但是没有考虑时间价值以及各方案寿命的差异。

3. 动态经济评价指标法

动态经济评价指标是考虑时间价值的指标，比静态指标更全面、更科学。对于寿命期相同的设计方案，可以采用净现值法、净年值法、差额内部收益率法等评价其技术经济性的优劣。对于寿命期不同的设计方案比选，可以采用净年值法评价其技术经济性的优劣。

3.2.2 设计方案招投标和设计方案竞选

1. 设计方案招投标

设计方案招标投标是指招标单位就拟建工程的设计任务，发布招标公告或发出投标邀请书，以吸引设计单位参加投标，经招标单位审查符合投标资格的设计单位，按照招标文件要求在规定的时间内向招标单位填报投标文件，从而择优确定设计中标单位来完成工程设计任务的过程。

2. 设计方案竞选

设计方案竞选是指由组织竞选活动的单位发布竞选公告，吸引设计单位参加方案竞选，参加竞选的设计单位按照竞选文件和国家关于《城市建筑方案设计文件编制深度规定》，做好方案设计和编制有关文件，经具有相应资格的注册建筑师签字，并加盖单位法人或委托的代理人的印鉴，在规定日期内，密封送达组织竞选单位。竞选单位邀请有关专家组成评定小组，采用科学方法，综合评定设计方案优劣，择优确定中选方案，最后双方签订合同。实践中，建筑工程特别是大型建筑设计的发包习惯上多采用设计方案竞选的方式。

3.2.3 价值工程在设计方案竞选中的应用

1. 价值工程基本原理

1）价值工程的概念

价值工程又称价值分析，是通过集体智慧和有组织的活动，对所研究对象的功能与费用进行系统分析，不断创新，旨在提高研究对象价值的思想方法和管理技术。价值工程是以最低的寿命周期成本，可靠地实现产品（或作业）的必要功能，是一种着重于功能分析的有组织的活动。

价值工程包含三方面的内容：

（1）着眼于寿命周期成本。一般来说，一个产品有两种寿命，一种是自然寿命，一种是经济寿命。产品的自然寿命周期是从产品研制、生产、使用、维修、直到最后不能作为物品继续使用时的全部延续时间。但很多产品不是按自然寿命周期加以使用的，而是按产品的经济寿命来使用的，产品的经济寿命是从用户对某种产品提出需要开始，到满足用户需要为止所经过的时间。

产品的寿命周期费用又分成两部分：一是制造费用，二是使用费用。用户购买产品，就是按产品的价值支付购置费用，这个费用就是制造费用，它包括产品的研制、设计直到制造完成的全过程所消耗的支出，可用 C_1 表示；而用户在使用该产品过程中，还要支付维修费用、能源消耗费用等，我们称之为使用费用，可用 C_2 表示，产品的寿命周期费用就是 C_1 和 C_2 之和，即

$$C = C_1 + C_2$$

价值工程的主要任务之一，就是在保证产品功能的情况下，使产品的寿命周期成本降到最低。产品的寿命周期成本和产品的功能是密切相关的，随着产品功能水平的提高，制造费用上升，使用费用下降，如图3.1所示。若某一产品现在的功能水平为F_1，寿命周期成本为C_1，当该产品的功能水平由F_1上升到F_2时，费用则从C_1降低到C_2，这时不但产品的功能水平较高，而且费用最低。我们的目的就是通过开展价值工程，在使产品的功能达到最适宜水平的条件下，使产品的费用降到最低，从而提高其价值，使用户和企业都得到最大的经济效益。

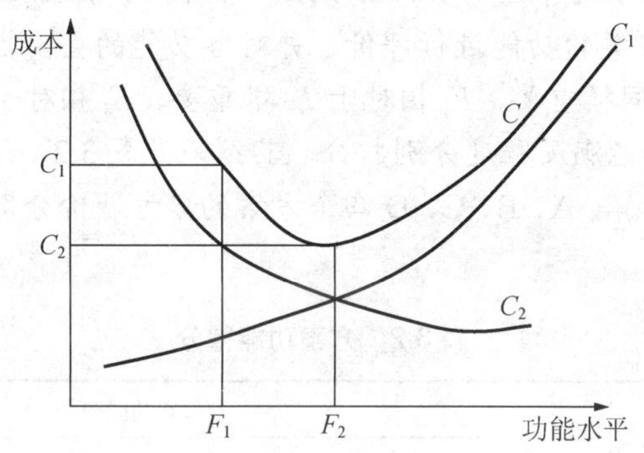

图3.1　功能与成本关系图

（2）着重于功能分析。功能分析是价值工程的核心。在这里，功能就是产品或作业满足用户要求的某种属性。功能是产品所起的作用、所担负的职能，用户购买产品就是购买某种功能，企业只要为用户提供所需功能的手段，用户就乐意为此付出相应的代价。

（3）是一种有组织的活动。价值工程是按照系统性、逻辑性进行的有目的的思维活动，这必然要求在组织管理上，具有依靠集体智慧开展的有组织的活动。

从企业和用户两个方面综合考虑，价值工程中的价值是功能和成本的综合反映，也是两者的比值，表达式为

$$V(\text{价值指数})=\frac{F(\text{功能指数})}{C(\text{成本指数})} \tag{3.2}$$

一般地说，提高价值的途径有五种：一是功能不变，成本降低；二是功能提高，成本不变；三是功能提高，成本降低；四是成本略有提高，功能有大幅度提高；五是功能略有下降，成本大幅度下降。

2）价值工程的一般程序

（1）对象选择。这一步应明确研究目标、限制条件及分析范围。

（2）组成价值工程领导小组，制定工作计划。

（3）收集相关的信息资料并贯穿于全过程。

（4）功能系统分析。这是价值工程的核心。

（5）功能评价。

（6）方案创新及评价。

（7）由主管部门组织审批。

（8）方案实施与检查。

应用案例 3-4

某大学拟建设学生公寓，对某公寓项目的开发征集到若干设计方案，经筛选后对其中较为出色的四个设计方案作进一步的技术经济评价。专家组决定从五个方面（分别以 F_1-F_5 表示）对不同方案的功能进行评价，并对各功能的重要性达成以下共识：F_2 和 F_3 同样重要，F_4 和 F_5 同样重要，F_1 相对于 F_4 很重要，F_1 相对于 F_2 较重要；此后，各专家对该四个方案的功能满足程度分别打分，其结果见表 3.2

根据造价工程师估算，A、B、C、D 四个方案的单方造价分别为 1420、1230、1150、1360 元/m^2。

表 3.2　方案功能得分

方案功能	方案功能得分			
	A	B	C	D
F_1	9	10	9	8
F_2	10	10	8	9
F_3	9	9	10	9
F_4	8	8	8	7
F_5	9	7	9	6

【问题】

1. 计算各功能的权重。
2. 用价值指数法选择最佳设计方案。

0-4 分评分法讲解视频

0-4 分评分法 ppt

【案例解析】 本案例仅给出各功能因素重要性之间的关系，各功能因素的权重需要根据 0-4 评分法的计分办法自行计算。按 0-4 评分法的规定，两个功能因素比较时，其相对重要程度有以下三种基本情况：

（1）很重要的功能因素得 4 分，另一很不重要的功能因素得 0 分；

（2）较重要的功能因素得 3 分，另一较不重要的功能因素得 1 分；

（3）同样重要或基本同样重要时，则两个功能因素各得 2 分。

【解】

问题 1，根据背景资料所给出的相对重要程度条件，各功能权重的计算结果见表 3.3。

表3.3　功能权重计算表

功能权重	F_1	F_2	F_3	F_4	F_5	得分	权重
F_1	×	3	3	4	4	14	14/40=0.350
F_2	1	×	2	3	3	9	9/40=0.225
F_3	1	2	×	3	3	9	9/40=0.225
F_4	0	1	1	×	2	4	4/40=0.100
F_5	0	1	1	2	×	4	4/40=0.100
合计						40	1.000

问题2，分别计算各方案的功能指数、成本指数、价值指数如下：

（1）计算功能指数。

将各方案的各功能得分分别与该功能的权重相乘，然后汇总即为该方案的功能加权得分，各方案的功能加权得分为：

W_A =9×0.350+10×0.225+9×0.225+8×0.100+9×0.100=9.125

W_B =10×0.350+10×0.225+9×0.225+8×0.100+7×0.100=9.275

W_C =9×0.350+8×0.225+10×0.225+8×0.100+9×0.100=8.900

W_D =8×0.350+9×0.225+9×0.225+7×0.100+6×0.100=8.150

各方案功能的总加权得分为 $W=W_A+W_B+W_C+W_D$=9.125+9.275+8.900+8.150=35.45

因此，各方案的功能指数为：

F_A=9.125/35.45=0.257

F_B=9.275/35.45=0.262

F_C=8.900/35.45=0.251

F_D=8.150/35.45=0.230

（2）计算各方案的成本指数。

各方案的成本指数为：

C_A=1420/(1420+1230+1150+1360)=1420/5160=0.275

C_B=1230/5160=0.238

C_C=1150/5160=0.223

C_D=1360/5160=0.264

（3）计算各方案的价值指数。

各方案的价值指数为：

$V_A=F_A/CA$=0.257/0.275=0.935

$V_B=F_B/CB$=0.262/0.238=1.101

$V_C=F_C/CC$=0.251/0.223=1.126

$V_D=F_D/CD$=0.230/0.264=0.871

由于方案的价值指数最大，所以C方案为最佳方案。

应用案例 3-5

某施工单位在某高层住宅楼的现浇楼板施工中，拟采用钢木组合模板体系或小钢模体系施工。经有关专家讨论，决定从模板总摊销费用（F_1）、楼板浇筑质量（F_2）、模板人工费（F_3）、模板周转时间（F_4）、模板装拆便利性（F_5）等五个技术经济指标对该两个方案进行评价，并采用 0-1 评分法对各技术经济指标的重要程度进行评分，其部分结果见表 3.4，两方案各技术经济指标的得分见表 3.5。

经造价工程师估算，钢木组合模板在该工程的总摊销费用为 40 万元，每平方米楼板的模板人工费为 8.5 元；小钢模在该工程的总摊销费用为 50 万元，每平方米楼板的模板人工费为 6.8 元。该住宅楼的楼板工程量为 2.5 万 m^2。

表 3.4　指标重要程度评分表

指标重要程度	F_1	F_2	F_3	F_4	F_5
F_1	×	0	1	1	1
F_2		×	1	1	1
F_3			×	0	1
F_4				×	1
F_5					×

表 3.5　指标的得分表

指标＼方案	钢木组合模板	小钢模
总摊销费用	10	8
楼板浇筑质量	8	10
模板人工费	8	10
模板周转时间	10	7
模板装拆便利性	10	9

【问题】

1. 试确定各技术经济指标的权重（计算结果保留三位小数）。

2. 若以楼板工程的单方模板费用作为成本比较对象，试用价值指数法选择较经济的模板体系（功能指数、成本指数、价值指数的计算结果均保留两位小数）。

【案例解析】

问题 1，需要根据 0-1 评分法的计分办法将表 3.4 中的空缺部分补齐后再计算各技术经济指标的得分，进而确定其权重。0-1 评分法的特点是两指标（或功能）相比较时，不论两者的重要程度相差多大，较重要的得 1 分，较不重要的得 0 分。在运用 0-1 评分法时还需注意，采用 0-1 评分法确定指标重要程度得分时，会出现合计得分为零的指标（或功能），需要将各指标合计得分分别加 1 进行修正后再计算其权重。

问题 2，需要根据背景资料所给出的数据计算两方案楼板工程量的单方模板费用，再计算其成本指数。

0-1 分评分法讲解视频

0-1 分评分法 ppt

【解】

问题 1，根据 0-1 评分法的计分办法，两指标（或功能）相比较时，较重要的指标得 1 分，另一较不重要的指标得 0 分。各技术经济指标得分和权重的计算结果见表 3.6。

表 3.6　指标权重计算表

1	F_1	F_2	F_3	F_4	F_5	得分	修正得分	权重
F_1	×	0	1	1	1	3	4	4/15=0.267
F_2	1	×	1	1	1	4	5	5/15=0.333
F_3	0	0	×	0	1	1	2	2/15=0.133
F_4	0	0	1	×	1	2	3	3/15=0.200
F_5	0	0	0	0	×	0	1	1/15=0.067
合计						10	15	1.000

问题 2，(1) 计算两方案的功能指数，结果见表 3.7。

表 3.7　功能指数计算表

技术经济指标	权重	钢木组合模板	小钢模
总摊销费用	0.267	10×0.267=2.67	8×0.267=2.14
楼板浇筑质量	0.333	8×0.333=2.66	10×0.333=3.33
模板人工费	0.133	8×0.133=1.06	10×0.133=1.33
模板周转时间	0.200	10×0.200=2.00	7×0.200=1.40
模板装拆便利性	0.067	10×0.067=0.67	9×0.067=0.60
合计	1.000	9.06	8.80
功能指数		9.06/（9.06+8.80）=0.51	8.80/(9.06+8.80)=0.49

(2) 计算两方案的成本指数：

钢木组合模板的单方模板费用为：40/2.5+8.5=24.5（元/m^2）

小钢模的单方模板费用为：50/2.5+6.8=26.8（元/m^2）

则

钢木组合模板的成本指数为：24.5/(24.5+26.8)=0.48

小钢模的成本指数为：26.8/(24.5+26.8)=0.52

(3) 计算两方案的价值指数：

钢木组合模板的价值指数为：0.51/0.48=1.06

小钢模的价值指数为：0.49/0.52=0.94

因为钢木组合模板的价值指数高于小钢模的价值指数，故应选用钢木组合模板体系。

2. 价值工程在设计阶段工程造价控制中的应用

利用价值工程控制设计阶段工程造价有以下步骤：

（1）对象选择。在设计阶段，应用价值工程控制工程造价应以对控制造价影响较大的项目作为价值工程的研究对象。

（2）功能分析。分析研究对象具有哪些功能，各项功能之间的关系如何。

（3）功能评价。评价各项功能，确定功能评价系数，并计算实现各项功能的现实成本是多少，从而计算各项功能的价值系数。价值系数小于1的，应该在功能水平不变的条件下降低成本，或在成本不变的条件下提高功能水平；价值系数大于1的，如果是重要的功能，则应该提高成本，以保证重要功能的实现。如果该项功能不重要，可以不做改变。

（4）分配目标成本。根据限额设计的要求，确定研究对象的目标成本，并以功能评价系数为基础，将目标成本分摊到各项功能上，与各项功能的现实成本进行对比，确定成本改进期望值。成本改进期望值大的，应首先重点改进。

（5）方案创新及评价。根据价值分析结果及目标成本分配结果的要求提出各种方案，并用加权评分法选出最优方案，使设计方案更加合理。

应用案例 3-6

某市高新技术开发区综合楼设计了三套方案，其设计方案对比项目如下：

A 方案：结构方案为大柱网框架轻墙体系，采用预应力大跨度叠合楼板，墙体材料采用多孔砖及移动式可拆装式分室隔墙，窗户采用单框双玻璃钢塑窗，面积利用系数为93%，单方造价为1438元/m^2。

B 方案：结构方案同A方案，墙体采用内浇外砌，窗户采用单框双玻璃空腹钢窗，面积利用系数为87%，单方造价为1108元/m^2。

C 方案：结构方案采用砖混结构体系，采用多孔预应力板，墙体材料采用标准黏土砖，窗户采用单玻璃空腹钢窗，面积利用系数为79%，单方造价为1082元/m^2。

以上各方案功能项目权重及得分见表3.8。

表 3.8 各方案各功能的权重及得分

方案功能	功能权重	方案功能得分		
		A	B	C
结构体系	0.25	10	10	8
模板类型	0.05	10	10	9
墙体材料	0.25	8	9	7
面积系数	0.35	9	8	7
窗户类型	0.10	9	7	8

【问题】

1. 请应用价值工程方法选择最优设计方案。

2. 为控制工程造价和进一步降低费用，拟针对所选的最优设计方案的土建工程部分，以工程材料费为对象开展价值工程分析。将土建工程划分为四个功能项目，各功能项目评分值及其目前成本见表 3.9。按限额设计要求，目标成本额应控制为 12170 万元。试分析各功能项目的目标成本及其可能降低的额度，并确定功能改进顺序。

表 3.9　功能项目评分及目前成本表

功能项目	功能评分	目前成本（万元）
A．桩基围护工程	10	1520
B．地下室工程	11	1482
C．主体结构工程	35	4705
D．装饰工程	38	5105
合计	94	12812

【案例解析】

问题 1，考核运用价值工程理论进行设计方案评价的方法、过程和原理。

问题 2，考核运用价值工程理论进行设计方案优化和工程造价控制的方法。

价值工程要求方案满足必要功能，清除不必要功能。在运用价值工程对方案的功能进行分析时，各功能的价值指数有以下三种情况：

（1）$V=1$，说明该功能的重要性与其成本的比重大体相当，是合理的，无需再进行价值工程分析。

（2）$V<1$，说明该功能不太重要，而目前成本比重偏高，可能存在过剩功能，应作为重点分析对象，寻找降低成本的途径。

（3）$V>1$，出现这种结果的原因较多，其中较常见的是：该功能较重要，而目前成本偏低，可能未能充分实现该重要功能，应适当增加成本，以提高该功能的实现程度。

各功能目标成本的数值为总目标成本与该功能指数的乘积。

应用案例 3-6 问题 1 讲解视频

应用案例 3-6 问题 1ppt

【解】 问题 1，分别计算各方案的功能指数、成本指数和价值指数，并根据价值指数选择最优方案。

（1）计算各方案的功能指数，如表 3.10 所示。

表 3.10　功能指数计算表

方案功能	功能权重	方案功能加权得分		
		A	B	C
结构体系	0.25	10×0.25=2.50	10×0.25=2.50	8×0.25=2.00
模板类型	0.05	10×0.05=0.50	10×0.05=0.50	9×0.05=0.45
墙体材料	0.25	8×0.25=2.00	9×0.25=2.25	7×0.25=1.75
面积系数	0.35	9×0.35=3.15	8×0.35=2.80	7×0.35=2.45
窗户类型	0.10	9×0.10=0.90	7×0.10=0.70	8×0.10=0.80
合计		9.05	8.75	7.45
功能指数		9.05/25.25=0.358	8.75/25.25=0.347	7.45/25.25=0.295

(2) 计算各方案的成本指数，如表 3.11 所示。

表 3.11　成本指数计算表

方案	A	B	C	合计
单方造价（元/m²）	1438	1108	1082	3628
成本指数	0.396	0.305	0.298	0.999

(3) 计算各方案的价值指数，如表 3.12 所示。

表 3.12　价值指数计算表

方案	A	B	C	合计
功能指数	0.358	0.347	0.295	1.000
成本指数	0.396	0.305	0.298	1.000
价值指数	0.904	1.138	0.990	1.000

由表 3.12 的计算结果可知，B 设计方案的价值指数最高，为最优方案。

问题 2，根据问题 1 的结果，对所选定的设计方案进一步分别计算桩基围护工程、地下室工程、主体结构工程和装饰工程的功能指数、成本指数和价值指数；再根据给定的总目标成本额，计算各工程内容的目标成本额，从而确定其成本降低额度。具体计算结果汇总见表 3.13。

表 3.13　功能指数、成本指数、价值指数和目标成本降低额计算表

功能项目	功能评分	功能指数	成本指数	价值指数	目前成本（万元）	目标成本（万元）	成本降低额（万元）
桩基围护工程	10	0.1064	0.1186	0.8971	1520	1295	225
地下室工程	11	0.1170	0.1157	1.0112	1482	1424	58
主体结构工程	35	0.3723	0.3672	1.0139	4705	4531	174
装饰工程	38	0.4043	0.3985	1.0146	5105	4920	185
合计	94	1.0000	1.0000		12812	12170	642

由表 3.13 可知，桩基围护工程、地下室工程、主体结构工程和装饰工程均应通过适当方式降低成本。根据成本降低额的大小，功能改进顺序依此为：桩基围护工程、装饰工程、主体结构工程、地下室工程。

3.2.4　限额设计

1. 限额设计的概念

所谓限额设计，就是按照设计任务书批准的投资估算额进行初步设计，按照初步设计概算造价限额进行施工图设计，按施工图预算造价对施工图设计的各个专业设计文件做出决策，保证总投资限额不被突破。

2. 限额设计的造价控制

限额设计控制工程造价从两条线路进行实施，一种途径是按照限额设计过程从前往后依次进行控制，称为纵向控制；另外一种途径是对设计单位及其内部各专业、科室及设计人员进行考核，实施奖惩，进而保证质量的一种控制方法，称为横向控制。

1）限额设计的纵向控制

限额设计的纵向控制，是指随着勘察设计阶段的不断深入，即从可行性研究、初步设计、技术设计到施工图设计阶段，各个阶段中都必须贯穿限额设计。限额设计纵向控制的主要工作如下：

（1）以审定的可行性研究阶段的投资估算，作为初步设计阶段限额设计的目标。

（2）以批准的初步设计概算，作为施工图设计阶段限额设计的目标。

（3）加强设计变更管理，把设计变更尽量控制在施工图设计阶段。

2）限额设计的横向控制

限额设计横向控制的主要工作就是健全和加强设计单位对建设单位以及设计单位内部的经济责任制，建立起限额设计的奖惩机制。

3. 限额设计的完善

1）限额设计的不足

（1）限额设计中投资估算、设计概算、施工图预算等，都是建设项目的一次性投资，对项目建成后的维护使用费、项目使用期满后的拆除费用考虑较少，这样可能出现限额设计效果较好，但项目全生命费用不一定经济的现象。

（2）限额设计强调了设计限额的重要性，而忽视了工程功能水平的要求及功能与成本的匹配性，可能会出现功能水平过低而增加工程运营维护成本的情况，或在投资限额内没有达到最佳功能水平的现象。

（3）限额设计目的是提高投资控制的主动性，所以贯彻限额设计，重要的一点是在设计和施工图设计前，对工程项目、各单位工程、各分部工程进行合理的投资分配，控制设计。若在设计完成后发现概预算超了再进行设计变更，满足限额设计的要求，则会使投资控制处于被动地位，也会降低设计的合理性。

2）限额设计的完善

限额设计要正确处理好投资限额与项目功能之间的对立统一关系，从如下方面加以改进和完善：

（1）正确理解限额设计的含义，处理好限额设计与价值工程之间的关系。

（2）合理确定设计限额。

（3）合理分解和使用投资限额，为采纳有创新性的优秀设计方案及设计变更留有一定的余地。

课题 3.3　设计概算的编制与审核

3.3.1　设计概算的编制

1. 设计概算的概念与作用

（1）设计概算的概念。设计概算是设计文件的重要组成部分，是在投资估算的控制下由设计单位根据初步设计（或技术设计）图纸及说明、概算定额（概算指标）、各项费用定额或取费标准（指标）、设备、材料预算价格等资料，编制和确定的建设项目从筹建至竣工交付使用所需全部建设费用的文件。

设计概算的编制内容包括静态投资和动态投资两部分。静态投资部分作为考核工程设计和施工图预算的依据，静、动态两部分投资之和作为筹措和控制资金使用的限额。

（2）设计概算的作用。设计概算是设计单位根据有关依据计算出来的工程建设的预期费用，用于衡量建设投资是否超过估算并控制下一阶段费用支出。设计概算的主要作用在于控制以后阶段的投资，具体表现为以下方面：

① 设计概算是编制建设工程项目投资计划、确定和控制建设工程项目投资的依据。国家规定，编制年度固定资产投资计划，确定计划投资总额及其构成数额，要以批准的初步设计概算为依据，没有批准的初步设计及其概算的建设工程项目不能列入年度固定资产投资计划。

② 设计概算是签订建设工程合同和贷款合同的依据。在国家颁布的合同法中明确规定，建设工程合同价款是以设计概、预算价为依据，且总承包合同不得超过设计总概算的投资额，银行贷款或各单项工程的拨款累计总额不能超过设计概算。

③ 设计概算是控制施工图设计和施工图预算的依据。经批准的设计概算是建设工程项目投资的最高限额，设计单位必须按照批准的初步设计及其总概算进行施工图设计，施工图预算不得突破设计概算。如确需突破总概算时，应按规定程序报经审批。

④ 设计概算是衡量设计方案技术经济合理性和选择最佳设计方案的依据。设计部门在初步设计阶段要选择最佳设计方案，设计概算是从经济角度衡量设计方案经济合理性的重要依据。

⑤ 设计概算是考核建设工程项目投资效果的依据。将以概算造价为基础计算的指标与以实际发生造价为基础计算的指标进行对比，从而对建设工程项目的投资效果进行评价。

2. 设计概算的编制依据和内容

（1）设计概算的编制依据。

① 国家发布的有关法律、法规、规章、规程等。

② 批准的可行性研究报告及投资估算、设计图纸等有关资料。

③ 有关部门颁布的现行概算定额、概算指标、费用定额等和建设项目设计概算编制办法。

④ 有关部门发布的人工、材料价格，有关设备原价及运杂费率，造价指数等。

⑤ 建设场地自然条件和施工条件，有关合同、协议等。

⑥ 其他有关资料。

（2）设计概算的内容。设计概算分为单位工程概算、单项工程综合概算、建设工程项目总概算三级，其相互关系如图 3.2 所示。

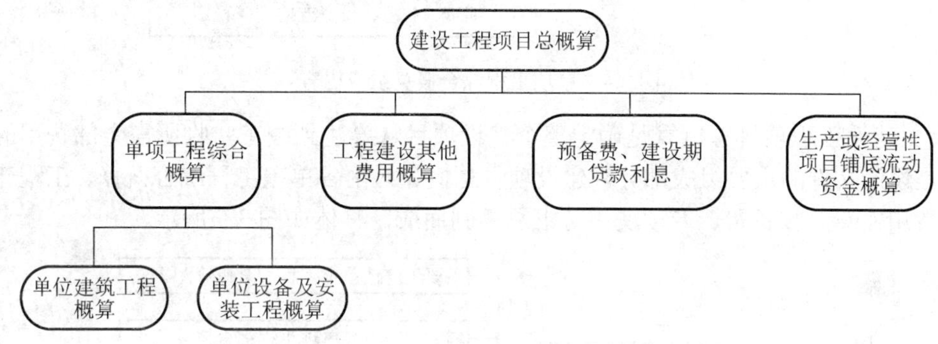

图 3.2　设计概算的三级概算关系图

① 单位工程概算是确定各种单位建筑工程、单位设备及安装工程所需建设费用的文件，单位工程概算确定的工程价格是单位工程建设所需的投资额。单位工程概算是编制单项工程综合概算的依据，是单项工程综合概算的组成部分。单位工程概算按其工作性质可分为建筑工程概算和设备及安装工程概算两大类，如图 3.3 所示。

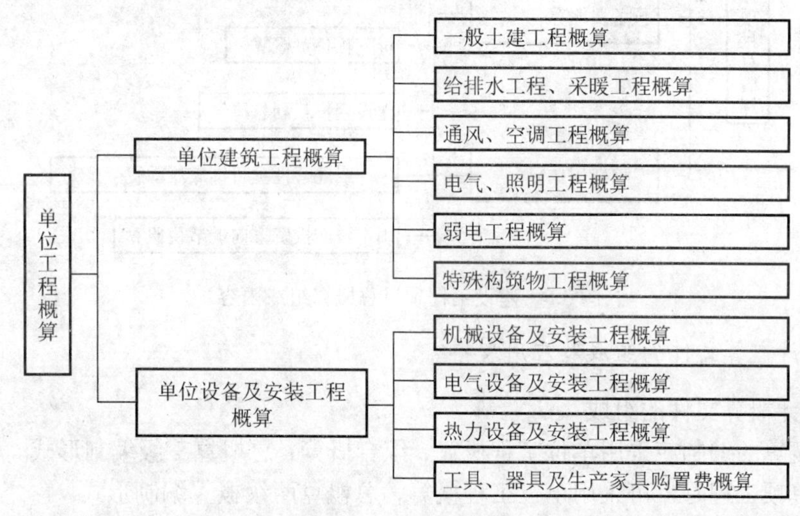

图 3.3　单位工程概算组成内容

② 单项工程综合概算是确定一个单项工程所需建设费用的文件，它是由单项工程中的各单位工程概算汇总编制而成的，是建设项目总概算的组成部分。单项工程综合概

算按其费用内容，包括单位建筑工程概算、单位设备及安装工程概算、工程建设其他费用概算（不编建设项目总概算时列入），如图 3.4 所示。

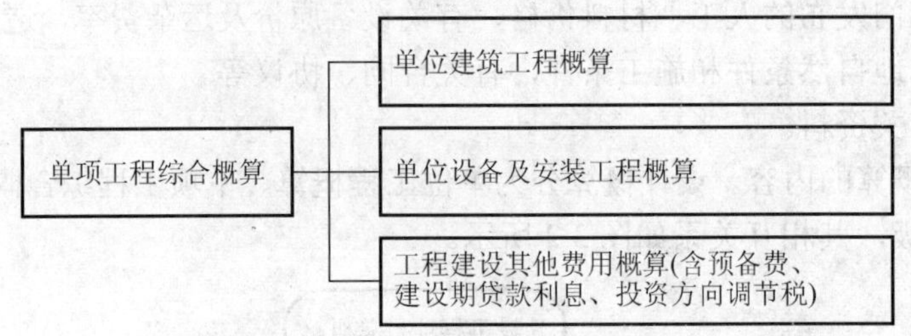

图 3.4　单项工程综合概算组成内容

③ 建设工程项目总概算是确定整个建设项目从筹建到竣工验收所需全部费用的文件，是设计文件的重要组成部分。建设项目总概算是由各单项工程综合概算、工程建设其他费用概算、预备费、专项费用等汇总编制而成，具体如图 3.5 所示。

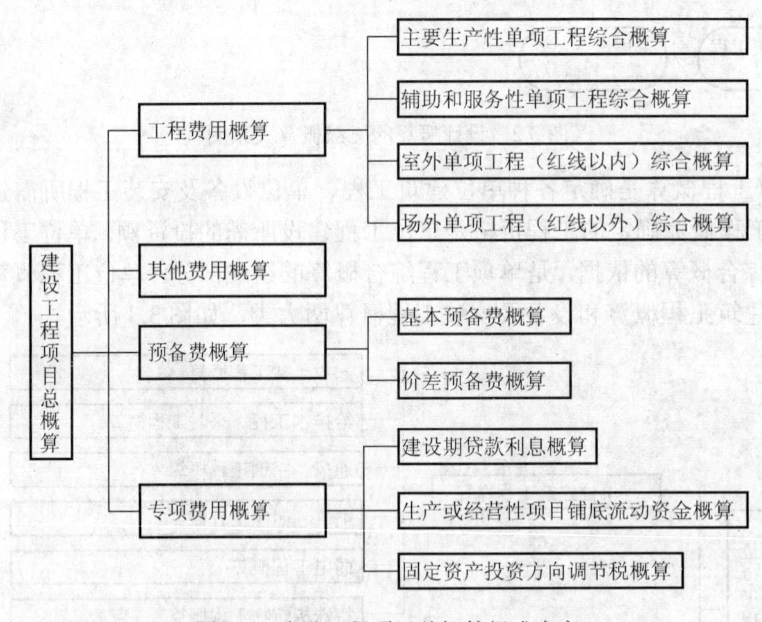

图 3.5　建设工程项目总概算组成内容

3. 设计概算文件的组成及应用表格

1）设计概算文件的组成

设计概算的编制应采用单位工程概算、综合概算、总概算三级编制形式。当建设项目为一个单项工程时，可采用单位工程概算、总概算两级概算编制形式。

三级概算之间的相互关系和费用构成可用图 3.6 表示。

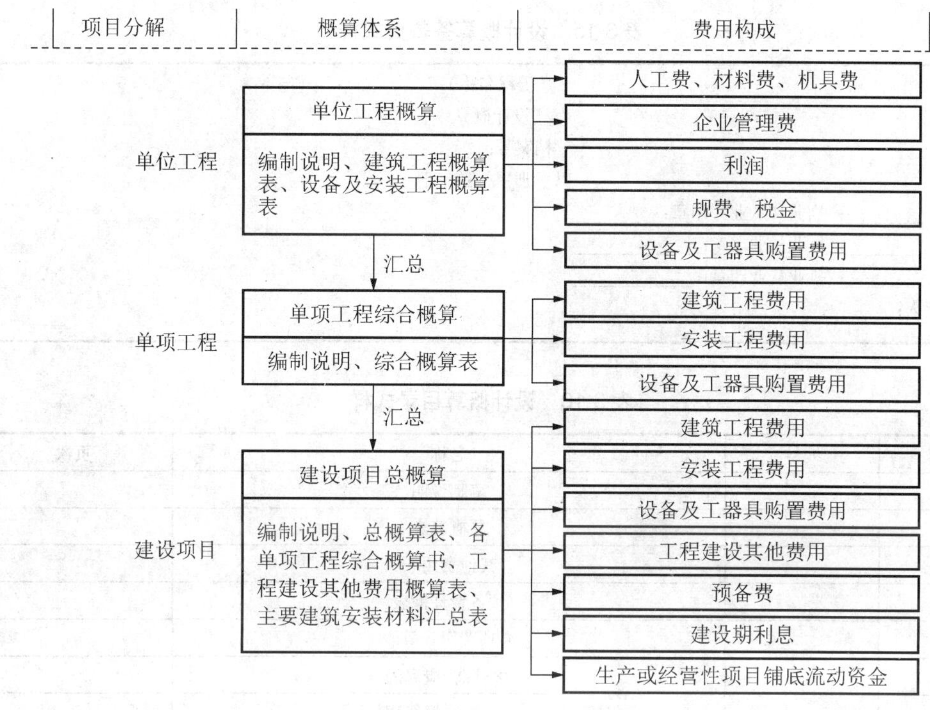

图 3.6　三级概算之间的相互关系和费用构成

(1) 三级编制（总概算、综合概算、单位工程概算）形式设计概算文件的组成：①封面、签署页及目录；②编制说明；③总概算表；④其他费用表；⑤综合概算表；⑥单位工程概算表；⑦附件：补充单位估价表。

(2) 二级编制（总概算、单位工程概算）形式设计概算文件的组成：①封面、签署页及目录；②编制说明；③总概算表；④其他费用表；⑤单位工程概算表；⑥附件：补充单位估价表。

2) 概算文件及各种表格格式

概算文件及各种表格格式见表 3.14～表 3.30。

表 3.14　设计概算封面式样

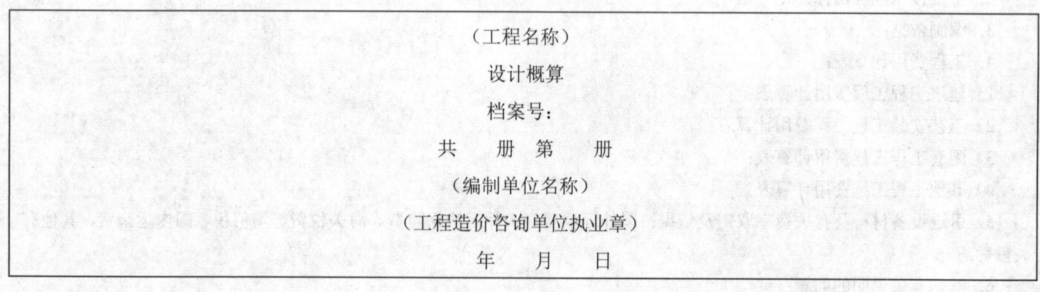

（工程名称）

设计概算

档案号：

共　　册 第　　册

（编制单位名称）

（工程造价咨询单位执业章）

年　　月　　日

表 3.15　设计概算签署页式样

（工程名称）

设计概算

档案号：

共　册　　第　册

编制人：________：执业（从业）印章：________

审核人：________：执业从业印章：________

审　定：________：执业从业印章：________

法定负责人：________________

表 3.16　设计概算目录式样

序号	编号	名称	页次
1		编制说明	
2		总概算表	
3		其他费用表	
4		预备费计簿表	
5		专项费用计算表	
6		×××综合概算表	
7		×××综合概算表	
		……	
9		×××单位工程概算表	
10		×××单位工程概算表	
		……	
11		补充单位估价表	
12		主要设备材料数量及价格表	
13		概算相关资料	

表 3.17　编制说明式样

编制说明

1．工程概况；

2．主要技术经济指标；

3．编制依据；

4．工程费用计算表：

1）建筑工程工程费用计算表；

2）工艺安装工程工程费用计算表；

3）配套工程工程费用计算表；

4）其他工程工程费用计算表。

5．引进设备材料及有关费率取定及依据：国外运输费、国外运输保险费、海关税费、增值税、国内运杂费、其他有关税费；

6．其他有关说明的问题；

7．引进设备材料从属费用计算表。

表3.18　总概算表（为采用三级概算形式的总概算的表格）

总概算编号：　　　　　工程名称：　　　　　单位：　万元　　　　　共　页　第　页

序号	概算编号	工程项目或费用名称	建筑工程费	设备购置费	安装工程费	其他费用	合计	其中：引进部分		占总投资比例（%）
								美元	折合人民币	
一		工程费用								
1		主要工程								
		×××××								
2		辅助工程								
		×××××								
3		配套工程								
		×××××								
二		其他费用								
1		×××××								
2		×××××								
三		预备费								
四		专项费用								
1		×××××								
		建设项目概算总投资								

编制人：　　　　　审核人：　　　　　审定人：

表3.19　总概算表（为采用二级概算形式的总概算的表格）

总概算编号：　　　　　工程名称：　　　　　单位：　万元　　　　　共　页　第　页

序号	概算编号	工程项目或费用名称	设计规模或主要工程量	建筑工程费	设备购置费	安装工程费	其他费用	合计	其中：引进部分		占总投资比例（%）
									美元	折合人民币	
一		工程费用									
1		主要工程									
（1）	×××	×××××									
（2）	×××	×××××									
2		辅助工程									
（1）		×××××									

续表

序号	概算编号	工程项目或费用名称	设计规模或主要工程量	建筑工程费	设备购置费	安装工程费	其他费用	合计	其中：引进部分		占总投资比例（%）
									美元	折合人民币	
3		配套工程									
(1)	×××	×××××									
二		其他费用									
1		×××××									
三		预备费									
四		专项费用									
1		×××××									
		建设项目概算总投资									

编制人：　　　　审核人：　　　　审定人：

表 3.20　其他费用表

工程名称：　　　　单位：万元（元）　　　　共　页　第　页

序号	费用项目编号	费用项目名称	费用计算基数	费率（%）	金额	计算公式	备注
1							
2							
	合计						

编制人：　　　　审核人：

表 3.21　其他费用计算表

其他费用编号：　　　　费用名称：　　　　单位：万元（元）　　　　共　页　第　页

序号	费用项目名称	费用计算基数	费率（%）	金额	计算公式	备注
1						
2						
	合计					

编制人：　　　　审核人：

表 3.22　综合概算表

综合概算编号：　　　　　　　工程名称（单项工程）：　　　　　单位：万元　　　　　　共　页　　第　页

序号	概算编号	工程项目或费用名称	设计规模或主要工程量	建筑工程费	设备购置费	安装工程费	其他费用	合计	其中：引进部分	
									美元	折合人民币
一		主要工程								
1	×××	×××××								
2	×××	×××××								
二		辅助工程								
1	×××	×××××								
2	×××	×××××								
三		配套工程								
1	×××	×××××								
2	×××	×××××								
		单项工程概算费用合计								

编制人：　　　　　　　　　　　　　　审核人：　　　　　　　　　　　　　　审定人：

表 3.23　建筑工程概算表

单位工程概算编号：　　　　　　　　　　工程名称（单位工程）：　　　　　　　　共　页　　第　页

序号	定额编号	工程项目或费用名称	单位	数量	单价（元）				合价（元）			
					定额基价	人工费	材料费	机械费	金额	人工费	材料费	机械费
一		土石方工程										
1	×××	×××××										
2	×××	×××××										
二		砌筑工程										
1	×××	×××××										

续表

序号	定额编号	工程项目或费用名称	单位	数量	单价（元）				合价（元）			
					定额基价	人工费	材料费	机械费	金额	人工费	材料费	机械费
2	×××	×××××										
三		楼地面工程										
1	×××	×××××										
		小计										
		工程综合取费										
		单位工程概算费用合计										

编制人：　　　　　　　　　　　　　　　　审核人：

表 3.24　设备及安装工程概算表

单位工程概算编号：　　　　　　　　工程名称（单位工程）：　　　　　　　　共　页　　第　页

序号	定额编号	工程项目或费用名称	单位	数量	单价（元）					合价（元）				
					设备费	主材费	定额基价	其中		设备费	主材费	定额费	其中	
								人工费	机械费				人工费	机械费
一		设备安装												
1	×××	×××××												
2	×××	×××××												
二		管道安装												
1	×××	×××××												
2	×××	×××××												
三		防腐保温												
1	×××	×××××												
		小计												
		工程综合取费												
		合计（单位工程概算费用）												

编制人：　　　　　　　　　　　　　　　　审核人：

表 3.25　补充单位估价表

工程名称：

工作内容：　　　　　　　　　　　　　　　　　　　　　　　　　　共　　页　第　　页

补充单位估价表编号							
定额基价							
人工费							
材料费							
机械费							
名称		单位	单价	数量			
综合工日							
材料							
	其他材料费						
机械							

编制人：　　　　　　　　　　　　　　　　　　　　　　　　　　审核人：

表 3.26　主要设备材料数量及价格表

序号	设备材料名称	规格型号及材质	单位	数量	单价（元）	价格来源	备注

编制人：　　　　　　　　　　　　　　　　　　　　　　　　　　审核人：

表 3.27　总概算对比表

总概算编号：　　　　　　　　工程名称：　　　　　　　　单位：万元　　　　　　共　页　第　页

序号	工程项目或费用名称	原批准概算					调整概算					差额（调整概算-原批准概算）	备注
		建筑工程费	设备购置费	安装工程费	其他费用	合计	建筑工程费	设备购置费	安装工程费	其他费用	合计		
一	工程费用												
1	主要工程												
	×××××												

续表

序号	工程项目或费用名称	原批准概算					调整概算					差额（调整概算-原批准概算）	备注
		建筑工程费	设备购置费	安装工程费	其他费用	合计	建筑工程费	设备购置费	安装工程费	其他费用	合计		
2	辅助工程												
	×××××												
3	配套工程												
	×××××												
二	其他费用												
1	×××××												
2	×××××												
三	预备费												
四	专项费用												
1	×××××												
	建设项目概算总投资												

编制人： 审核人：

表 3.28　综合概算对比表

综合概算编号： 工程名称： 单位：万元 共 页 第 页

序号	工程项目或费用名称	原批准概算					调整概算					差额（调整概算-原批准概算）	调整的主要原因
		建筑工程费	设备购置费	安装工程费	其他费用	合计	建筑工程费	设备购置费	安装工程费	其他费用	合计		
一	主要工程												
1	×××××												
2	×××××												
3	×××××												
二	辅助工程												
1	×××××												
2	×××××												

续表

序号	工程项目或费用名称	原批准概算					调整概算					差额（调整概算–原批准概算）	调整的主要原因
		建筑工程费	设备购置费	安装工程费	其他费用	合计	建筑工程费	设备购置费	安装工程费	其他费用	合计		
三	配套工程												
1	×××××												
	单项概算费用合计												

编制人：　　　　　　　　　　　　　　　　　　　　　　　　　审核人：

表 3.29　进口设备材料货价及从属费用计算表

序号	设备材料规格名称及费用名称	单位	数量	单价（美元）	外币金额（美元）					折合人民币（元）	人民币金额（元）						合计（元）
					货价	运输费	保险费	其他费用	合计		关税	增值税	银行财务费	外贸手续费	国内运杂费	合计	

编制人：　　　　　　　　　　　　　　　　　　　　　　　　　审核人：

表 3.30 工程费用计算程序表

序号	费用名称	取费基础	费率	计算公式

4. 设计概算的编制方法

1）建设项目总概算及单项工程综合概算的编制

（1）概算编制说明应包括以下主要内容。

① 项目概况：简述建设项目的建设地点、设计规模、建设性质（新建、扩建或改建）、工程类别、建设期（年限）、主要工程内容、主要工程量、主要工艺设备及数量等。

② 主要技术经济指标：项目概算总投资（有引进的给出所需外汇额度）及主要分项投资、主要技术经济指标（主要单位投资指标）等。

③ 资金来源：按资金来源不同渠道分别说明，发生资产租赁的说明租赁方式及租金。

④ 编制依据。

⑤ 其他需要说明的问题。

⑥ 总说明附表。

（2）总概算表。概算总投资由工程费用、其他费用、预备费及应列入项目概算总投资中的几项费用组成。

第一部分工程费用：按单项工程综合概算组成编制，采用二级编制的按单位工程概算组成编制。市政民用建设项目一般排列顺序：主体建（构）筑物、辅助建（构）筑物、配套系统。工业建设项目一般排列顺序：主要工艺生产装置、辅助工艺生产装置、公用工程、总图运输、生产管理服务性工程、生活福利工程、厂外工程。

第二部分其他费用：一般按其他费用概算顺序列项，一般建设项目其他费用包括建设用地费、建设管理费、勘察设计费、可行性研究费、环境影响评价费、劳动安全卫生评价费、场地准备及临时设施费、工程保险费、联合试运转费、生产准备及开办费、特殊设备安全监督检验费、市政公用设施建设及绿化补偿费、引进技术和引进设备材料其他费、专利及专有技术使用费、研究试验费等。

第三部分预备费：包括基本预备费和价差预备费，基本预备费以总概算第一部分“工程费用”和第二部分“其他费用”之和为基数的百分比计算。

第四部分应列入项目概算总投资中的几项费用：建设期利息，根据不同资金来源及利率分别计算；固定资产投资方向调节税，暂停征收；铺底流动资金，按国家或行业有关规定计算。

（3）单项工程综合概算表。综合概算以单项工程所属的单位工程概算为基础，采用“综合概算表（三级编制）进行编制，分别按各单位工程概算汇总成若干个单项工程综合概算。对单一的、具有独立性的单项工程建设项目，按二级编制形式编制，直接编制总概算。

2）单位工程概算的编制方法

单位工程概算是编制单项工程综合概算（或项目总概算）的依据，单位工程概算项目根据单项工程中所属的每个单体按专业分别编制。单位工程概算一般分建筑工程、设备及安装工程两大类。

（1）建筑工程单位工程概算编制。

建筑工程概算费用内容及组成见建设部建标［2013］44号《建筑安装工程费用项目组成》。

建筑工程概算采用“建筑工程概算表”编制，按构成单位工程的主要分部分项工程编制，根据初步设计工程量按工程所在省、市、自治区颁发的概算定额（指标）或行业概算定额（指标），以及工程费用定额计算。

以房屋建筑为例，根据初步设计工程量按工程所在省、市、自治区颁发的概算定额（指标）分土石方工程、基础工程、墙壁工程、梁柱工程、楼地面工程、门窗工程、屋面工程、保温防水工程、室外附属工程、装饰工程等项编制概算，编制深度应达到《建设工程工程量清单计价规范》（GB 50500—2013）深度。

对于通用结构建筑可采用“造价指标”编制概算；对于特殊或重要的建构筑物，必须按构成单位工程的主要分部分项工程编制，必要时结合施工组织设计进行详细计算。

建筑工程概算的编制方法常用概算定额法（扩大单价法）、概算指标法、类似工程预算法来编制。

① 概算定额法。概算定额法也叫扩大单价法。当初步设计达到一定的深度，建筑结构较明确能够准确计算工程量时，可采用这种方法编制建筑工程概算。

采用概算定额法编制概算，首先根据概算定额编制扩大单位估价表（概算定额单价），然后用算出的扩大部分分项工程的工程量，乘以概算定额单价，进行具体计算。其中工程量的计算，必须根据定额中规定的各个扩大分部分项工程内容，遵守定额中规定的计量单位、工程量计算规则及方法来进行。

应用案例 3-7

某办公楼建筑面积为 8000m^2，根据初步设计图纸和某省概算定额计算规则计算的土建工程量如表3.31所示。从概算定额中查出的概算定额单价见表3.31。该工程所在地各项费率分别为：措施费为直接工程费的10%，间接费费率为5%（以直接费为计算基数），综合税率为3.41%，利润率为7%，且该项目建设期间材料费上涨调整系数为1.25

(其中材料费占直接工程费比例为 70%)。编制该办公楼土建工程设计概算造价和平方造价。

表 3.31　某办公楼土建工程量和概算定额单价

分部工程名称	单位	工程量	概算定额单价（元）
基础工程	$10m^3$	250	3500
混凝土及钢筋混凝土工程	$10m^3$	400	7800
砌筑工程	$10m^3$	220	3500
地面工程	$100m^2$	50	1400
楼面工程	$100m^2$	100	1600
屋面工程	$100m^2$	50	2000
门窗工程	$100m^2$	50	6000

根据已知条件和表 3.31 中数据及概算定额单价，计算办公楼土建工程设计概算造价和平方造价如表 3.32 所示。

表 3.32　办公楼土建工程设计概算造价和平方造价计算表

序号	分部工程名称	单位	工程量	概算定额单价（元）	合价（元）
1	基础工程	$10m^3$	250	3500	875000
2	混凝土及钢筋混凝土工程	$10m^3$	400	7800	3120000
3	砌筑工程	$10m^3$	220	3500	770000
4	地面工程	$100m^2$	50	1400	70000
5	楼面工程	$100m^2$	100	1600	160000
6	屋面工程	$100m^2$	50	2000	100000
7	门窗工程	$100m^2$	50	6000	300000
A	直接工程费小计	以上七项之和			5395000
B	措施费	A×10%			539500
C	直接费小计	A+B			5934500
D	间接费	C×5%			296725
E	利润	（C+D）×7%			436185.75
F	税金	（C+D+E）×3.41%			227358.71
概算造价（元）		C+D+E+F			6894769.46
单方造价（元/ m^2）		概算造价（元）/建筑面积（m^2）			861.85 元/m^2

② 概算指标法。当初步设计深度不够，不能准确地计算工程量，但工程采用的技术比较成熟而又有类似概算指标可以利用时，可采用概算指标来编制概算。

概算指标是按一定计量单位规定的，比概算定额更综合扩大的分部工程或单位工程等人工、材料和机械台班的消耗量标准和造价指标。在建筑工程中，它往往按完整的建筑物、构筑物以 m^2、m^3 或座等为计量单位。

由于拟建工程和类似工程的概算指标的技术条件不尽相同，或概算指标编制年份的设备、材料、人工等价格与拟建工程当时当地的价格也不会一样，因此必须对其调整。

a．设计对象的结构特征与概算指标有局部差异时的调整。

$$结构变化修正概算指标(元/m^2)=J+Q_1P_1+Q_2P_2 \quad (3.3)$$

式中：J——原概算指标；

Q_1——换入新结构的含量；

Q_2——换出旧结构的含量；

P_1——新结构的单价；

P_2——旧结构的单价。

或

结构变化修正概算指标的工料机数量=原指标消耗数量
+换入新结构工程量×相应的工料机消量
−换出结构工程量×相应的工料机消耗量

以上两种方法，前者是直接修正结构构件指标单价，后者是修正结构构件人工、材料、机械台班消耗量。

b．设备、人工、材料、机械台班费用的调整。

设备、人工、材料、机械修正概算费用=原概算指标各项费用+∑换入各项数量
×拟建地区单价−∑换出各项数量
×原概算指标的各项目单价

应用案例 3-8

某新建住宅楼，建筑面积 4000m²，建筑工程直接工程费单价为 450 元/m²，其中毛石基础 50 元/m²。现新建一住宅楼 6000m²，采用钢筋混凝土带形基础为 80 元/m²，其他结构相同。求新建工程建筑工程直接工程费造价。

【解】

调整后的建筑工程直接工程费单价=450−50+80=480（元/m²）

新建工程建筑工程直接工程费=6000×480=2880000（元）

然后按概算定额法同样计算程序和方法计算出措施费、规费、企业管理费、利润和税金，便可求出新建工程费造价。

③ 类似工程预算法。当工程设计对象与已建或在建工程相类似，结构特征基本相同，或者概算定额和概算指标不全时，就可以采用这种方法编制单位工程概算。

类似工程预算法就是以原有的相似工程的预算为基础，按编制概算指标方法，求出单位工程的概算指标，再按概算指标法编制建筑工程概算。

利用类似预算，应考虑以下条件：设计对象与类似预算的设计在结构上的差异；设计对象与类似预算的设计在建筑上的差异；地区工资的差异；材料预算价格的差异；施工机械使用费的差异等。

对于结构及建筑上的差异，可参考概算指标法加以修正，其他则需编制修正系数。

类似工程造价的价差调整常用的两种方法是：

a．类似工程造价资料数据有具体的工、料、机用量时，用其乘以拟建地的工、料、机单价，计算出人工、材料、机械使用费，再乘以当地的综合费率，即可得出所需的造价指标。

b．类似工程造价资料数据只有工、料、机、其他费、现场费、间接费时，调整如下：

$$D = A \times K \tag{3.4}$$

$$K = a\%K_1 + b\%K_2 + c\%K_3 + d\%K_4 + e\%K_5 \tag{3.5}$$

式中：D——拟建工程单方造价；

A——类似工程单方造价；

K——综合调整系数；

$a\%$，$b\%$，$c\%$，$d\%$，$e\%$——类似工程的人工费、材料费、机械费、措施费、间接费占预算造价的比重；

K_1，K_2，K_3，K_4，K_5——拟建工程地区与类似工程预算造价在人工费、材料费、机械费、措施费、间接费之间的差异系数。

应用案例 3-9

某学校新建一栋教学楼，建筑面积为 4000m^2，原建类似工程的相关资料如下：

① 类似工程的建筑面积 2800m^2，概算成本为 940000 元。②类似工程各种费用占预算造价的比例是：人工费 14%，材料费 61%，施工机具使用费 10%，企业管理费 9%，其他费 6%。③拟建工程地区与类似工程所在地区造价之间的差异系数为：人工费 1.03，材料费 1.04，施工机具使用费 0.98，企业管理费 0.96，其他费 0.90。④利润、规费及税金率为 10%。使用类似工程预算法编制该教学楼的设计概算。

【解】

①综合调整系数为

$$\begin{aligned}K &= a\%K_1 + b\%K_2 + c\%K_3 + d\%K_4 + e\%K_5 \\ &= 14\% \times 1.03 + 61\% \times 1.04 + 10\% \times 0.98 + 9\% \times 0.96 + 6\% \times 0.9 \\ &= 1.017\end{aligned}$$

② 类似工程概算单方成本为：940000/2800=335.71（元/m^2）

③ 拟建教学楼概算单方成本为：335.71×1.017=341.42（元/m^2）

④ 拟建教学楼概算单方造价为：341.42×（1+10%）=344.83（元/m^2）

⑤ 拟建教学楼概算造价为：344.83×4000=1379320（元）

（2）设备及安装工程单位工程概算。

设备及安装工程概算费用由设备购置费和安装工程费组成。

① 设备购置费。

$$\text{定型或成套设备费=设备出厂价格+运输费+采购保管费} \tag{3.6}$$

引进设备费用分外币和人民币两种支付方式，外币部分按美元或其他国际主要流通货币计算。

非标准设备原价有多种不同的计算方法，如综合单价法、成本计算估价法、系列设备插入估价法、分部组合估价法、定额估价法等。一般采用不同种类设备综合单价法计算，计算公式为

$$设备费=\sum综合单价（元/吨）\times设备单重（吨） \tag{3.7}$$

工具、器具及生产家具购置费一般以设备购置费为计算基数，按照部门或行业规定的工具、器具及生产家具费率计算。

② 安装工程费。安装工程费用内容组成，以及工程费用计算方法见建设部建标［2013］44 号《建筑安装工程费用项目组成》；其中，辅助材料费按概算定额（指标）计算，主要材料费以消耗量按工程所在地当年预算价格（或市场价）计算。

引进材料费用计算方法与引进设备费用计算方法相同。

设备及安装工程概算采用“设备及安装工程概算表”形式，按构成单位工程的主要分部分项工程编制，根据初步设计工程量按工程所在省、市、自治区颁发的概算定额（指标）或行业概算定额（指标），以及工程费用定额计算。概算编制深度可参照《建设工程工程量清单计价规范》（GB50500—2013）深度执行。当概算定额或指标不能满足概算编制要求时，应编制“补充单位估价表”。

设备安装工程概算的编制方法是根据初步设计深度和要求明确的程度来确定的，其主要编制方法有以下几种：

a．预算单价法。当初步设计较深，有详细的设备清单时，可直接按安装工程预算定额单价编制安装工程概算，概算编制程序基本同安装工程施工图预算。该法具有计算比较具体、精确性较高的优点。

b．扩大单价法。当初步设计深度不够，设备清单不完备，只有主体设备或仅有成套设备重量时，可采用主体设备、成套设备的综合扩大安装单价来编制概算。

c．设备价值百分比法，又叫安装设备百分比法。当初步设计深度不够，只有设备出厂价而无详细规格、重量时，安装费可按占设备费的百分比计算。其百分比值（即安装费率）由主管部门制定或由设计单位根据已完类似工程确定。该法常用于价格波动不大的定型产品和通用设备产品，公式可表示为：

$$设备安装费=设备原价\times安装费率（\%） \tag{3.8}$$

d．综合吨位指标法。当初步设计提供的设备清单有规格和设备重量时，可采用综合吨位指标编制概算，综合吨位指标由主管部门或由设计院根据已完类似工程资料确定。该法常用于设备价格波动较大的非标准设备和引进设备的安装工程概算，公式可表示为

$$设备安装费=设备吨重\times每吨设备安装费指标$$

a、b 两种方法的具体操作与建筑工程概算相类似。

3.3.2 调整设计概算的编制

设计概算批准后，一般不得调整，由于某些原因原设计概算额不能满足建设项目实际需要时，由建设单位调查分析变更原因，报主管部门审批同意后，由原设计单位核实

编制调整概算，并按有关审批程序报批。

设计概算调整的主要原因有：①超出原设计范围的重大变更；②超出基本预备费规定范围不可抗拒的重大自然灾害引起的工程变动和费用增加；③超出工程造价调整预备费的国家重大政策性的调整。

一个工程只允许调整一次概算。调整概算编制深度与要求、文件组成及表格形式同原设计概算，调整概算还应对工程概算调整的原因做详尽分析说明，所调整的内容在调整概算总说明中要逐项与原批准概算对比，并编制调整前后概算对比表，分析主要变更原因。在上报调整概算时，应同时提供有关文件和调整依据。

3.3.3 设计概算的审查

1. 设计概算审查的意义

（1）可以促进概算编制单位严格执行国家有关概算的编制规定和费用标准，提高概算的编制质量。

（2）有助于促进设计技术先进性与经济合理性。

（3）可以防止任意扩大建设规模和减少漏项的可能。

（4）可以正确地确定工程造价，合理地分配投资资金。

2. 设计概算审查的主要内容

1）审查设计概算的编制依据

（1）国家有关部门的文件。包括：设计概算编制办法、设计概算的管理办法和设计标准等有关规定。

（2）国务院主管部门和各省、市、自治区根据国家规定或授权制定的各种规定及办法等。

（3）建设项目的有关文件。如批准的可行性研究报告以及批准的有关文件等。

主要审查这些依据的合法性、时效性和适用范围。审查是否有跨部门、跨地区、跨行业应用依据的情况。

2）审查概算书

主要审查概算书的编制深度，即是否按规定编制了“三级概算”，有无简化现象；审查建设规模及工程量，有无多算、漏算或重算；审查计价指标是否符合现行规定；审查初步设计与采用的概算定额或扩大结构定额的结构特征描述是否相符；概算书若进行了修正、换算，审查修正部分的增减量是否准确、换算是否恰当；对于用概算定额和扩大分项工程量计算的概算书，还要审查工程量的计算和定额套用有无错误。

3）审查设计概算的构成

（1）单位工程概算的审查。审查单位工程概算，首先要熟悉各地区和各部门编制概算的有关规定，了解其项目划分及其取费规定。掌握编制依据、编制程序和编制方法。其次，要从分析技术经济指标入手，选好审查重点，依次进行，其主要审查内容如下：

①审查工程量。根据初步设计文件进行审查。②材料预算价格的审查。要着重对材料原价和运输费用进行审查。③其他各项费用的审查。

（2）综合概算和总概算的审查。综合概算和总概算主要审查内容如下：①审查概算的编制是否符合国家的方针、政策的要求。②审查概算文件的组成。③审查总图设计和工艺流程。

4）审查经济效果

概算是设计的经济反映，对投资的经济效果要进行全面考虑。不仅要看投资的多少，还要看社会效果，并从建设周期、原材料来源、生产条件、产品销路、资金回收和盈利等因素综合考虑，全面衡量。

5）审查项目的“三废”治理

项目设计的同时必须安排“三废”（废水、废气、废渣）的治理方案和投资，对于未作安排或漏列的项目，应按国家规定要求列入项目内容和投资。

6）审查一些具体项目

（1）审查各项技术经济指标是否经济合理。

（2）审查建筑工程费。

（3）审查设备及安装工程费。

（4）审查各项其他费用。

3. 审查设计概算的形式和方法

1）审查设计概算的形式

审查设计概算并不仅仅审查概算，同时还要审查设计。一般情况下，是由建设项目的主管部门组织建设单位、设计单位、建设银行等有关部门，采用会审的形式进行审查的。

2）审查设计概算的方法

（1）对比分析法。通过建设规模、标准与立项批文对比，工程量与设计图纸对比，综合范围、内容与编制方法、规定对比，各项取费与规定标准对比，材料、人工单价与统一信息对比，引进投资与报价要求对比，技术经济指标与同类工程对比等，容易发现存在的主要问题和偏差，较好地判别设计概算的准确性。

（2）查询核实法。是对一些关键设备和设施、重要装置、引进工程图纸不全、难以核算的较大投资进行多方查询核对，逐项落实的方法。

（3）联合会审法。联合会审前，先由设计单位自审，主管、设计、承包单位初审，工程造价咨询公司评审，邀请同行专家预审，审批部门复审等，经层层审查把关后，再由有关单位和专家进行会审。

经过审查、修改后的设计概算，提交审批部门复核后，正式下达审批概算。

课题 3.4 施工图预算的编制与审核

建设项目施工图预算是施工图设计阶段合理确定和有效控制工程造价的重要依据。它是根据拟建工程已批准的施工图纸和既定的施工方法，按照国家现行的预算定额和单位估价表及有关费用定额编制而成。施工图预算应当控制在批准的初步设计概算内，不得任意突破。施工图预算由建设单位委托设计单位、施工单位或中介服务机构编制，由建设单位负责审核，或由建设单位委托中介服务机构审核。

3.4.1 施工图预算的编制

1. 施工图预算的作用

（1）施工图预算是确定工程造价的依据。

（2）施工图预算是建设单位与施工单位签订施工合同的依据，是办理工程结算和竣工结算的依据。

（3）施工图预算是施工单位编制施工计划和统计完成工程量的依据。

（4）施工图预算是施工单位进行经济核算和实行“两算”对比的依据。

2. 施工图预算的编制依据及要求

1）建设项目施工图预算的编制依据

（1）国家、行业、地方政府发布的计价依据、有关法律法规或规定。

（2）建设项目有关文件、合同、协议等。

（3）批准的设计概算。

（4）批准的施工图设计图纸及相关标准图集和规范。

（5）相应预算定额和地区单位估价表。

（6）合理的施工组织设计和施工方案等文件。

（7）项目有关的设备、材料供应合同、价格及相关说明书。

（8）项目所在地区有关的经济、气候、水文、地质地貌等的自然条件。

（9）项目的技术复杂程度，以及新技术、专利使用情况等。

施工图预算编制依据涉及面很广，一般指编制建设项目施工图预算所需的一切基础资料。对于不同项目，其编制依据不尽相同。施工图预算文件编制人员必须深入现场进行调研，收集编制施工图预算所需的定额、价格、费用标准，以及国家或行业、当地主管部门的规定、办法等资料。投资方（项目业主）应当主动配合并向编制单位提供有关资料。

2）施工图预算编制依据的要求

（1）定额和标准的时效性：施工图预算文件编制期正在执行使用的定额和标准，对于已经作废或还没有正式颁布执行的定额和标准禁止使用。

（2）具有针对性：要针对项目特点，使用相关的编制依据，并在编制说明中加以说明。

（3）合理性：施工图预算文件中所使用的编制依据对项目的造价水平的确定应当是合理的，也就是说，按照该编制依据编制的项目造价能够反映项目实施的真实造价水平。

（4）对影响造价或投资水平的主要因素或关键工程的必要说明：施工图预算文件编制依据中应对影响造价或投资水平的主要因素作较为详尽的说明，对影响造价或投资水平关键工程造价水平的确定作较为详尽的说明。

施工图预算编制要求保证其编制依据的合法性、有效性；保证工程项目预算无漏项、工程量计算准确；保证预算报告的完整性、准确性、全面性；要考虑施工现场实际情况，并结合合理的施工组织设计进行编制；编制的施工图预算价应控制在已批准的设计概算投资范围内。

3. 施工图预算的内容

施工图预算的主要工作内容包括单位工程施工图预算、单项工程施工图预算和建设项目施工图总预算。

（1）单位工程施工图预算包括建筑工程预算和设备安装工程预算。建筑工程预算按其工程性质分为一般土建工程预算、卫生工程预算、电气照明工程预算、弱电工程预算、特殊构筑物（如炉窑，烟囱、水塔等）工程预算和工业管道工程预算等。设备安装工程预算可分为机械设备安装工程预算、电气设备安装工程预算和热力设备安装工程预算等。

（2）单项工程施工图预算应由组成本单项工程的所有各单位工程施工图预算汇总而成。

（3）建设项目的施工图总预算应由组成项目的所有各单项工程施工图预算汇总而成。

4. 施工图预算的编制方法

1）建设项目施工图预算的组成

（1）建设项目施工图预算由总预算、综合预算和单位工程预算组成。

（2）建设项目总预算由综合预算汇总而成。

（3）综合预算由组成本单位工程的各单位工程预算汇总而成。

（4）单位工程预算包括建筑工程预算和设备及安装工程预算。

2）单位工程预算的编制

单位工程预算的编制依据应根据施工图设计文件、预算定额（或综合单价）以及人工、材料及施工机械台班等价格资料进行编制，主要编制方法有综合单价法和实物量法；其中单价法分为定额单价法和工程量清单单价法。

（1）单价法。是用事先编制好的分项工程的单位估价表来编制施工图预算的方法。按施工图计算的各分项工程的工程量，并乘以相应单价，汇总相加，得到单位工程的人工费、材料费、施工机具使用费，再加上按规定计算出来的企业管理费、规费、利润和税金，便可得出单位工程的施工图预算造价。

单价法编制施工图预算的计算公式表述为

$$单位工程施工图预算直接费=\sum（工程量\times预算定额单价）\tag{3.9}$$

① 定额单价法是用事先编制好的分项工程的单位估价表来编制施工图预算的方法。

② 工程量清单单价法是指根据招标人按照国家统一的工程量计算规则提供工程数量，采用综合单价的形式计算工程造价的方法。我国《建设工程工程量清单计价规范》（GB 50500—2013）采用的综合单价指完成一个规定清单项目所需的的人工费、材料和工程设备费、施工机具费和企业法管理费、利润及一定范围内的风险费用，不包括规费和税金，也称不完全费用综合单价。如果包括规费和税金，称为完全费用综合单价。工程量清单单价法主要用在建设工程发承包阶段及实施阶段的计价。

应用案例 3-10

定额单价法编制实例

某工程土建工程量见表 3.33，根据某省定额及定额基价，求土建工程直接费，并以此为计费基础，采用预算单价法编制施工图预算。

表 3.33　某工程土建工程预算书（预算单价法）

序号	定额编号	项目名称	单位	工程量	基价（元）	合价（元）
		一、砖石工程				
1	4-4	砖墙	$10m^3$	3.034	1357.20	4117.74
		二、混凝土及钢筋混凝土工程				
2	5-322	现浇圈梁	$10m^3$	0.200	1941.86	388.37
3	5-330	现浇有梁板	$10m^3$	0.978	1832.86	1792.54
4	5-318	现浇构造柱	$10m^3$	0.121	1986.02	240.31
5	5-316	现浇矩形柱	$10m^3$	0.121	1905.04	230.51
6	5-356	预制窗过梁	$10m^3$	0.014	2033.87	28.47
7	5-323	预制门过梁	$10m^3$	0.007	1999.79	14.00
8	5-337	现浇雨篷板	$10m^2$	0.300	217.87	65.36
		三、门窗工程				
9	7-29	木门框制作	$100m^2$	0.049	1469.52	72.01
10	7-30	木门框安装	$100m^2$	0.049	556.25	27.26
11	7-31	木门扇制作	$100m^2$	0.049	4762.84	233.38
12	7-32	木门扇安装	$100m^2$	0.049	207.29	10.16
13	7-142	窗框制作	$100m^2$	0.081	5154.00	417.47
14	7-143	窗框安装	$100m^2$	0.081	1656.23	134.16
15	7-144	窗扇制作	$100m^2$	0.081	2136.55	173.06
16	7-145	窗扇安装	$100m^2$	0.081	1342.75	108.76

续表

序号	定额编号	项目名称	单位	工程量	基价（元）	合价（元）
四、地面工程						
17	8-13	混凝土垫层	$10m^3$	0.538	1442.81	776.23
18	8-20	水泥砂浆面层	$10m^2$	0.672	664.88	446.80
19	8-24	水泥砂浆踢脚	100m	0.338	143.66	48.56
五、屋面工程						
20	9-98	屋面防水	$100m^2$	0.755	1851.08	1397.57
六、装饰工程						
21	11-33	内墙面混合砂浆抹灰	$100m^2$	1.352	551.82	746.06
22	11-407	内墙面及天棚 106 涂料 2 遍	$100m^2$	2.162	139.72	302.07
23	11-194	天棚面混合砂浆抹灰	$100m^2$	0.809	371.86	300.83
24	11-135	外墙面贴釉面砖	$100m^2$	1.586	3148.27	4993.16
（一）直接工程费小计			人工费+材料费+机械费			17064.84
（二）措施费						4034.10
（三）直接费小计			（一）+（二）			21098.94
（四）间接费			（三）×7%			1476.93
（五）利润			[（三）+（四）]×5%			1128.79
（六）税金			[（三）+（四）+（五）]×3.35%			794.11
工程造价（建筑安装工程费）			（三）+（四）+（五）+（六）			24498.77

应用案例 3-11

综合单价法（工程量清单单价法）编制实例

某工程土建工程量见表 3.34，采用综合单价法编制施工图预算（本案例中的综合单价为全费用单价，包括人工费、材料费、施工机具使用费、企业管理费、规费、利润和税金）。

表 3.34　某办公楼分部分项工程量清单计价

序号	项目编码	项目名称	计量单位	工程数量	金额（元）	
					综合单价	合价
一、楼地面装饰工程						
1	011101001001	水泥砂浆楼地面	m^2	35.252	9.77	344.41
2	011102003001	块料楼地面	m^2	43.176	144.29	6229.78
3	011102003002	块料楼地面	m^2	21.937	128.31	2814.67
4	011104002001	竹木地板	m^2	15.592	176.72	2755.35
5	011106002001	块料楼梯面层	m^2	6.640	78.73	522.76
6	011107004001	水泥砂浆台阶面	m^2	6.240	18.55	115.75
7	011105001001	水泥砂浆踢脚线	m^2	4.114	18.61	76.56

续表

序号	项目编码	项目名称	计量单位	工程数量	金额（元）	
					综合单价	合价
8	011105002001	石材踢脚线	m^2	7.550	356.07	2688.33
					小计	15547.61
二、墙、柱面装饰与隔断、幕墙工程						
1	011201001001	墙面一般抹灰	m^2	361.646	15.13	5470.24
2	011201001002	墙面一般抹灰	m^2	7.104	29.94	212.70
3	011201002001	墙面装饰抹灰	m^2	6.264	42.99	269.29
4	011204003001	块料墙面	m^2	30.182	68.42	2065.05
5	011204003002	块料墙面	m^2	220.606	68.42	15093.86
6	011207001001	墙面装饰板	m^2	14.196	92.79	1317.25
					小计	24428.39
三、天棚工程						
1	01 1301001001	天棚抹灰	m^2	109.853	10.81	1187.51
2	011302001001	吊顶天棚	m^2	15.592	72.94	1137.28
					小计	2324.79
四、门窗工程						
1	010801001001	镶板木门（2400×2700）	樘	1.000	619.73	619.73
2	010801001002	胶合板门（900×2100）	樘	2.000	185.77	371.54
3	010801001003	胶合板门（900×2400）	樘	4.000	208.06	832.22
4	010802001001	塑钢门-MLC	樘	1.000	726.79	726.79
5	010807001001	塑钢窗（1500×1800）	樘	8.000	686.53	5492.23
6	010807001002	塑钢窗-MLC	樘	1.000	735.67	735.67
7	010807001003	塑钢窗（1800×1800）	樘	2.000	823.84	1647.67
					小计	10425.85
工程造价（建筑安装工程费）= 楼地面装饰工程费用小计+墙、柱面装饰与隔断、幕墙工程费用小计+天棚工程费用小计+门窗工程费用小计						52726.64

（2）实物量法。是依据施工图纸和预算定额的项目划分及工程量计算规则，先计算出分部分项工程量，然后套用预算定额（实物量定额）来编制施工图预算的方法。

① 依据施工图纸和预算定额的项目划分及工程量计算规则，先计算出分部分项工程量；

② 然后套用预算定额（实物量定额）计算出各类人工、材料、机械的实物消耗量；

③ 再根据预算编制期的人工、材料、机械价格计算出直接费；

④ 最后再依据规定计算企业管理费、措施费、利润和税金等。

实物法编制施工图预算，其中直接费的计算公式为

$$\text{单位工程预算直接费}=\sum(\text{工程量}\times\text{人工预算定额用量}\times\text{当时当地人工工资单价})$$
$$+\sum(\text{工程量}\times\text{材料预算定额用量}\times\text{当时当地材料预算价格})$$
$$+\sum(\text{工程量}\times\text{施工机械台班预算定额用量}\times\text{当时当地机械台班单价})$$

■ 应用案例 3-12

实物量法编制实例

某工程土建工程量见表 3.35，采用实物量法编制施工图预算。

表 3.35　某土建工程预算书（实物量法）

序号	工程和费用名称	计量单位	工程量数量	人工实物量		材料实物量																施工机械实物量							
				人工用量（工日）		土石屑（m^3）		C10 素混凝土（m^3）		C20 钢筋混凝土（m^3）		M5 主体砂浆（m^3）		机砖（千块）		脚手架材料费（元）		黄土（m^3）		蛙式打夯机（台班）		挖土机（台班）		推土机（台班）		其他机械费（元）	
				单位用量	合计用量	单位用量	合计用量	单位用量	合计用量	单位用量	合计用量	单位用量	合计用量	单位用量	合计用量	单位用量	合计用量	单位用量	合计用量	单位用量	合计用量	单位用量	合计用量	单位用量	合计用量	单位用量	合计用量
1	平整场地	m^2	1393.59	0.06	80.83																						
2	挖土机挖土	m^3	2781.73	0.03	82.81																	0.02	12.52		2.50		
3	平铺石屑层	m^3	892.68	0.44	396.35	1.34	1196.2													0.02	21.42						
4	C10 混凝土基础垫层（10cm 内）	m^3	110.03	2.21	243.28			1.01	111.13																	3.68	404.47
5	排水费	元	10487.0																								
6	C20 带形钢筋混凝土基础（有梁式）	m^3	372.32	2.10	780.76					1.02	377.05															5.53	205.07

续表

序号	工程和费用名称	计量单位	工程量数量	人工实物量		材料实物量														施工机械实物量							
				人工用量（工日）		土石屑（m^3）		C10 素混凝土（m^3）		C20 钢筋混凝土（m^3）		M5 主体砂浆（m^3）		机砖（千块）		脚手架材料费（元）		黄土（m^3）		蛙式打夯机（台班）		挖土机（台班）		推土机（台班）		其他机械费（元）	
				单位用量	合计用量	单位用量	合计用量	单位用量	合计用量	单位用量	合计用量	单位用量	合计用量	单位用量	合计用量	单位用量	合计用量	单位用量	合计用量	单位用量	合计用量	单位用量	合计用量	单位用量	合计用量	单位用量	合计用量
7	C20 独立式钢筋混凝土基础	m^3	43.26	1.81	78.43					1.02	43.91															4.90	11.84
8	C20 矩形钢筋混凝土柱（1.8m 外）	m^3	9.23	6.32	58.36					1.02	9.37															17.19	158.65
9	矩形柱与异形柱差价	元	61.00																								
10	M5 砂浆砌砖基础	m^3	34.99	1.05	36.84							0.24	8.40	0.51	17.81											0.61	21.34
11	C10 带形无筋混凝土基础	m^3	54.22	1.80	95.60			1.02	55.03																	4.60	249.50
12	满堂脚手架（3.6m 内）	m^2	370.13	0.09	34.50											0.26	96.09									0.09	34.31
13	槽底钎探	m^2	1233.77	0.06	71.31																						
14	回填土（夯填）	m^3	1260.94	0.22	277.41													1.50	1891.41	0.06	74.40						

续表

序号	工程和费用名称	计量单位	工程量数量	人工实物量		材料实物量																施工机械实物量							
				人工用量（工日）		土石屑（m^3）		C10 素混凝土（m^3）		C20 钢筋混凝土（m^3）		M5 主体砂浆（m^3）		机砖（千块）		脚手架材料费（元）		黄土（m^3）		蛙式打夯机（台班）		挖土机（台班）		推土机（台班）		其他机械费（元）	
				单位用量	合计用量	单位用量	合计用量	单位用量	合计用量	单位用量	合计用量	单位用量	合计用量	单位用量	合计用量	单位用量	合计用量	单位用量	合计用量	单位用量	合计用量	单位用量	合计用量	单位用量	合计用量	单位用量	合计用量
15	基础抹隔潮层（有防水粉）	元	89.00																								
16	履带式挖土机场外运费	元	529.00																								
17	推土机场外运费	元	693.00																								
18	混凝土增加费	元	1027.00																								
19	商品混凝土运费	元	10991																								
合计					2238.47		1196.19		166.16		431.18		8.40		17.81		96.09		1891.41		95.82		12.52		2.50	6.14	1085.18

3）建设工程造价组成

（1）综合预算造价由组成该单项工程的各个单位工程预算造价汇总而成。

（2）总预算造价由组成该建设项目的各个单项工程综合预算以及经计算的工程建设其他费、预备费、建设期利息、固定资产投资方向调节税汇总而成。

4）建筑工程预算编制

（1）建筑工程预算费用内容及组成，应符合《建筑安装工程费用项目组成》（建标［2013］44 号）的有关规定。

（2）建筑工程预算采用“建筑工程预算表”，按构成单位工程的分部分项工程编制，根据设计施工图纸计算各分部分项工程量，按工程所在省（自治区、直辖市）或行业颁发的预算定额或单位估价表，以及建筑安装工程费用定额进行编制。

5）安装工程预算编制

（1）安装工程预算费用组成应符合《建筑安装工程费用项目组成》（建标［2013］44 号）文件的有关规定。

（2）安装工程预算采用“设备及安装工程预算表”按构成单位工程的分部分项工程编制，根据设计施工图计算各分部分项工程工程量，按工程所在省（自治区、直辖市）或行业颁发的预算定额或单位估价表，以及建筑安装工程费用定额进行编制计算。

6）设备及工具、器具购置费组成

（1）设备购置费由设备原价和设备运杂费构成；工具、器具购置费一般以设备购置费为计算基数，按照规定的费率计算。

（2）进口设备原价即该设备的抵岸价，引进设备费用分外币和人民币两种支付方式，外币部分按美元或其他国际主要流通货币计算。

（3）国产标准设备原价即其出厂价，国产非标准设备原价有多种不同的计算方法，如综合单价法、成本计算估价法、系列设备插入估价法、分部组合估价法、定额估价法等。

（4）工具、器具及生产家具购置费，是指按项目初步设计要求，保证初期正常生产必须购置的没有达到固定资产标准的设备、仪器、生产家具和备品备件等的购置费用。

7）工程建设其他费用、预备费等

工程建设其他费用、预备费及应列入建设项目施工图预算中的几项费用的计算方法与计算顺序，应参照《建设项目设计概算编审规程》（CECA/GC 2—2007）第 5.2 节的规定编制。

5. 文件组成

施工图预算根据建设项目实际情况可采用三级预算编制或二级预算编制形式。当建设项目有多个单项工程时，应采用三级预算编制形式，三级预算编制形式由建设项目施工图总预算、单项工程综合预算、单位工程施工图预算组成。当建设项目只有一个单项工程时，应采用二级预算编制形式，二级预算编制形式由建设项目施工图总预算和单位工程施工图预算组成。

（1）三级预算编制形式的工程预算文件的组成：①封面、签署页及目录；②编制说明；③总预算表；④综合预算表；⑤单位工程预算表；⑥附件。

（2）二级预算编制形式的工程预算文件的组成如下：①封面、签署页及目录；②编制说明；③总预算表；④单位工程预算表；⑤附件。

3.4.2　调整预算的编制

（1）工程预算批准后，一般情况下不得调整。由于重大设计变更、政策性调整及不可抗力等原因造成的可以调整。

（2）调整预算编制尝试与要求、文件组成及表格形式同原施工图预算。调整预算还应对工程预算调整的原因做详尽分析说明，所调整的内容在调整预算总说明中要逐项与原批准预算对比，并编制调整前后预算对比表，分析主要变更原因。在上报调整预算时，应同时提供有关文件和调整依据。

3.4.3　施工图预算的审查

施工图预算文件的审查，应当委托具有相应资质的工程造价咨询机构进行，从事建设工程施工图审查的人员，应具备相应的执业（从业）资格。施工图预算编制完成后，应经过相关责任人的审查、审核、审定三级审核程序，编制、审查、审核、审定和审批人员应在施工图预算文件上加盖注册造价工程师执业资格专用章或造价员从业资格章，并出具审查意见报告，报告要加盖咨询单位公章。

1. 施工图预算审查的主要内容

施工图预算审查应重点对工程量、工、料、机要素价格、预算单价的套用、费率及计取等进行审查。

（1）审查施工图预算的编制是否符合现行国家、行业、地方政府有关法律、法规和规定要求。

（2）审查工程量计算的准确性、工程量计算规则与计价规范规则或定额规则的一致性。

（3）审查在施工图预算的编制过程中，各种计价依据使用是否恰当，各项费率的计取是否正确；审查依据主要有施工图设计资料、有关定额、施工组织设计、有关造价文件规定和技术规范、规程等。

（4）审查各种要素市场价格选用是否合理。

（5）审查施工图预算是否超过概算以及进行偏差分析。

2. 施工图预算的审查方法

审查施工图预算的方法较多，可采用全面审查法、标准预算审查法、分组计算审查法、对比审查法、筛选审查法、重点审查法、利用手册审查法、分析对比审查法等，各审查方法的定义、特点和适用范围见表3.36。

表 3.36　施工图审查方法一览表

审查方法	定义	特点	适用范围
全面审查法	按预算定额顺序或施工的先后顺序逐一的全部进行审查	全面细致，差错较少，质量高；工作量大	工程量比较小，工艺比较简单的工程，编制工程预算的技术量比较薄弱
标准预算审查法	利用标准图纸或通过图纸施工的工程，编制标准预算	时间短，效果好，好定案；适用范围小	适用按标准图纸设计的工程
分组计算审查法	把预算中的项目划分为若干组，审查或计算同一组中某个分项的工作量，判断同组中其他项目计算的准确程度的方法	审查速度快	适用范围较广
对比审查法	用已建工程的预算或未建但已审查修正的预算对比审查类似拟建工程预算的一种方法		适用于存在类似已建工程或未建但已审查修正预算的工程
筛选审查法	以工程量、造价（价值）、用工三个基本值筛选出类似数据的代表值，进行审查修正的方法	简单易懂，便于掌握，审查速度和发展问题快；不能直接确定问题和原因所在	适用于住宅工程或不具备全面审查条件的工程
重点抽查法	抓住工程预算中的重点进行审查的方法	重点突出，审查时间短，效果好；不全面	工程重点突出的工程，审查重点一般是工程量大或造价较高、工程结构复杂的工程，补充单位估价表，计取的各项费用（计费基础、取费标准等）
利用手册审查法	把各项整理成预算手册，按手册对照审查的方法	大大简化预结算的编审工作	
分析对比审查法	把单位工程进行分解，分别与审定的标准预算进行对比分析的方法		

单 元 小 结

本单元介绍了工程设计阶段工程造价控制的内容与方法；对设计方案的技术经济评价方法进行了详细的介绍；在设计方案的优选与限额设计中，介绍了 0-4 评分法和 0-1 评分法，并重点介绍了价值工程在设计阶段对工程造价控制的应用；以中国建设工程造价管理协会发布的《建设项目设计概算编审规程》（CECA/GC2 —2007）为依据，详细介绍了设计概算的编制的具体要求和方法，并给出了具体实例；施工图预算的编制与审查部分以中国建设工程造价管理协会发布的《建设项目施工图预算编审规程》（CECA/GC 5—2010）为依据进行了分析，本书就不再进行具体案例的讲解。

综合应用案例

【综合应用案例 3-1】

某工程有 A、B、C 三个设计方案，有关专家决定从四个功能（分别以 F_1、F_2、F_3、F_4 表示）对不同方案进行评价，并得到以下结论：A、B、C 三个方案中，F_1 的优劣顺序依次为 B、A、C；F_2 的优劣顺序依次为 A、C、B；F_3 的优劣顺序依次为 C、B、A；F_4 的优劣顺序依次为 A、B、C。经进一步研究，专家确定三个方案各功能的评价计分标准均为：最优者得 3 分，居中者得 2 分，最差者得 1 分。

据造价工程师估算，A、B、C 三个方案的造价分别为 8500 万元、7600 万元、6900 万元。

【问题】

1．计算 A、B、C 三个方案各功能的得分值。

2．若四个功能之间的重要性关系排序为 $F_2>F_1>F_4>F_3$，采用 0-1 评分法确定各功能的权重。

3．已知 A、B 两方案的价值指数分别为 1.127、0.961，在 0-1 评分法的基础上计算 C 方案的价值指数，并根据价值指数的大小选择最佳设计方案。

4．若四个功能之间的重要性关系为：F_1 与 F_2 同等重要，F_1 相对 F_4 较重要，F_2 相对 F_3 很重要。采用 0-4 评分法确定各功能的权重（计算结果保留三位小数）。

【案例解析】

本案例第 1 问主要考查如何对功能进行打分。根据题目中各功能的评价计分标准均为：优者得 3 分，居中者得 2 分，最差者得 1 分，各功能 F_1、F_2、F_3、F_4 按题目给出的三个方案的优劣顺序按 3 分、2 分、1 分计算。

本案例第 2 问主要考查 0-1 评分法各功能权重的计算即功能重要性系数的计算。0-1 评分法是按照题目中所给的功能重要度 $F_2>F_1>F_4>F_3$ 一一对比打分，重要的打 1 分，相对不重要的打零分。

本案例第 3 问主要考查功能指数法的应用。第 i 个评价对象的价值指数 V_i=第 i 个评价对象的功能指数 F_i/第 i 个评价对象的成本指数 C_i。其中第 i 个评价对象的功能指数 F_i=第 i 个评价对象的功能得分值 F_i/全部功能得分值。第 i 个评价对象的成本指数 C_i=第 i 个评价对象的现实成本 C_i/全部成本。计算后 C 的价值指数为 0.89，题目中已给出 A、B 两方案的价值指数分别为 1.127、0.961，价值指数最大的方案为最优方案，A 方案的价值指数最大，故 A 方案为最优方案。

本案例第 4 问主要考查 0-4 评分法各功能权重的计算即功能重要性系数的计算。

【解】问题 1，A、B、C 三个方案各功能的得分值见表 3.37。

表 3.37 功能得分计算表

	A	B	C
F_1	2	3	1
F_2	3	1	2
F_3	1	2	3
F_4	3	2	1

问题 2，采用 0-1 评分法计算各功能的权重，计算结果如表 3.38 所示。

表 3.38 功能重要性系数计算表（0-1）

	F_1	F_2	F_3	F_4	功能得分	修正得分	功能重要性系数
F_1	×	0	1	1	2	3	0.3
F_2	1	×	1	1	3	4	0.4
F_3	0	0	×	0	0	1	0.1
F_4	0	0	1	×	1	2	0.2
合计					6	10	1.0

问题 3，A 的功能权重得分=2×0.3+3×0.44+1×0.1+3×0.2=2.5；

B 的功能权重得分=3×0.3+1×0.4+2×0.1+2×0.2=1.9；

C 的功能权重得分=1×0.3+2×0.4+3×0.1+1×0.2=1.6；

C 的功能指数=1.6/（2.5+1.9+1.6）=0.267；

C 的成本指数=6900/（8500+7600+6900）=0.3；

C 的价值指数=0.267/0.3=0.89。

可以得知 A 方案为最优方案。

问题 4，利用 0-4 评分法计算功能权重见表 3.39。

表 3.39 功能重要性系数计算表（0-4）

	F_1	F_2	F_3	F_4	功能得分	功能重要性系数
F_1	×	2	4	3	9	0.375
F_2	2	×	4	3	9	0.375
F_3	0	0	×	1	1	0.042
F_4	1	1	3	×	5	0.208
合计					24	1.0

【综合应用案例 3-2】

某地 2011 年拟建住宅楼，建筑面积 7000m^2，编制土建工程时采用 2004 年建成的 6000m^2 某类似住宅预算造价资料和 2011 年一季度单价见表 3.40。由于拟建住宅与已建类似住宅在结构上做了调整，拟建住宅每平方米建筑面积比已建类似住宅增加人材机费 30 元，拟建住宅楼所在地区综合税率为 3.41%，利润率为 7%。

【问题】

1．类似住宅 2004 年成本造价和每平方米成本造价。

2．用类似工程预算法编制拟建住宅楼的概算造价和每平方米造价（以人材机费为计算基础，本题不考虑规费）。

表 3.40　2004 年某住宅类似工程预算造价资料

序号	名称	单位	数量	2004 年单价（元）	2011 年第一季度单价（元）
1	人工	工日	37900	30	60
2	钢筋	t	245	3600	5000
3	型钢	t	150	3900	5200
4	木材	m^3	220	800	1100
5	水泥	t	1220	340	400
6	砂子	m^3	2900	70	100
7	石子	m^3	2800	65	85
8	砖	千块	950	200	300
9	门窗	m^3	1200	380	500
10	其他材料	万元	25		调增系数 1.1
11	机械台班费	万元	40		调增系数 1.1
12	企业管理费占人材机费比例			15%	17%

【解】

问题 1，（1）类似住宅 2004 年成本造价和每平方米成本造价计算见表 3.41。

表 3.41　类似住宅成本造价和每平方米成本造价计算表

序号	名称	单位	数量	2004 年单价（元）	合计（元）	
1	人工	工日	37900	30	1137000	人工费
2	钢筋	t	245	3600	882000	材料费$=\sum_{i=2}^{10} i$ =3338800
3	型钢	t	150	3900	585000	
4	木材	m^3	220	800	176000	
5	水泥	t	1220	340	414800	
6	砂子	m^3	2900	70	203000	
7	石子	m^3	2800	65	182000	
8	砖	千块	950	200	190000	
9	门窗	m^3	1200	380	456000	
10	其他材料	万元	25		250000	
11	机械台班费	万元	40		400000	机械费
	定额人材机费	人工费+机械费+材料费			4875800	
	企业管理费	人材机费×15%			731370	
	类似住宅成本造价	人材机费+企业管理费			5607170	
	类似住宅每平方米成本造价	类似住宅成本造价/7000			801.024 元/m^2	

问题 2，拟建住宅楼的概算造价和每平方米造价计算见表 3.42。

表 3.42　拟建住宅楼的概算造价和每平方米造价计算表

类似住宅各费用占其造价的百分比	人工费	材料费	机械费	企业管理费
	1137000/5607170=0.203	3338800/5607170=0.595	400000/5607170=0.071	731370/5607170=0.130
拟建住宅与类似住宅在各项费用上的差异系数	人工费	材料费	机械费	措施费
	60/30=2	4357000/3338800=1.305	1.1	17%/15%=1.13
综合调价系数	0.203×2+0.595×1.305+0.071×1.1+0.130×1.13=1.407			
拟建住宅平方米造价	[801.024×1.407+30×(1+15%)]×(1+7%)×(1+3.41%)=1285.23（元/m²）			
拟建住宅总造价	1285.23×7000=8996610（元）			

单元考核题

一、单选题

1．有关设计概算的阐述，正确的是（　　）。

A．建设项目设计概算是施工图设计文件的重要组成部分

B．设计概算受投资估算的控制

C．采用两阶段设计的建设项目，初步设计阶段必须编制修正概算

D．采用三阶段设计的建设项目，扩大初步设计阶段必须编制设计概算

2．输水工程概算属于（　　）。

A．单位工程概算　　B．单项工程概算

C．建设项目分概算　　D．建设项目总概算

3．对于多层厂房，在其结构形式一定的条件下，若厂房宽度和长度越大，则经济层数和单方造价的变化趋势是（　　）。

A．经济层数降低，单方造价随之相应增高

B．经济层数增高，单方造价随之相应降低

C．经济层数降低，单方造价随之相应降低

D．经济层数增高，单方造价随之相应增高

4．某新建住宅土建单位工程概算的直接工程费为 800 万元，措施费按直接工程费的 8%计算，间接费费率为 15%，利润率为 7%，税率为 3.4%，则该住宅的土建单位工程概算造价为（　　）万元。

A．1067.2　　B．1075.4　　C．1089.9　　D．1099.3

5．初步设计达到一定深度，建筑结构比较明确，能按照初步设计的平面、立面、剖面图纸计算出楼地面、墙身、门窗和屋面等分部工程（或扩大结构件）项目的工程量时，此时比较适用的编制概算的方法是（　　）。

A．概算定额法　　B．概算指标法

C．类似工程预算法　　　　　　　D．综合吨位指标法

6．某市一栋3000m^2的普通办公楼为框架结构，建筑工程直接工程费为400元/m^2，其中毛石基础为40元/m^2，而今拟建一栋办公楼4000m^2，采用钢筋混凝土结构，带形基础造价为55元/m^2，其他结构相同。则该拟建新办公楼建筑工程直接工程费为（　　）元。

A．220000　　B．1660000　　C．380000　　D．1600000

7．施工图预算审查的主要内容不包括（　　）。

A．审查工程量　　　　　　　B．审查预算单价套用

C．审查其他有关费用　　　　D．审查材料代用是否合理

8．下列各项中属于设计阶段影响工程造价的主要因素是（　　）。

A．设计规模　　　　　　　B．技术方案

C．主要设备选型　　　　　D．工艺设计

9．下列不属于审查施工图预算的方法是（　　）。

A．全面检查法　　　　　　B．对比审查法

C．重点抽查法　　　　　　D．联合审查法

10．采用工料单价法和综合单价法编制施工图预算的区别主要在于（　　）。

A．预算造价的构成不同　　　B．预算所起的作用不同

C．预算编制依据不同　　　　D．单价包含的费用内容不同

二、多选题

1．下列对设计概算的作用内容理解正确的是（　　）。

A．没有批准的初步设计文件及其概算，建设工程就不能列入年度固定资产投资计划

B．总承包合同可以超过设计总概算的投资额

C．施工图预算不得突破设计概算，如确需突破总概算时，应按规定程序报批

D．设计概算是衡量设计方案技术经济合理性和选择最佳设计方案的依据

E．通过设计概算与竣工决算对比，可以分析和考核投资效果的好坏

2．审查设计概算的方法有（　　）。

A．对比分析法　　　　　　B．查询核实法

C．概算定额法　　　　　　D．重点抽查法

E．联合会审法

3．下列关于预算单价法与实物法的阐述正确的是（　　）。

A．预算单价法与实物法首尾部分的步骤是相同的

B．实物法的优点是能反映当时当地的工程价格水平

C．两者均属工料单价法，是按照分部分项工程单价产生的方法不同分类的

D．两者均属综合单价法

E．两种方法均可用来编制设计概算

4. 审查施工图预算的重点，应该放在（　　）等方面。

A. 工程量计算

B. 预算单价套用

C. 设备材料预算价格取定是否正确

D. 各项费用标准是否符合现行规定

E. 计价模式是否合理

5. 采用重点抽查法审查施工图预算，审查的重点有（　　）。

A. 编制依据

B. 工程量大或造价高、结构复杂的工程概算

C. 补充单位估价表

D. 各项费用的计取

E. "三材"用量

6. 由于（　　）原因引起的设计和投资变化，需要按照调整概算的有关程序调整概算。

A. 设计定员发生变动　　B. 主要设备型号和规格发生变动

C. 贷款利息率的提高　　D. 超出基本预备费规定的范围

E. 超出工程造价调整预备费

三、简答题

1. 设计招投标与设计方案竞选有什么区别？

2. 简述设计概算的概念及其作用。

3. 单位工程概算、单项工程综合概算和建设项目总概算分别包括哪些内容？

4. 详述单位建筑工程概算编制的3种方法。

四、案例分析题

1. 某大型综合楼建设项目，现有A、B、C三个设计方案，经专家组确定的评价指标体系为：①初始投资；②年维护费用；③使用年限；④结构体系；⑤墙体材料；⑥面积系数；⑦窗户类型。各指标的重要程度之比依次为：5∶3∶2∶4∶3∶6∶1。各专家对指标打分的算术平均值如表3.43所示。

表3.43　各设计方案的评价指标得分

指标方案	A	B	C
初始投资	8	10	9
年维护费用	10	8	9
使用年限	10	8	9
结构体系	10	6	8
墙体材料	6	7	7
面积系数	10	5	6
窗户类型	8	7	8

【问题】

（1）如果按上述7个指标组成的指标体系对A、B、C三个设计方案进行综合评审，确定各指标的权重，并用综合评分法选择最佳设计方案。

（2）如果上述7个评价指标的后4个指标定义为功能项目，寿命期年费用为成本，A、B、C三个方案的寿命期年费用分别为430.51万元、382.58万元、401.15万元，试用价值工程方法优选最佳设计方案（计算结果均保留三位小数）。

2. 拟建砖混结构住宅工程4000m^2，结构形式与拟建的某工程相同，只有外墙保温贴面不同，其他部分较为接近。类似工程外墙为珍珠岩保温、水泥砂浆抹面，每平方米建筑面积消耗量分别为：0.044m^3，0.842m^2，珍珠岩板153.1元/m^2，水泥砂浆8.95元/m^2；拟建工程外墙为加气混凝土保温，外墙贴釉面砖，每平方米建筑面积消耗量分别为：0.08m^3，0.82m^2，加气混凝土现行价格为185.48元/m^2，贴釉面砖49.75元/m^2。类似工程单方造价为588元，类似工程各种费用占单方造价的比例是：人工费11%，材料费62%，机械费6%，措施费9%，间接费12%。拟建工程地区与类似工程所在地区造价之间的差异系数为：人工费2.01，材料费1.06，机械费1.92，措施费1.02，间接费0.87。拟建工程除直接工程费以外费用的综合取费为20%。

【问题】

（1）应用类似工程预算法确定拟建工程的土建单位工程概算造价。

（2）若类似工程概算中，每平方米建筑面积主要资源消耗为：人工5.08工日，钢材23.8kg，水泥205kg，原木0.05m^3，铝合金门窗0.24m^2，其他材料费为主材费的45%，机械费占直接工程费8%，拟建工程主要资源的现行市场价格分别为：人工20.31元/工日，钢材3.1元/kg，水泥0.35元/kg，原木1400元/m^3，铝合金门窗350元/m^2，试应用概算指标法，确定拟建工程的单位工程概算造价。

（3）若类似工程预算中，其他专业单位工程概算造价占单项工程造价比例如表3.44所示，使用问题（2）的结果计算该住宅工程的单项工程造价，编制单项工程概算书。

表3.44　各专业单位工程概算造价占单项工程造价比例

专业名称	土建	电气照明	给水排水	采暖
占比例（%）	85	6	4	5

单元 4

建设项目发承包阶段工程造价控制

教学目标 通过本单元的教学，要求学生了解我国招投标的基本规定，理解建筑工程招投标的含义，掌握建设工程施工招、投标及合同价款确定的相关知识，掌握工程量清单、招标控制价及投标报价相关知识。

学习提示 建设工程发包与承包是一组对称概念，通常简称为发承包。发包是指建设工程的建设单位（发包人）将建筑工程任务（勘察、设计、施工等）的全部或一部分通过招标或其他方式，交付给具有从事建筑活动的法定从业资格的单位（承包人）完成，并按约定支付报酬的行为。承包是指具有从事建筑活动的法定从业资格的承包人，通过投标或其他方式，承揽建筑工程任务，并按约定取得报酬的行为。目前发承包方式有直接发包与招标发包，其中招标发包是主要发承包方式。

招标发包是应用技术经济的评价方法和市场经济竞争机制的作用通过有组织地开展择优成交的一种相对成熟、高级和规范化的交易方式。我国最早采用招商比价（招标投标）方式承包工程的是 1902 年张之洞创办的湖北制革厂，五家营造商参加开价比价，结果张同升以 1270.1 两白银的开价中标，并签订了以质量保证、施工工期、付款办法为主要内容的承包合同。嗣后，1918 年汉阳铁厂的两项扩建工程曾在汉口《新闻报》刊登广告，公开招标。

党的十一届三中全会之后，经济改革和对外开放揭开了我国招标发展历史的新篇章。1979 年，我国土木建筑企业最先参与国际市场竞争，以投标方式在中东、亚州、非州和港澳地区开展国际承包工程业务，取得了国际工程投标的经验与信誉。2000 年 1 月 1 日，《中华人民共和国招标投标法》正式施行，招标投标进入了一个新的发展阶段。

本单元中，我们将学习工程招投标与工程造价管理的内容，招标控制价的编制，投标报价分析以及工程合同价款确定的相关知识。

课题 4.1　招投标与工程造价管理

建设工程招标的范围

建设工程招标是指招标人（或招标单位）在发包建设项目之前，以公告或邀请书的方式提出招标项目的有关要求，投标人（或投标单位）根据招标人的意图和要求提出报价，择日当场开标，以便从中择优选定中标人的一种交易行为。建设工程投标是工程招标的对称概念，指具有合法资格和能力的投标人（或投标单位）根据招标条件，经过初步研究和估算，在指定期限内填写投标书，根据实际情况提出自己的报价，通过竞争意图为招标人选中，并等待开标，决定能否中标的一种交易方式。依据《中华人民共和国招标投标法》规定，允许的招标方式有公开招标和邀请招标。

无论公开招标还是邀请招标都必须按规定的招标程序完成，一般是事先制订统一的招标文件，投标均按招标文件的规定进行。国家发展和改革委员会、财政部、和原建设部等九部委 56 号令发布的《标准施工招标文件》对此作了详细规定，这里不再详细陈述。

招投标程序

4.1.1　建设工程招投标对工程造价的重要影响

建设工程招投标制是我国建筑市场走向规范化、完善化的举措之一。推行工程招投标制，对降低工程造价，进而使工程造价得到合理的控制具有非常重要的影响。

（1）推行招投标制基本形成了由市场定价的价格机制，使工程价格更加趋于合理。

（2）推行招投标制能够不断降低社会平均劳动消耗水平，使工程价格得到有效控制。

（3）推行招投标制便于供求双方更好地相互选择，使工程价格更加符合价值基础，进而更好地控制工程造价。

（4）推行招投标制有利于规范价格行为，使公开、公平、公正的原则得以贯彻。

（5）推行招投标制能够减少交易费用，节省人力、物力、财力，进而使工程造价有所降低。

4.1.2　建设工程招投标阶段工程造价管理的内容

1. 发包人选择合理的招标方式

邀请招标一般只适用于国家投资的特殊项目和非国有经济的项目，公开招标方式是能够体现公开、公正、公平原则的最佳招标方式。选择合理的招标方式是合理确定工程合同价款的基础。

2. 发包人选择合理的承包模式

常见的承包模式包括总分包模式、平行承包模式、联合承包模式和合作承包模式，不同的承包模式适用于不同类型的工程项目，对工程造价的控制也体现出不同的作用。

总分包模式的总包合同价可以较早确定，业主可以承担较少的风险，对总承包商而言，责任重，风险大，获得高额利润的潜力也比较大。

平行承包模式的总合同价不易短期确定，从而影响工程造价控制的实施。工程招标任务量大，需控制多项合同价格，从而增加了工程造价控制的难度。但对于大型复杂工程，如果分别招标，可参与竞争的投标人增多，业主就能够获得具有竞争性的商业报价。

联合承包对业主而言，合同结构简单，有利于工程造价的控制，对联合体而言，可以集中各成员单位在资金、技术和管理等方面的优势，增强了抗风险能力。

合作承包模式与联合承包相比，业主的风险较大，合作各方之间信任度不够。

3. 发包人编制招标文件，确定合理的工程计量方法和投标报价方法，编制标底和招标控制价

建设项目的发包数量、合同类型和招标方式一经批准确定以后，即应编制为招标服务的有关文件。工程计量方法和报价方法的不同，会产生不同的合同价格，因而在招标前，应选择有利于降低工程造价和便于合同管理的工程计量方法和报价方法。编制标底是建设项目招标前的一项重要工作，而且是较复杂和细致的工作。没有合理的标底可能会导致工程招标的失误，达不到降低建设投资，缩短建设工期、保证工程质量、择优选用工程承包队伍的目的。

4. 承包人编制投标文件，合理确定投标报价

拟投标招标工程的承包商在通过资格审查后，根据获取的招标文件，编制投标文件并对其做出实质性响应。在核实工程量的基础上依据定额进行工程报价，然后再广泛了解潜在竞争者及工程情况和企业情况的基础上，运用投标技巧和正确的策略来确定最后报价。

5. 发包人选择合理的评标方式进行评标，在正式确定中标单位之前，对潜在中标单位进行询标

评标过程中使用的方法很多，不同的计价方式对应不同的评标方法，正确的评标方法选择有助于科学选择承包人。在正式确定中标单位之前，一般都对得分最高的一二家潜在中标单位的标函进行质询，意在对投标函中有意或无意的不明和笔误之处作进一步明确或纠正。尤其是当投标人对施工图计量的遗漏、对定额套用的错项、对工料机市场价格不熟悉而引起的失误，以及对其他规避招标文件有关要求的投机取巧行为进行剖析，以确保发包人和潜在中标人等各方的利益都不受损害。

6. 发包人通过评标定标，选择中标单位，签订承包合同

评标委员会依据评标规则，对投标人评分并排名，向业主推荐中标人，并以中标人的报价作为承包价。合同的形式应在招标文件中确定，并在投标函中做出响应。目前的建筑工程合同格式一般采用有 3 种：参考 FIDIC 合同格式订立的合同；按照国家工商部门和原建设部推荐的《建设工程合同示范文本》格式订立的合同；由建设单位和施工单

位协商订立的合同。不同的合同格式适用于不同类型的工程，正确选用合适的合同类型是保证合同顺利执行的基础。

应用案例 4-1

某工程采用公开招标方式，有 A、B、C、D 四家承包商参加投标，经资格预审这四家承包商均满足要求。该项工程采用两阶段评标法评标，评标委员会共由 5 名成员组成。请按综合评标法进行评标，综合得分最高者中标。确定中标单位，评标的具体规定及相关资料如表 4.1 和表 4.2 所示。

表 4.1　四家承包商技术标得分汇总表

投标单位	施工方案 16 分	总工期 10 分	工程质量 5 分	项目班子 4 分	企业信誉 5 分
A	13.67	8.5	4	2.5	4.0
B	12.83	8.0	4.5	3.0	4.5
C	13.83	8.5	3.5	3.0	4.5
D	12.67	9.0	4.0	2.5	3.5

商务标共计 60 分。以标底价的 50%与承包商报价算术平均数的 50%之和为基准价，但最高（或最低）报价高于（或低于）次高（或次低）报价的 15%者，在计算承包商报价算术平均数时不予考虑，且该商务标得分为 15 分。

以基准价为满分（60 分），报价比基准价每下降 1%，扣 1 分，最多扣 10 分；报价比基准价每增加 1%，扣 2 分，扣分不保底。

表 4.2　标底和各承包商的报价

单位：万元

投标单位	A	B	C	D	标底价格
报价	32781	33197	33611	27765	33072

【解】

（1）计算各投标单位技术标的得分。

A 单位=13.67+8.5+4.0+2.5+4.0=32.67

B 单位=12.83+8.0+4.5+3.0+4.5=32.83

C 单位=13.83+8.5+3.5+3.0+4.5=33.33

D 单位=12.67+9.0+4.0+2.5+3.5=31.67

（2）计算各承包商的商务标得分。

① 计算基准价:

最低报价 D 低于次低报价 A 的百分比:

(32781−27765)/32781=15.30%>15%

最高报价 C 高于次高报价 B 的百分比:

(33611−33197)/33197=1.25%<15%

故承包商 D 的报价在计算基准价时，不予考虑。

基准价=33072×0.5+0.5×(32781+33197+33611)/3=33134.17（万元）

② 计算各投标单位报价与基准价的比值。

A 单位=32781/33134.17=98.93%

B 单位=33197/33134.17=100.19%

C 单位=33611/33134.17=101.44%

③ 各承包商的商务标得分。

A 单位=60-(100-98.93)×1=58.93

B 单位=60-(100.19-100)×2=59.62

C 单位=60-(101.44-100)×2=57.12

D 单位因为报价低于次低价 15%，所以得分为 15 分。

（3）计算各承包商的综合得分。

A 单位=32.67+58.93=91.60

B 单位=32.83+59.2=92.03

C 单位=33.33+57.12=90.45

D 单位=31.67+15=46.67

结论：在四个承包商中，承包商 B 的得分最高，所以选择承包商 B 作为中标单位。

课题 4.2　招标控制价编制

4.2.1　招标控制价的概念

招标控制价是指根据国家或省级建设行政主管部门颁发的有关计价依据和办法，依据拟定的招标文件和招标工程量清单，结合工程具体情况发布的招标工程的最高投标限价，也可称为拦标价、预算控制价或最高报价。招标控制价是推行工程量清单计价过程中对传统标底概念的性质进行界定后所设置的专业术语。

标底是指招标人根据招标项目的具体情况编制的完成招标项目所需的全部费用，是根据国家规定的计价依据和计价办法计算出来的工程造价，是招标人对建设工程的期望价格。标底由成本、利润、税金等组成，一般应控制在批准的总概算及投资包干限额内。

《招标投标法实施条例》规定，招标人可以自行决定是否编制标底，一个招标项目只能有一个标底，标底必须保密。同时规定，招标人设有最高投标限价的，应当在招标文件中明确最高投标限价或者最高投标限价的计算办法，招标人不得规定最低投标限价。根据住房与城乡建设部颁布的《建筑工程施工发包与承包计价管理办法》（住建部令第 16 号）的规定，国有资金投资的建筑工程招标的，应当设有最高投标限价；非国有资金投资的建筑工程招标的，可以设有最高投标限价或者招标标底。

招标控制价是《建设工程工程量清单计价规范》(GB 50500—2013）中的术语，对于招标控制价及其规定要注意以下方面的理解：

(1) 全部使用国有资金或国有资金投资为主的建设工程施工发承包，必须采用工程量清单模式招标，并应编制招标控制价。国有资金投资的工程在进行招标时，根据《中华人民共和国招标投标法》第二十二条二款的规定，“招标人设有标底的，标底必须保密”。但由于实行工程量清单招标后，由于招标方式的改变，标底保密这一法律规定已不能起到有效遏止哄抬标价的作用，我国有的地区和部门已经发生了在招标项目上所有投标人的报价均高于标底的现象，致使中标人的中标价高于招标人的预算，对招标工程的项目业主带来了困扰。因此，为有利于客观、合理的评审投标报价和避免哄抬标价，造成国有资产流失，招标人应编制招标控制价，作为招标人能够接受的最高交易价格。

(2) 招标控制价超过批准的概算时，招标人应将其报原概算审批部门审核。因为我国对国有资金投资项目的投资控制实行的是投资概算控制制度，项目投资原则上不能超过批准的投资概算。因此，在工程招标发包时，当编制的招标控制价超过批准的概算，招标人应当将其报原概算审批部门重新审核。

(3) 投标人的投标报价高于招标控制价的，其投标应予以拒绝。根据《中华人民共和国政府采购法》第二条和第四条的规定，财政性资金投资的工程属政府采购范围，政府采购工程进行招标投标的，适用招标投标法。

《中华人民共和国政府采购法》第三十六条规定：“在招标采购中，出现下列情形之一的，应予废标：(三）投标人的报价均超过了采购预算，采购人不能支付的。”

国有资金投资的工程，其招标控制价相当于政府采购中的采购预算。因此根据政府采购法第三十六条的精神，规定在国有资金投资工程的招投标活动中，投标人的投标报价不能超过招标控制价，否则，其投标将被拒绝。

(4) 招标控制价应由具有编制能力的招标人，或受其委托具有相应资质的工程造价咨询人编制。工程造价咨询人不得同时接受招标人和投标人对同一工程的招标控制价和投标报价的编制。

(5) 招标控制价应在招标时公布，不应上调或下浮，招标人应将招标控制价及有关资料报送工程所在地工程造价管理机构备查。招标控制价的编制特点和作用决定了招标控制价不同于标底，无需保密。为体现招标的公开、公平、公正性，防止招标人有意抬高或压低工程造价，给投标人以错误信息，因此招标人应在招标文件中如实公布招标控制价，不得对所编制的招标控制价进行上浮或下调。招标人在招标文件中公布招标控制价时，应公布招标控制价各组成部分的详细内容，不得只公布招标控制价总价，并应将招标控制价报工程所在地工程造价管理机构备查。

(6) 投标人经复核认为招标人公布的招标控制价未按规定进行编制的，应在开标前5天向招投标监督机构或（和）工程造价管理机构投诉。招投标监督机构应会同工程造价管理机构对投诉进行处理，发现确有错误的，应责成招标人修改。

应用案例 4-2

单项选择：下列关于招标控制价的说法中，正确的是(　　)。

A. 招标控制价必须由招标人编制

B. 招标控制价只需公布总价

C. 招标人不得对招标控制价提出异议

D. 招标控制价不应上调或下浮

答案：D

【案例点评】 招标控制价是《建设工程工程量清单计价规范》中的术语，对于招标控制价及其规定要注意规范的详细规定。

4.2.2 招标控制价的编制依据

招标控制价的编制依据

（1）现行国家标准《建设工程工程量清单计价规范》（GB 50500—2013）与专业工程计量规范。

（2）国家或省级、行业建设主管部门颁发的计价定额和计价办法。

（3）建设工程设计文件及相关资料。

（4）拟定的招标文件及招标工程量清单。

（5）与建设项目相关的标准、规范、技术资料。

（6）施工现场情况、工程特点及常规施工方案。

（7）工程造价管理机构发布的工程造价信息，工程造价信息没有发布的参照市场价。

（8）其他的相关资料。

4.2.3 招标控制价的编制内容

工程量清单的编制

采用工程量清单计价时，招标控制价的编制内容包括：分部分项工程费、措施项目费、其他项目费、规费和税金。

1. 分部分项工程费的编制

分部分项工程费计算中采用的分部分项工程量应是招标文件中工程量清单提供的工程量；分部分项工程费计算中采用的单价是综合单价，综合单价应根据招标文件中的分部分项工程量清单项目的特征描述及有关要求，行业建设主管部门颁发的计价定额和计价办法等编制依据进行编制。综合单价中应当包括招标文件中招标人要求投标人所承担的风险内容及其范围（幅度）产生的风险费用。招标文件提供了暂估单价的材料，按暂估的单价计入综合单价。

2. 措施项目费的编制

措施项目应按招标文件中提供的措施项目清单和拟建工程项目采用的施工组织设计进行确定。措施项目采用分部分项工程综合单价形式进行计价的工程量，应按措施项

目清单中的工程量，采用综合单价计价；以“项”为单位的方式计价的，应包括除规费、税金以外的全部费用。措施项目费中的安全文明施工费应当按照国家或省级、行业建设主管部门的规定标准计价，不得作为竞争性费用。

3. 其他项目费的编制

（1）暂列金额。为保证工程施工建设的顺利实施，应对施工过程中可能出现的各种不确定因素对工程造价的影响，在招标控制价中需估算一笔暂列金额。暂列金额可根据工程的复杂程度、设计深度、工程环境条件（包括地质、水文、气候条件等）进行估算，一般可按分部分项工程费的 10%～15%作为参考。

（2）暂估价。暂估价包括材料暂估价和专业工程暂估价。编制招标控制价时，材料暂估单价应按工程造价管理机构发布的工程造价信息中的材料单价计算，工程造价信息未发布的材料单价，其单价参考市场价格估算。专业工程暂估价应分不同的专业，按有关计价规定进行估算。暂估价中的材料单价应根据工程造价信息或参照市场价格估算；暂估价中的专业工程金额应分不同专业，按有关计价规定估算。

（3）计日工。计日工包括计日工人工、材料和施工机械。在编制招标控制价时，对计日工中的人工单价和施工机械台班单价应按省级、行业建设主管部门或其授权的工程造价管理机构公布的单价计算；材料应按工程造价管理机构发布的工程造价信息中的材料单价计算，工程造价信息未发布材料单价的材料，其价格应按市场调查确定的单价计算。

（4）总承包服务费。编制招标控制价时，总承包服务费应按照省级或行业建设主管部门的规定，并根据招标文件列出的内容和要求估算。在计算时可参考以下标准：招标人仅要求对分包的专业工程进行总承包管理和协调时，按分包的专业工程估算造价的 1.5%计算；招标人要求对分包的专业工程进行总承包管理和协调，并同时要求提供配合服务时，根据招标文件列出的配合服务内容和提出的要求，按分包的专业工程估算造价的 3%～5%计算；招标人自行供应材料的，按招标人供应材料价值的 1%计算。

4. 规费和税金的编制

规费和税金应按国家或省级、行业建设主管部门规定的标准计算，不作为竞争性费用。

4.2.4　招标控制价的编制程序与综合单价的确定

1. 招标控制价计价程序

招标控制价的编制必须遵循一定的程序才能保证招标控制价的正确性和科学性，其编制程序如下：

（1）招标控制价编制前的准备工作。包括：①熟悉施工图纸及说明，如发现图纸中有问题或不明确之处，可要求设计单位进行交底、补充；②进行现场踏勘，实地了解施工现场情况及周围环境；③了解工程的工期要求；④进行市场调查，掌握材料、设备的市场价格。

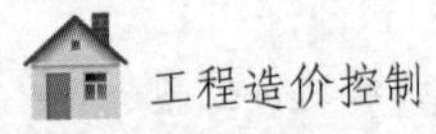

（2）确定计价方法。确定招标控制价是按传统的定额计价法编制还是按工程量清单计价法编制。

（3）计算招标控制价格。计算招标控制价的计价程序见表 4.3。

表 4.3　建设单位工程招标控制价计价程序

工程名称：　　　　　　　　　　　　　　　　　　　　　　　　　　　　标段：

序号	内容	计算方法	金额（元）
1	分部分项工程费	按计价规定计算	
1.1			
1.2			
1.3			
1.4			
1.5			
2	措施项目费	按计价规定计算	
2.1	其中：安全文明施工费	按规定标准计算	
3	其他项目费		
3.1	其中：暂列金额	按计价规定估算	
3.2	其中：专业工程暂估价	按计价规定估算	
3.3	其中：计日工	按计价规定估算	
3.4	其中：总承包服务费	按计价规定估算	
4	规费	按规定标准计算	
5	税金（扣除不列入计税范围的工程设备金额）	（1+2+3+4）×规定税率	
招标控制价合计=1+2+3+4+5			

■ 应用案例 4-3

某工程项目业主拟采用工程量清单计价方式公开招标确定承包人，请你协助编制该工程项目的招标控制价。清单项目及费用包括：分项工程费用 200 万元；相应专业措施费用 16 万元，安全文明施工措施费 6 万元；计日工费用为 3 万元，暂列金额为 12 万元，特种门窗工程（专业分包）暂估价 30 万元，总承包服务费为专业分包工程费用的 5%；规费和税金综合税率为 7%，计算基础为分项工程费加措施费加其他项目费。

【解】

该工程项目的招标控制价为：(200+16+6+3+12+30+30×5%)×(1+7%)=287.295（万元）

（4）审核招标控制价格，定稿。

2. 综合单价的确定

招标控制价的分部分项工程费应由各单位工程的招标工程量清单乘以其相应综合单价汇总而成。综合单价的确定应按照招标文件中的分部分项工程量清单的项目名称、工程量、项目特征描述，依据工程所在地区颁发的计价定额和人工、材料、机械台班价格信息等进行编制，并应编制工程量清单综合单价分析表。

编制招标控制价在确定其综合单价时，应考虑一定范围内的风险因素。在招标文件中应通过预留一定的风险费用，或明确说明风险所包含的范围及超出该范围的价格调整方法。对于招标文件中未做要求的可按以下原则确定：

（1）对于技术难度大和管理复杂的项目，可考虑一定的风险费用，并纳入到综合单价中。

（2）对于工程设备、材料价格的市场风险，应依据招标文件的规定、工程所在地或行业工程造价管理机构的有关规定，以及市场价格趋势考虑一定率值的风险费用，纳入到综合单价中。

（3）税金、规费等法律、法规、规章和政策变化的风险和人工单价等风险费用不应纳入综合单价。

应用案例4-4

单项选择：工程量清单计价模式下，确定分部分项工程单价的工作包括：①分析各清单项目的工程内容；②确定计算基础；③计算人工、材料、机械费用；④计算工程内容的工程量与清单单位含量；⑤计算综合单价。对上述工作先后顺序的排列，正确的是(　　)。

A. ①②④⑤③　　B. ②①④③⑤　　C. ①②④③⑤　　D. ②①④⑤③

答案：B

【案例解析】 分部分项工程单价确定的步骤如下：

（1）确定计算基础；

（2）分析每一清单项目的工程内容；

（3）计算工程内容的工程数量与清单单位的含量；

（4）分部分项工程人工、材料、机械费用的计算；

（5）计算综合单价。

招标控制价计价文件组成内容及格式

4.2.5　招标控制价计价文件组成内容及格式

招标控制价计价文件由下列内容组成：封面、总说明、招标控制价汇总表、分部分项工程量清单计价表、措施项目清单计价表、其他项目清单计价表、规费、税金项目清单计价表、工程量清单综合单价分析表、措施项目清单综合单价分析表。文件格式除封面外，与投标报价文件格式相同。详细格式文件见《建设工程工程量清单计价规范》(GB 50500—2013)。

4.2.6 编制招标控制价需要考虑的其他因素

根据上述方式确定的招标控制价，只是理论计算值，而在实际的工程中，还需在理论计算值的基础上考虑以下因素：

（1）必须反映工期要求，对于合理的工期提前应给予必要的赶工费和奖励，并列入招标控制价；

（2）必须反映招标方的质量要求，对工程质量的优劣程度要在招标控制价中体现；

（3）必须考虑不可预测的风险因素带来的成本的提高；

（4）必须考虑招标工程的自然地理条件等影响施工正常进行的因素。

4.2.7 编制招标控制价时应注意的问题

招标控制价的编制规定

（1）采用的材料价格应是工程造价管理机构通过工程造价信息发布的材料价格，工程造价信息未发布材料单价的材料，其材料价格应通过市场调查确定。

（2）施工机械设备的选型直接关系到综合单价水平，应根据工程项目特点和施工条件，本着经济实用、先进高效的原则确定。

（3）应该正确、全面的使用行业和地方的计价定额和相关文件。

（4）不可竞争的措施费和规费、税金等费用的计算均属于强制性条款，编制招标控制价时应按国家有关规定计算。

（5）不同工程项目、不同施工单位会有不同的施工组织方法，所发生的措施费也会有所不同，因此对于竞争性的措施费用的确定，招标人应首先编制常规的施工组织设计或施工方案，然后经专家论证确认后再进行合理的措施项目与费用的确定。

课题 4.3 投标报价分析

4.3.1 建设工程施工投标与报价

1. 我国投标报价模式

我国工程造价改革的总体目标是形成以市场价格为主的价格体系。但目前尚处于过渡时期，总的来讲我国投标报价模式有定额计价模式和工程量清单计价模式。

1）以定额计价模式投标报价

一般是采用消耗量定额来编制，即按照定额规定的分部分项工程子目逐项计算工程量，套用定额基价或根据市场价格确定人工、材料、机械使用费，然后再按规定的费用定额计取各项费用，最后汇总形成投标价。这种方法在我国大多数省市现行的报价编制中比较常用。

2）以工程量清单计价模式投标报价

这是与市场经济相适应的投标报价方法，也是国际通用的竞争性招标方式所要求的。一般是由业主或受业主委托的工程造价咨询机构，将拟建招标工程全部项目和内容按相关的计算规则计算出工程量，列在清单上作为招标文件的组成部分，供投标人逐项填报单价，计算出总价，作为投标报价，然后通过评标竞争，最终确定合同价。工程量清单报价由招标人给出工程量清单，投标者填报单价，单价应完全依据企业技术、管理水平等企业实力而定，以满足市场竞争的需要。

2. 工程投标报价的影响因素

投标前进行调查研究，找出影响工程投标报价的因素，进行分析，以利于正确投标。主要是对投标和中标后履行合同有影响的各种客观因素、业主和监理工程师的资信以及工程项目的具体情况等进行深入细致的了解和分析。

1）政治和法律方面

投标人首先应当了解在招标投标活动中以及在合同履行过程中有可能涉及到的法律，也应当了解与项目有关的政治形势、国家政策等，即国家对该项目采取的是鼓励政策还是限制政策。

2）自然条件

自然条件包括工程所在地的地理位置和地形、地貌，气象状况，包括气温、湿度、主导风向、年降水量、洪水、台风及其他自然灾害状况等。

3）市场状况

投标人调查市场情况是一项非常艰巨的工作，其内容也非常多，主要包括：建筑材料、施工机械设备、燃料、动力、水和生活用品的供应情况、价格水平、物价指数以及今后的变化趋势和预测；劳务市场情况，如工人技术水平、工资水平、有关劳动保护和福利待遇的规定等；金融市场情况，如银行贷款的难易程度以及银行贷款利率等。

对材料设备的市场情况尤需详细了解、包括原材料和设备的来源方式，购买的成本，来源国或厂家供货情况；材料、设备购买时的运输、税收、保险等方面的规定、手续、费用；施工设备的租赁、维修费用；使用投标人本地原材料、设备的可能性以及成本比较。

4）工程项目方面的情况

工程项目方面的情况包括工作性质、规模、发包范围；工程的技术规模和对材料性能及工人技术水平的要求；总工期及分批竣工交付使用的要求；施工场地的地形、地质、地下水位、交通运输、给排水、供电、通信条件的情况；工程项目资金来源；对购买器材和雇佣工人有无限制条件；工程价款的支付方式、外汇所占比例；监理工程师的资历、职业道德和工作作风等。

5）业主情况

包括业主的资信情况、履约态度、支付能力，在其他项目上有无拖欠工程款的情况，对实施的工程需求的迫切程度等。

6）投标人自身情况

投标人对自己内部情况、资料也应当进行归纳管理。这类资料主要用于招标人要求的资格审查和本企业履行项目的可能性。

7）竞争对手资料

掌握竞争对手的情况，是投标策略中的一个重要环节，也是投标人参加投标能否获胜的重要因素。投标人在制定投标策略时必须考虑到竞争对手的情况。

4.3.2 投标报价的编制

1. 投标报价的编制依据

投标报价的编制依据

（1）招标单位提供的招标文件。

（2）招标单位提供的设计图纸及有关的技术说明书等。

（3）国家及地区颁发的现行建筑、安装工程预算定额及与之相配套执行的各种费用定额、规定等。

（4）地方现行材料预算价格、采购地点及供应方式等。

（5）因招标文件及设计图纸等不明确，经咨询后由招标单位书面答复的有关资料。

（6）企业内部制定的有关取费、价格等的规定、标准。

（7）其他与报价计算有关的各项政策、规定及调整系数等。

在标价的计算过程中，对于不可预见费用的计算必须慎重考虑，不要遗漏。

2. 投标报价的编制方法

投标报价的编制主要是投标单位对承建招标工程所要发生的各种费用的计算。目前，我国建设工程大多采用工程量清单招投标，因此，投标报价的编制以工程量清单计价方式为主。从计价方法上讲，工程量清单计价方式下投标报价的编制方法与以工程量清单计价法编制招标控制价的方法相似，都是采用综合单价计价的方法。

但是，投标报价的编制与招标控制价的编制也有不同，工程招标控制价反映各个施工企业的平均生产力水平，而工程投标方要使自己的报价具有竞争性，必须要反映出投标企业自身的生产力水平，企业要采取先进的生产技术措施，提高生产效率，降低成本，降低消耗。因此，在根据各工程内容的计价工程量计算各工程内容的工程单价及计算完成其中一项工程内容所耗人工费、材料费、机械使用费时，企业是参照自己的企业消耗量定额来确定的，以此体现企业自身的施工特点，使投标报价具有个性。

依据上述方法确定的施工投标报价是理论数值，在最后确定报价的决策阶段，投标方须对此理论值配以相应的报价策略，最终得到合理的投标报价方案。此时，工程投标人应在投标报价理论数值的计算结果的基础上，根据工程实际情况及竞争对手情况进行调整。投标方的决策者应明确：低报价虽然是中标的重要因素，但不是唯一因素。因此，在对报价做最后调整时，不能一味地追求低报价（甚至报出低于成本的价格），要重点考虑本单位在哪些方面可以战胜竞争对手。例如，投标单位可以从工程设计和施工等方

面提出一些合理化建议，在工程实施中达到降低成本、缩短工期的目的，从而提高企业投标报价方案的竞争性。总之，投标方通过对报价的最后审定，其目的是最终确定一个合适的投标报价，使投标者既能中标又能赢利。

3. 投标报价的编制程序

1）复核或计算工程量

工程招标文件中若提供有工程量清单，投标价格计算之前，要对工程量进行校核。若招标文件中没有提供工程量清单，则必须根据图纸计算全部工程量。

2）确定单价，计算合价

计算单价时，应将构成分部分项工程的所有费用项目都归入其中。人工费、材料费、机械费应该是根据分部分项工程的人工、材料、机械消耗量及其相应的市场价格计算而得。一般来说，承包企业应用自己的企业定额对某一具体工程进行投标报价时，需要对选用的单价进行审核评价与调整，使之符合拟投标工程的实际情况，反映市场价格的变化。

3）确定分包工程费

来自分包人的工程分包费用是投标价格的一个重要组成部分，在编制投标价格时需要熟悉分包工程的范围，对分包人的能力进行评估，从而确定一个合适的价格来衡量分包人的价格。

4）确定利润

利润指的是承包人的预期利润，确定利润取值的目标是考虑既可以获得最大的可能利润，又要保证投标价格具有一定的竞争性。投标报价时承包人应根据市场竞争情况确定在该工程上的利润率。

5）确定风险费

风险费对承包人来说是一个未知数，在投标时应该根据该工程规模及工程所在地的实际情况，由有经验的专业人员对可能的风险因素进行逐项分析后确定一个比较合理的费用比率。

6）确定投标价格

将所有的分部分项工程的合价汇总后就可以计算出工程的总价。由于计算出来的价格可能重复也可能漏算，甚至某些费用的预估有偏差等，因而还必须对计算出来的工程总价进行调整。调整总价应用多种方法从多角度对工程进行盈亏分析及预测，找出计算中的问题，以及分析可以通过采取哪些措施降低成本、增加盈利，确定最后的投标报价。施工企业工程投标报价计价程序见表 4.4。

表 4.4　施工企业工程投标报价计价程序

工程名称：　　　　　　　　　　　　　　　　　　　　　　　　　　标段：

序号	内容	计算方法	金额（元）
1	分部分项工程费	自主报价	
1.1			

续表

序号	内容	计算方法	金额（元）
1.2			
1.3			
1.4			
1.5			
2	措施项目费	自主报价	
2.1	其中：安全文明施工费	按规定标准计算	
3	其他项目费		
3.1	其中：暂列金额	按招标文件提供金额计列	
3.2	其中：专业工程暂估价	按招标文件提供金额计列	
3.3	其中：计日工	自主报价	
3.4	其中：总承包服务费	自主报价	
4	规费	按规定标准计算	
5	税金（扣除不列入计税范围的工程设备金额）	（1+2+3+4）×规定税率	
投标报价合计=1+2+3+4+5			

4.3.3 投标报价的策略

投标报价的策略

投标报价策略指承包商在投标竞争中的系统工作部署及其参与投标竞争的方式和手段。投标报价策略可分为基本策略和报价技巧两个层面。投标报价基本策略主要是指投标单位应根据招标项目的不同特点，并考虑自身的优势和劣势，选择不同的报价（如选择报高价的情形或选择报低价的情形）。报价技巧是指投标中具体采用的对策和方法。常用的报价技巧有不平衡报价法、多方案报价法、无利润报价法和突然降价法等。此外，对于计日工单价、暂定金额、可供选择的项目等也有相应的报价技巧。

投标人的决策活动贯穿于投标全过程，是工程竞标的关键。投标的实质是竞争，竞争的焦点是技术、质量、价格、管理、经验和信誉等综合实力。因此必须随时掌握竞争对手的情况和招标业主的意图，及时制定正确的策略，争取主动。投标策略主要有投标目标策略、技术方案策略、投标方式策略、经济效益策略等。

1. 投标目标策略

投标目标策略指导投标人应该重点对哪些项目投标。

2. 技术方案策略

技术方案和配套设备的档次（品牌、性能和质量）的高低决定了整个工程项目的基础价格，投标前应根据业主投资的大小和意图进行技术方案决策，并指导报价。

3. 投标方式策略

投标方式策略指导投标人是否联合合作伙伴投标。中小型企业依靠大型企业的技术、产品和声誉的支持进行联合投标是提高其竞争力的一种良策。

4. 经济效益策略

经济效益策略直接指导投标报价。制定报价策略必须考虑投标者的数量、主要竞争对手的优势、竞争实力的强弱和支付条件等因素，根据不同情况可计算出高、中、低三套报价方案：

（1）常规价格策略。常规价格即中等水平的价格，根据系统设计方案，核定施工工作量，确定工程成本，经过风险分析，确定应得的预期利润后进行汇总。然后再结合竞争对手的情况及招标方的心理底价对不合理的费用和设备配套方案进行适当调整，确定最终投标价。

（2）保本微利策略。如果夺标的目的是为了在该地区打开局面，树立信誉、占领市场和建立样板工程，则可采取微利保本策略。甚至不排除承担风险，宁愿先亏后盈。此策略适用于以下情况：

① 投标对手多、竞争激烈、支付条件好、项目风险小。

② 技术难度小、工作量大、配套数量多、都乐意承揽的项目。

③ 为开拓市场，急于寻找客户或解决企业目前的生产困境。

（3）高价策略。符合下列情况的投标项目可采用高价策略：

① 专业技术要求高、技术密集型的项目。

② 支付条件不理想、风险大的项目。

③ 竞争对手少，各方面自己都占绝对优势的项目。

④ 交工期甚短，设备和劳力超常规的项目。

⑤ 特殊约定（如要求保密等）需有特殊条件的项目。

4.3.4 用决策树法确定投标项目

施工企业在投标过程中，不可能也没有必要对每一个招标项目花大量的精力准备投标，一般选择部分有把握的项目精心准备投标，确保投标项目的中标率。在选择投标项目时，可采用决策树的方法进行筛选，选择中标概率较大的项目进行投标。用决策树法确定投标项目的步骤如下：

（1）列出准备投标的项目，分析各投标项目的投标策略，绘制出决策树；

（2）从右到左计算各机会点上的期望值。

（3）在同一时间点上，对所有投标项目的各投标策略方案进行比较，选择期望值最大的方案作为重点投标项目的最佳投标策略方案。

应用案例 4-5

某承包商面临 A、B 两项工程投标，因受本单位资源条件限制，只能选择其中一项工程投标，或者两项工程均不投标。根据过去类似工程投标的经验数据，A 工程投高标的中标概率为 0.3，投低标的中标概率为 0.6，编制投标文件的费用为 3 万元；B 工程投高标的中标概率为 0.4，投低标的中标概率为 0.7，编制投标文件的费用为 2 万元。各方案承包的效果、概率及损益情况如表 4.5 所示。运用决策树法进行投标方案选择。

表 4.5　各方案承包的效果、概率及损益情况

方案	效果	概率	损益值（万元）
投 A 高标	好	0.3	150
	中	0.5	100
	差	0.2	50
投 A 低标	好	0.2	110
	中	0.7	60
	差	0.1	0
投 B 高标	好	0.4	110
	中	0.5	70
	差	0.1	30
投 B 低标	好	0.2	70
	中	0.5	30
	差	0.3	−10
不投标			0

【解】

（1）画决策树，如图 4.1 所示，标明各方案的概率和损益值。

（2）计算各机会点的期望值。

点⑥：150×0.3+100×0.5+50×0.2=105（万元）

点⑦：110×0.2+60×0.7+0×0.1=64（万元）

点⑧：110×0.4+70×0.5+30×0.1=82（万元）

点⑨：70×0.2+30×0.5−10×0.3=26（万元）

点①：105×0.3−3×0.7=29.4（万元）

点②：64×0.6−3×0.4=37.2（万元）

点③：82×0.4−2×0.6=31.6（万元）

点④：26×0.7−2×0.3=17.6（万元）

点⑤：0

（3）判断：因为点②的期望值最大，所以应投 A 工程低标。

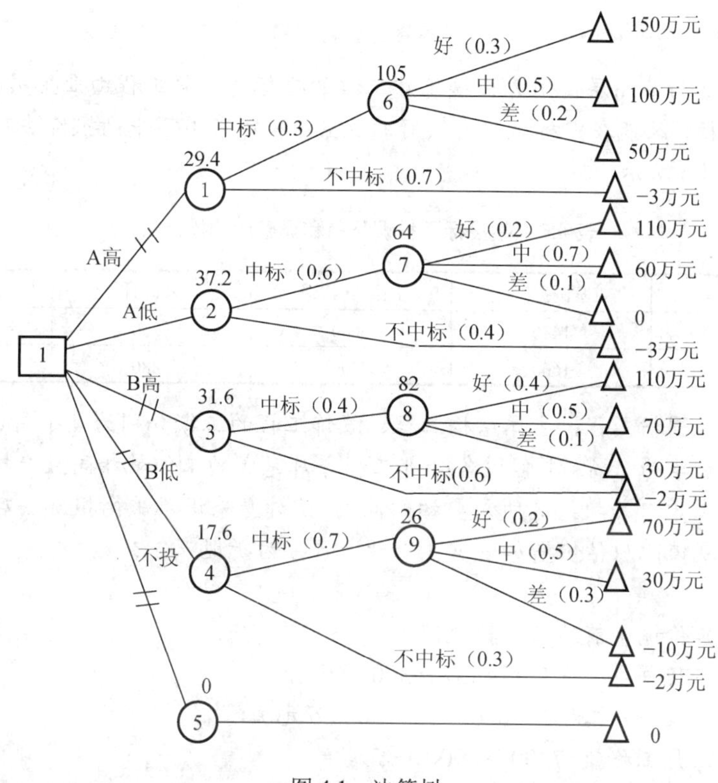

图 4.1　决策树

4.3.5　报价技巧

报价技巧是指在投标报价中采用一定的手法或技巧使业主可以接受，而中标后可能获得更多的利润，常采用的报价技巧有：

1. 不平衡报价法

不平衡报价法是指一个工程项目总报价基本确定后，通过调整内部各个项目的报价，以期既不提高总报价、不影响中标，又能在结算时得到更理想的经济效益。

一般可以考虑在以下几方面采用不平衡报价：

（1）能够早日结账收款的项目可适当提高其综合单价。

（2）预计今后工程量会增加的项目，单价适当提高；将工程量可能减少的项目单价降低。

（3）设计图纸不明确，估计修改后工程量要增加的，可以提高单价；而工程内容解说不清楚的，则可适当降低一些单价，待澄清后可再要求提价。

（4）暂定项目，又叫任意项目或选择项目，对这类项目要具体分析。

应用案例 4-6

某承包商参与某高层商用办公楼土建工程的投标（安装工程由业主另行招标）。为了既不影响中标，又能在中标后取得较好的收益，决定采用不平衡报价法对原估价作了适当调整如表 4.6 所示。

表 4.6　某投标工程调整前和调整后的投标价

单位：万元

调整期	桩基围护工程	主体结构工程	装饰工程	总价
调整前（投标估价）	1480	6600	7200	15280
调整后（正式报价）	1600	7200	6480	15280

现假设桩基围护工程、主体结构工程、装饰工程的工期分别为 4 个月、12 个月、8 个月，贷款月利率为 1%，并假设各分部工程每月完成的工作量相同且能按月度及时收到工程款（不考虑工程款结算所需要的时间）。试计算采用不平衡报价法后，该承包商所得工程款的现值比原估价增加多少（以开工日期为折现点）？

【解】

（1）计算单价调整前的工程款现值。

桩基围护工程每月工程款=1480÷4=370（万元）

主体结构工程每月工程款=6600÷12=550（万元）

装饰工程每月工程款=7200÷8=900（万元）

单价调整前的工程款现值=370(P/A, 1%, 4)+550(P/A, 1%, 12)(P/F, 1%, 4)+900(P/A, 1%, 8)(P/F, 1%, 16)=13265.45（万元）

（2）计算单价调整后的工程款现值。

桩基围护工程每月工程款=1600÷4=400（万元）

主体结构工程每月工程款=7200÷12=600（万元）

装饰工程每月工程款=6480÷8=810（万元）

单价调整后的工程款现值=400(P/A, 1%, 4)+600(P/A, l%, 12)(P/F, 1 9/6, 4)+810(P/A, 1%, 8)(P/F, 1%, 16)=13336.04（万元）

（3）两者的差额=13336.04−13265.45=70.59（万元）。

所以采用不平衡报价法后，该承包商所得工程款的现值比原估价增加 70.59 万元。

2. 多方案报价法

对于一些招标文件，如果发现工程范围不很明确，条款不清楚或很不公正，或技术规范要求过于苛刻时，则要在充分估计投标风险的基础上，按多方案报价法处理。即是按原招标文件报一个价，然后再提出，如某某条款作某些变动，报价可降低多少，由此可报出一个较低的价。这样，可以降低总价，吸引业主。

3. 增加建议方案法

有时招标文件中规定，可以提一个建议方案，即是可以修改原设计方案，提出投标者的方案。投标者这时应抓住机会，组织一批有经验的设计和施工工程师，对原招标文件的设计和施工方案仔细研究，提出更为合理的方案以吸引业主，促成自己的方案中标。建议方案不要写得太具体，要保留方案的技术关键，防止业主将此方案交给其他承包商。同时要强调的是，建议方案一定要比较成熟，有很好的可操作性。

4. 分包商报价的采用

总承包商在投标前找 2～3 家分包商分别报价，而后选择其中一家信誉较好、实力较强和报价合理的分包商签订协议，同意该分包商作为本分包工程的唯一合作者，并将分包商的姓名列到投标文件中，但要求该分包商相应地提交投标保函。如果该分包商认为这家总承包商确实有可能中标，他也许愿意接受这一条件。这种把分包商的利益同投标人捆在一起的做法，不但可以防止分包商事后反悔和涨价，还可能迫使分包时报出较合理的价格，以便共同争取中标。

5. 突然降价法

投标报价中各竞争对手往往通过多种渠道和手段来获得对手的情况，因而在报价时可以采取迷惑对手的方法。即先按一般情况报价或表现出自己对该工程兴趣不大，到快投标截止时再突然降价，为最后中标打下基础，采用这种方法时，一定要在准备投标限价的过程中考虑好降价的幅度，在临近投标截止日期前，根据情报信息与分析判断，再做最后决策。如果中标，因为开标只降总价，在签订合同后可采用不平衡报价的思想调整工程量表内的各项单价或价格，以取得更高效益。

6. 根据招标的不同特点采用不同的报价

投标报价时，既要考虑自身的优势和劣势，也要分析招标项目的特点。按照工程项目的不同特点、类别和施工条件等来选择报价策略。

（1）遇到如下情况，报价可高一些：施工条件差的项目；专业要求高的技术密集型工程，而本公司在这些方面又有专长，声望也较高；总价低的小工程，以及自己不愿做、又不方便不投标的工程；特殊的工程，如港口码头，地下开挖工程等；工期要求急的工程；投标对手少的工程；支付条件不理想的工程等。

（2）遇到如下情况报价可以低一些：施工条件好、工作简单、工程量大而一般公司都可以做的工程；本公司目前急于打入某一市场、某一地区，或在该地区面临工程结束，机械设备等无工地转移时；本公司在附近有工程，而本项目又可以用该工程的设备、劳务，或有条件短期内突击完成的工程；投标对手多，竞争激烈的工程；非急需工程；支付条件好的工程等。

7. 计日工单价的报价

如果是单纯报计日工单价，而且不计入总价中，则可以报高些，以便在业主额外用工或使用施工机械时可多盈利。但如果计日工单价要计入总报价时，则需具体分析是否报高价，以免抬高总报价。总之，要分析业主在开工后可能使用的计日工数量，再来确定报价方针。

应用案例 4-7

单项选择：对于其他项目中的计日工，投标人正确的报价方式是（　　）。

A. 按政策规定标准估算报价　　B. 按招标文件提供的金额报价

C. 自主报价　　D. 待签证时报价

答案：C

【案例解析】 计日工应按照招标人提供的其他项目清单列出的项目和估算的数量，自主报价。

8. 可供选择的项目的报价

有些工程项目的分项工程，业主可能要求按某一方案报价，而后再提供几种可供选择方案的比较报价，例如某住房工程的地面水磨石砖，工程量表中要求按 25cm×25cm×2cm 的规格报价。另外，还要求投标人用更小规格砖 20cm×20cm×2cm 和更大规格砖 30cm×30cm×3cm 作为可供选择的项目报价。投标时除对几种水磨石地面砖调查询价外，还应对当地习惯用砖情况进行调查。对于将来有可能使用的地面砖铺砌应适当提高其报价；对于当地难以供货的某些规格的地面砖，可将价格有意抬高的更多一些，以阻挠业主选用。但是，所谓“供选择项目”并非由承包商任意选择，而是业主才有权选择。因此我们虽然提高了可供选择项目的报价，并不意味着肯定取得较好的利润；只是提供了一种可能性；一旦业主今后选用，承包商即可得到额外加价的利益。

9. 暂定工程量的报价

暂定工程量有三种：一种是业主规定了暂定工程量的分项内容和暂定总价款，并规定所有投标人都必须在总报价中加入这笔固定金额，但由于分项工程量不很准确，允许将来按投标人所报单价和实际完成的工程量付款。另一种是业主列出了暂定工程量的项目和数量，但并没有限制这些工程量的估价总价款，要求投标人既列出单价，也应按暂定项目的数量计算总价，当将来结算付款时可按实际完成的工程量和所报单价支付。第三种是只有暂定工程的一笔固定总金额，将来这笔金额作什么用，由业主确定。第一种情况由于暂定总价款是固定的，对各投标人的总报价水平，竞争力没有任何影响，因此，投标时应当对暂定工程量的单价适当提高。这样做，既不会因今后工程量变更而吃亏，也不会削弱投标报价的竞争力。第二种情况，投标人必须慎重考虑。如果单价定得高了，将会增大总报价，将影响投标报价的竞争力；如果单价定得低了，将来这类工程量增大，

将会影响收益。一般来说，这类工程量可以采用正常价格，如果承包商估计今后实际工程量肯定会增大，则可适当提高单价，使将来可增加额外收益，第三种情况对投标竞争没有实际意义，按招标文件要求将规定的总报价款列入总报价即可。

10. 无利润算标

缺乏竞争优势的承包商，在不得已的情况下，只好在做标中不考虑利润，以期夺标。这种办法一般是处于以下条件时采用：

（1）有可能在中标后，将部分工程分包给索价较低的一些分包商。

（2）对于分期建设的项目，先以低价获得首期工程，而后创造机会赢得第二期工程中的竞争优势，并在以后的实施中赚得利润。

（3）较长时期内，承包商没有在建的工程项目，如果再不中标就难以维持生存。因此，虽然本工程无利可图，但能维持公司的正常运转，度过暂时的困难，以求将来的发展。

应用案例 4-8

某国有资金投资办公楼建设项目，业主委托具有相应招标代理和造价咨询资质的机构编制了招标文件和招标控制价，并采用公开招标方式进行项目施工招标。

在项目投标及评标过程中发生了以下事件：

事件1：投标人A在对设计图纸和工程量清单复核时发现分部分项工程量清单中某分项工程的特征描述和设计图纸不符。

事件2：投标人B采用不平衡报价的策略，对前期工程和工程量可能减少的工程适度提高了报价；对暂估价材料采用了与招标控制价中相同材料的单价计入了综合单价。

事件3：投标人C结合自身情况，并根据过去类似工程投标经验数据，认为该工程投高标的中标概率为0.3，投低标的中标概率为0.6；投高标中标后，经营效果可分为好、中、差三种可能，其中概率分别为0.3、0.6、0.1；对应的损益值分别为500万元、400万元、250万元；投低标中标后，经营效果也分为好、中、差三种可能，其中概率分别为0.2、0.6、0.2；对应的损益值分别为300万元、200万元、100万元。编制投标文件以及参加投标的相关费用为3万元。经过评估，投标人C最终选择了投低标。

【问题】

1. 事件1中，投标人A应当如何处理？
2. 事件2中，投标人B的做法是否妥当？并说明理由。
3. 事件3中，投标人C选择投低标是否合理？并通过计算说明理由。

【解】

问题1，投标人A应将发现的分部分项工程量清单中不符的内容，以招标文件描述的该分部分项工程量清单项目特征确定综合单价。

问题2，工程量可能减少的工程提高报价，这个说法不妥，应该是降低报价。因为按照不平衡报价策略，估计今后会增加的工程量项目，单价可提高些；反之，估计工程量会减少的项目单价可降低些。对于前期工程，单价可以提的高些，有助于回款。暂估材料采用了与招标控制价中相同的单价计入综合单价，是妥当的，因为暂估价中的材料、工程设备暂估价必须按照招标人提供的暂估价计入清单项目的综合单价。

问题 3，C 投标人选择投低标不合理。

投高标的期望值=0.3×(0.3×500+0.6×400+0.1×250)−3×0.7=122.4（万元）

投低标的期望值=0.6×(0.2×300+0.6×200+0.2×100)−3×0.4=118.8（万元）

课题 4.4　工程合同价款的确定

4.4.1　工程合同价确定

工程合同价款是发包人、承包人在协议书中约定，发包人用以支付承包人按照合同约定完成承包范围内全部工程并承担质量保修责任的价款。合同价款是双方当事人关心的核心条款。招标工程的合同价款由发包人、承包人依据中标通知书中的中标价格在协议书内约定。合同价款在协议书内约定后，任何一方不能擅自改变。

根据《中华人民共和国合同法》、《建设工程施工合同（示范文本）》及建设部的有关规定，依据招标文件、投标文件，双方在签订施工合同时，按计价方式的不同，双方可选择下列确定合同价款的方式。

1. 固定合同价格

这是指在约定的风险范围内价款不再调整的合同。双方须在专用条款内约定合同价款包含的风险范围、风险费用的计算方法和承包风险范围以外对合同价款影响的调整方法，在约定的风险范围内合同价款不再调整。固定合同价可分为固定合同总价和固定合同单价两种方式。

1）固定合同总价

这种合同确定的总价为包死的固定总价。合同总价只有在设计和工程范围变更的情况下才能做相应的调整，除此之外，合同总价是不能变动的。因此，作为合同价格计算依据的图纸和计量规则、规范必须对工程做出详尽的描述。在合同执行过程中，合同双方都不能因工程量、设备、材料价格、工资等变动和气候条件恶劣等原因，提出对合同总价调整的要求，这就意味着承包商要承担实物工程量变化、单价变化等因素带来的风险。因此承包商必然会在投标时对可能发生的造成费用上升的各种因素进行估计并包含在投标报价中，在报价中加大不可预见费。这样，往往会导致合同价更高，并不能真正降低工程造价。

这种合同适用于工期较短（一般不超过 1 年），对工程项目要求十分明确，设计图纸完整齐全，项目工作范围及工程量计算依据确切的项目。

2）固定合同单价

固定合同单价是合同中确定的各项单价在工程实施期间不因价格变化而调整。这种合同是以工程量表中所列工程量和承包商所报出的单价为依据来计算合同价的。通常招标人在准备此类合同的招标文件时，委托咨询单位按分部分项工程列出工程量表并填入估算的工程量，承包商投标时在工程量表中填入各项的单价，据之计算出总价作为投标报价之用。但在每月结算时，以实际完成的工程量结算。在工程全部完成时以竣工图进行最终结算。

采用这种合同时，要求实际完成的工程量与原估计的工程量不能有实质性的变化。因为投标人报出的单价是以招标文件给出的工程量为基础计算的，工程量大幅度地增加或减少，会使得投标人按比例分摊到单价中的一些固定费用与实际严重不符，要么使投标人获得超额利润，要么使许多固定费用收不回来。所以有的单价合同规定，如果最终结算时实际工程量与工程量清单中的估算工程量相差超过±10%时，允许调整合同单价。FIDIC的“土木工程施工合同条件”中则提倡工程结束时总体结算超过±15%时对单价进行调整，或者当某一分部或分项工程的实际工程量与招标文件的工程量相差超过±25%且该分项目的价格占有效合同2%以上时，该分项也应调整单价。总之，不论如何调整，在签订合同时必须写明具体的调整方法，以免以后发生纠纷。

在设计单位来不及提供施工详图，或虽有施工图但由于某些原因不能比较准确地计算工程量时，招标文件也可只向投标人给出各分项工程内的工作项目一览表、工程范围及必要的说明，而不提供工程量，承包商只要给出表中各项目的单价即可，将来施工时按实际工程量计算。有时也可由业主一方在招标文件中列出单价，而投标一方提出修正意见，双方磋商后确定最后的承包单价。

2. 可调合同价格

可调合同价格是针对固定价格而言，通常用于工期较长的施工合同。对于工期较短的合同，专用条款内也要约定因外部条件变化对施工产生成本影响可以调整合同价款的内容。这种合同的总价一般也是以图纸及工程量计算规范等为基础，但它是按“时价”即投标时的工、料、机市价为基础计算的，这是一种相对固定的价格。在合同执行过程中，由于通货膨胀而使工料成本增加，按照合同中列出的调价条款，可对合同总价进行调整。这种合同与固定价格合同不同之处在于：它对合同实施中出现的风险做了分摊，招标人承担了通货膨胀这一不可预见的费用因素的风险，而固定价格合同中的其他风险仍由投标人承担。一般适合于工期较长（如1年以上）的项目。

3. 成本加酬金合同

合同中确定的工程合同价，其工程成本中的人工、材料及机械设备费按实支付，管理费及利润按事先协议好的某一种方式支付。

这种合同形式主要适用于：在工程内容及技术指标尚未全面确定，报价依据尚不充分的情况下，业主方又因工期要求紧迫急于上马的工程；施工风险很大的工程，或者业主和承包商之间具有良好的合作经历和高度的信任，承包商在某方面具有独特的技术、特长和经验的工程。这种合同形式的缺点是发包单位对工程总造价不易控制，而承包商在施工中也不注意精打细算，因为是按照一定比例提取管理费及利润，往往成本越高，管理费及利润也越高。成本补偿合同有多种形式，部分形式如下所述。

1）成本加固定百分比酬金合同

这种合同形式，承包商实际成本实报实销，同时按照实际直接成本的固定百分比付给承包商相应的酬金。因此该类合同的工程总造价及付给承包方的酬金随工程成本而水涨船高，这不利于鼓励承包商降低成本，正是由于这种弊病所在，使得这种合同形式很少被采用。

2）成本加固定费用合同

这种合同形式与成本加固定百分比酬金合同相似，其不同之处在于酬金一般是固定不变的。它是根据双方讨论同意的工程规模、估计工期、技术要求、工作性质及复杂性，以及所涉及的风险等来考虑确定一笔固定数目的报酬金额作为管理费及利润。对人工、材料、机械台班费等直接成本则实报实销。如果设计变更或增加新项目，即人工、材料、机械费用超过原定估算成本的10%左右时，固定的报酬费也要增加。这种方式也不能鼓励承包商关心降低成本，因此也可在固定费用之外根据工程质量、工期和节约成本等因素，给承包商另加奖金，以鼓励承包商积极工作。

3）成本加奖罚合同

采用这种形式的合同，首先要确定一个目标成本，这个目标成本是根据粗略估算的工程量和单价表编制出来的。在此基础上，根据目标成本来确定酬金的数额，可以是百分比的形式，也可以是一笔固定酬金，同时以目标成本为基础确定一个奖罚的上下限。在项目实施过程中，当实际成本低于确定的下限时，承包商在获得实际成本、酬金补偿外，还可根据成本降低额来得到一笔奖金。当实际成本高于上限成本时，承包方仅能从发包方得到成本和酬金的补偿，并对超出合同规定的限额，还要处以一笔罚金。

这种合同形式可以促使承包商关心成本的降低和工期的缩短，而且目标成本是随着设计的进展而加以调整的，承发包双方都不会承担太大风险，故这种合同形式应用较多。

4）最高限额成本加固定最大酬金合同

在这种形式的合同中，首先要确定最高限额成本、报价成本和最低成本，当实际成本没有超过最低成本时，承包商发生的实际成本费用及应得酬金等都可得到业主的支付，并可与业主分享节约额；如果实际工程成本在最低成本和报价成本之间，承包方只有成本和酬金可以得到支付；如果实际工程成本在报价成本与最高限额成本之间，则只有全部成本可以得到支付；实际工程成本超过最高限额成本时，则超过部分业主不予支付。

这种合同形式有利于控制工程造价，并能鼓励承包商最大限度地降低工程成本。

具体工程承包的计价方式不一定是单一的方式，在合同内可以明确约定具体工作内容采用的计价方式，也可以采用组合计价方式。

4.4.2　施工合同的签订

1. 施工合同格式的选择

合同是双方对招标成果的认可，是招标之后、开工之前双方签订的工程施工、付款和结算的凭证。合同的形式应在招标文件中确定，投标人应在投标文件中做出响应。目前的建筑工程施工合同格式一般采用如下几种方式。

1）参考 FIDIC 合同格式订立的合同

FIDIC 合同是国际通用的规范合同文本。它一般用于大型的国家投资项目和世界银行贷款项目。采用这种合同格式，可以避免工程竣工结算时的经济纠纷；但因其使用条件较严格，因而在一般中小型项目中较少采用。

2）《建设工程施工合同示范文本》（简称示范文本合同）

按照国家工商部和建设部推荐的《建设工程施工合同示范文本》格式订立的合同是比较规范，也是公开招标的中小型工程项目采用最多的一种合同格式。该合同由 4 部分组成：协议书、通用条款、专用条款、附件。《协议书》明确了双方最主要的权利义务，经当事人签字盖章，具有最高的法律效力；《通用条款》具有通用性，基本适用于各类建筑施工和设备安装；《专用条款》是对《通用条款》必要的修改与补充，其与《通用条款》相对应，多为空格形式，需双方协商完成，更好地针对工程的实际情况，体现了双方的统一意志；附件对双方的某项义务以确定格式予以明确，便于实际工作中的执行与管理。整个示范文本合同是招标文件的延续，故一些项目在招标文件中就拟定了补充条款内容以表明招标人的意向；投标人若对此有异议时，可在招标答疑（澄清）会上提出，并在投标函中提出施工单位能接受的补充条款；双方对补充条款再有异议时可在询标时得到最终统一。但是，也有项目虽然在招标中采用了示范合同文本，并没有在协议书中写明工程造价，或者协议书中写明的造价与中标通知书上的中标价不相一致，或者在补充条款中未对招标文件内容有实质性响应，甚至在补充条款中提出与招标文件内容相矛盾的款项，那么一方面不能体现招标对所有潜在中标人的公平和公正，另一方面使最终的工程审价工作难以开展，导致双方利益（大多情况下是建设单位利益）的损失。

3）自由格式合同

自由格式合同是由建设单位和施工单位协商订立的合同，它一般适用于通过邀请招标或议标发包而定的工程项目。这种合同是一种非正规的合同形式，往往由于一方（主要是建设单位）对建筑工程的复杂性、特殊性等方面考虑不周，从而使其在工程实施阶段陷于被动。

2. 施工合同签订过程中的注意事项

1）关于合同文件部分

招投标过程中形成的补遗、修改、书面答疑、各种协议等均应作为合同文件的组成部分。特别应注意作为付款和结算依据的工程量和价格清单，应根据评标阶段作出的修正稿重新整理、审定，并且应标明按完成的工程量测算付款和按总价付款的内容。

2）关于合同条款的约定

在编制合同条款时，应注重有关风险和责任的约定，将项目管理的理念融入合同条款中，尽量将风险量化，责任明确，公正地维护双方的利益。其中主要重视以下几类条款。

（1）程序性条款。目的在于规范工程价款结算依据的形成，预防不必要的纠纷。程序性条款贯穿于合同行为的始终。包括信息往来程序、计量程序、工程变更程序、索赔处理程序、价款支付程序、争议处理程序等。编写时注意明确具体步骤，约定时间期限。

（2）有关工程计量条款。注重计算方法的约定，应严格确定计量内容（一般按净值计量），加强隐蔽工程计量的约定。计量方法一般按工程部位和工程特性确定，以便于核定工程量及便于计算工程价款为原则。

（3）有关估价的条款。应特别注意价格调整条款，如对未标明价格或原单独标价的工程，是采用重新报价方法，还是采用定额及取费方法，或者协商解决，在合同中应约定相应的计价方法。对于工程量变化的价格调整，应约定费用调整公式；对工程延期的价格调整、材料价格上涨等因素造成的价格调整，是采用补偿方式，还是变更合同价，应在合同中约定。

（4）有关双方职责的条款。为进一步划清双方责任，量化风险，应对双方的职责进行恰当的描述。对那些未来很可能发生并影响工作、增加合同价格及延误工期的事件和情况加以明确，防止索赔、争议的发生。

（5）工程变更的条款。适当规定工程变更和增减总量的限额及时间期限。如在FIDIC合同条款中规定，单位工程的增减量超过原工程量15%应相应调整该项的综合单价。

（6）索赔条款。明确索赔程序、索赔的支付、争端解决方式等。

4.4.3 不同计价模式对合同价和合同签订的影响

采用不同的计价模式会直接影响到合同价的形成方式，从而最终影响合同的签订和实施。目前国内使用的定额计价方法在以上方面存在诸多弊端，相比之下，工程量清单的计价方法能确定更为合理的合同价，并且便于合同的实施。

首先，工程量清单计价的合同价的形成方式使工程造价更接近工程实际价值。因为确定合同价的两个重要因素——投标报价和标底价都以实物法编制，采用的消耗量、价格、费率都是市场波动值，因此使合同价能更好地反映工程的性质和特点，更接近市场价值。其次，易于对工程造价进行动态控制。在定额计价模式下，无论合同采用固定价还是可调价格，无论工程量变化多大，无论施工工期多长，双方只要约定采用国家定额、国家造价管理部门调整的材料指导价和颁布的价格调整系数，便适用于合同内、外项目的结算。在新的计价模式下，工程量由招标人提供，报价人的竞争性报价是基于工程量清单上所列量值，招标人为避免由于对图纸理解不同而引起的问题，一般不要求报价人对工程量提出意见或作出判断。但是工程量变化会改变施工组织、改变施工现场情况，

从而引起施工成本、利润率、管理费率变化，因此带来项目单价的变化。新的计价模式能实现真正意义上的工程造价动态控制。

在合同条款的约定上，双方的风险和责任意识加强。在定额计价模式下，由于计价方法单一，承发包双方对有关风险和责任意识不强；工程量清单计价模式下，招投标双方对合同价的确定共同承担责任。招标人提供工程量，承担工程量变更或计算错误的责任，投标单位只对自己所报的成本、单价负责。工程量结算时，根据实际完成的工程量，按约定的办法调整。双方对工程情况的理解以不同的方式体现在合同价中，招标方以工程量清单表现，投标方体现在报价中。另外，一般工程项目造价已通过清单报价明确下来，在日后的施工过程中，施工企业为获取最大的利益，会利用工程变更和索赔手段追求额外的费用。因此，双方对合同管理的意识会大大加强，合同条款的约定会更加周密。

工程量清单计价模式赋予造价控制工作新的内容和新的侧重点。首先工程量清单成为报价的统一基础使获得竞争性投标报价得到有力保证，无标底合理低价中标评标方式使评选的中标价更为合理，合同条款更注重风险的合理分摊，更注重对造价的动态控制，更注重对价格调整及工程变更、索赔等方面的约定。

应用案例 4-9

某建设单位（甲方）拟建造一栋职工住宅，采用招标方式由某施工单位（乙方）承建。甲乙双方签订的施工合同摘要如下：

一、合同协议书中的部分条款

（一）工程概况

工程名称：职工住宅楼

工程地点：市区

工程规模：建筑面积 7850m^2，共 15 层，其中地下 1 层，地上 14 层。

结构类型：剪力墙结构

（二）工程承包范围

承包范围：某市规划设计院设计的施工图所包括的全部土建，照明配电（含通信、闭路埋管），给排水（计算至出墙 1.5m）工程施工。

（三）合同工期

开工日期：2010 年 2 月 1 日

竣工日期：2010 年 9 月 30 日

合同工期总日历天数：240 天（扣除 5 月 1～3 日）

（四）质量标准

工程质量标准：达到甲方规定的质量标准

（五）合同价款

合同总价为：陆佰叁拾玖万元人民币

（六）乙方承诺的质量保修

在该项目设计规定的使用年限（50 年）内，乙方承担全部保修责任。

（七）甲方承诺的合同价款支付期限与方式

本工程没有预付款，工程款按月进度支付，施工单位应在每月 25 日前，向建设单位及监理单位报送当月工作量报表，经建设单位代表和监理工程师就质量和工程量进行确认，报建设单位认可后支付，每次支付完成量的 80%。累计支付到工程合同价款的 75%时停止拨付，工程基本竣工后一个月内再付 5%，办理完审计一个月内再付 15%，其余 5%待保修期满后 10 日内一次付清。为确保工程如期竣工，乙方不得因甲方资金的暂时不到位而停工和拖延工期。

（八）合同生效

合同订立时间：2010 年 1 月 15 日

合同订立地点：市区街号

本合同双方约定：经双方主管部门批准及公证后生效

二、专用条款

（一）甲方责任

1. 办理土地征用、房屋拆迁等工作，使施工现场具备施工条件。

2. 向乙方提供工程地质和地下管网线路资料。

3. 负责编制工程总进度计划，对各专业分包的进度进行全面统一安排，统一协调。

4. 采取积极措施做好施工现场地下管线和临近建筑物、构筑物的保护工作。

（二）乙方责任

1. 负责办理投资许可证、建设规划许可证、委托质量监督、施工许可证等手续。

2. 按工程需要提供和维修一切与工程有关的照明、围栏、看守、警卫、消防、安全等设施。

3. 组织承包方、设计单位、监理单位和质量监督部门进行图纸交底与会审，并整理图纸会审和交底纪要。

4. 在施工中尽量采取措施减少噪声及震动，不干扰居民。

（三）合同价款与支付

本合同价款采用固定价格合同方式确定。

合同价款包括的风险范围：

1. 工程变更事件发生导致工程造价增减不超过合同总价 10%；

2. 政策性规定以外的材料价格涨落等因素造成工程成本变化。

风险费用的计算方法：风险费用已包括在合同总价中。

风险范围以外合同价款调整方法：按实际竣工建筑面积 950 元/m^2 调整合同价款。

三、补充协议条款

钢筋、商品混凝土的计价方式按当地造价信息价格下浮 5%计算。

【问题】

1. 上述合同属于哪种计价方式合同类型？

2. 该合同签订的条款有哪些不妥当之处？应如何修改？

3. 对合同中未规定的承包商义务，合同实施过程中又必须进行的工程内容，承包商应如何处理？

【案例解析】

问题1，从甲、乙双方签订的合同条款来看，该工程施工合同应属于固定价格合同。

问题2，该合同条款存在的不妥之处及其修改：

（1）合同工期总日历天数不应扣除节假日，应该将该节假日时间加到总日历天数中。

（2）不应以甲方规定的质量标准作为该工程的质量标准，而应以《建筑工程施工质量验收统一标准》中规定的质量标准作为该工程的质量标准。

（3）质量保修条款不妥，应按《建设工程质量管理条例》的有关规定进行修改。

（4）工程价款支付条款中的"基本竣工时间"不明确，应修订为具体明确的时间；"乙方不得因甲方资金的暂时不到位而停工和拖延工期"条款显失公平，应说明甲方资金不到位在什么期限内乙方不得停工和拖延工期，且应规定逾期支付的利息如何计算。

（5）从该案例背景来看，合同双方是合法的独立法人单位，不应约定经双方主管部门批准后该合同生效。

（6）专用条款中关于甲乙方责任的划分不妥。甲方责任中的第4条"负责编制工程总进度计划，对各专业分包的进度进行全面统一安排，统一协调"和第6条，"采取积极措施做好施工现场地下管线和临近建筑物、构筑物的保护工作"应写入乙方责任条款中。乙方责任中的第1条"负责办理投资许可证、建设规划许可证、委托质量监督、施工许可证等手续"和第5条"组织承包方、设计单位、监理单位和质量监督部门进行图纸交底与会审，并整理图纸会审和交底纪要"应写入甲方责任条款中。

（7）专用条款中有关风险范围以外合同价款调整方法（按实际竣工建筑面积950元/m^2调整合同价款）与合同的风险范围、风险费用的计算方法相矛盾，该条款应针对可能出现的除合同价款包括的风险范围以外的内容约定合同价款调整方法。

问题3，首先应及时与甲方协商，确认该部分工程内容是否由乙方完成。如果需要由乙方完成，则应与甲方商签补充合同条款，就该部分工程内容明确双方各自的权利义务，并对工程计划做出相应的调整；如果由其他承包商完成，乙方也要与甲方就该部分工程内容的协作配合条件及相应的费用等问题达成一致意见，以保证工程的顺利进行。

单元小结

本单元首先介绍了建设工程承发包阶段造价控制的相关知识，接着介绍了招标控制价、投标报价、合同价款的确定相关知识，通过本单元的学习应初步具备交易阶段造价控制的能力，掌握建设工程合同的有关知识。

综合应用案例

【综合应用案例 4-1】

某工程公司于 2014 年 8 月面临 A、B 两项工程的投标。通过详细研究招标文件，并对 A、B 两项工程所在地进行现场踏勘，该公司决定参加其中一项工程的投标。A、B 两项工程的决策数据如下：

（1）A 工程估算直接成本 8600 万元，需要预制大型钢筋混凝土构件 36 个（单重 2800t/个）。该工程的地质条件较为复杂，招标文件规定：A 工程投标报价=直接成本+利润+税金+（直接成本+利润+税金）×总包干系数 10%。在构件预制场选择上，公司面临如下选择：①使用公司现有的预制场，但该预制场离施工现场较远，构件需要从海上运输，大约增加成本 240 万元。②在工地新建一个构件预制场，耗资 280 万元（考虑竞争对手在工地附近建有类似预制场，故该项费用只能列入施工成本之中）。A 工程的效果、概率和损益情况见表 4.7。

表 4.7 A 工程的效果、概率和损益情况表

A 工程	效果	概率	利润（万元）	A 工程	效果	概率	利润（万元）
外地预制方案	好	0.40	1200	本地预制方案	好	0.70	1160
	差	0.60	780		差	0.30	740

（2）B 工程估算直接成本 7800 万元，招标文件规定：工程投标报价=直接成本+管理费+利润+税金。B 地有一该专业领域的施工单位，以前曾经与本公司有过良好的合作，但因施工资质不达标，未能参加本次投标。如果将部分非主体工程（如中小型构件预制、土石方工程等）分包给该公司，将节约大量的机械调遣、模板加工费用，但公司获得的利润有可能降低。经过造价工程师详细测算，B 工程的效果、概率和损益情况见表 4.8。

表 4.8 B 工程的效果、概率和损益情况表

B 工程	效果	概率	利润（万元）	B 工程	效果	概率	利润（万元）
非主体工程分包	好	0.80	860	独立承包	好	0.60	980
	差	0.20	420		差	0.40	380

（3）根据以往类似工程的投标资料，A、B 工程的中标概率分别为 0.60 和 0.80，编制标书的费用均为 5 万元。以上所称的直接成本已考虑了投标过程中发生的费用。假定 A、B 两项工程项目的税率均为 3.41%，管理费费率均为 3%。

【问题】

1．简述投标报价策略的类型有哪些？

2．绘制本投标决策的决策树图。

3．对投标方案进行决策。

4．决策后的投标方案报价为多少？（计算结果有小数点的，保留两位小数）

【案例解析】

本案例第 1 问主要考查投标报价策略；第 2、3 问主要考查决策树的绘制和计算。决策树的绘制是自左向右（决策点和机会点的编号左小右大，上小下大），而计算则是自右向左。各机会点的期望值计算结果应标在该机会点上方，最后将决策方案以外的方案枝用两短线排除。根据各事件产生的结果与其相应的发生概率，求解方案风险损益的期望值，进行决策判断；第 4 问主要考查方案确定后投标报价的计算。根据题意，工程投标报价=直接成本+利润+税金+(直接成本+利润+税金)×总包干系数。

【解】

问题 1，投标报价策略可分为基本策略和报价技巧两个层面。其中基本策略主要是指投标单位应根据招标项目的不同特点，并考虑自身的优势和劣势，选择不同的报价。报价技巧主要包括不平衡报价法、多方案报价法、无利润报价法、突然降价法以及其他报价技巧（如计日工单价报价、暂定金额报价、可供选择项的报价、增加建议方案、采用分包商的报价以及许诺优惠条件）。

问题 2，绘制的决策树图如图 4.2 所示。

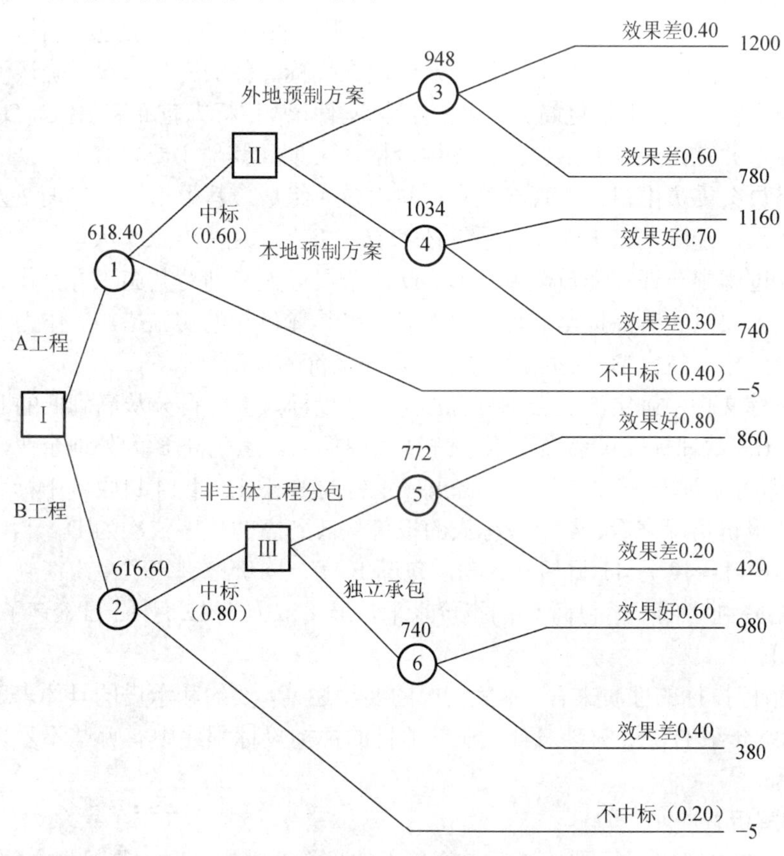

图 4.2 决策树图（单位：万元）

问题 3，求各机会点的期望值。

点③：1200×0.40+780×0.60=948（万元）；

点④：1160×0.70+740×0.30=1034（万元）；

点①：1034×0.60+(−5)×0.40=618.40（万元）；

点⑤：860×0.80+420×0.20=772（万元）；

点⑥：980×0.60+380×0.40=740（万元）；

点②：772×0.80+(−5)×0.20=616.60（万元）。

因为点①的期望值大于点②的期望值，故应参加 A 工程的投标，且选用本地预制方案。

问题 4，投标方案的报价：(8600+280+1160)×(1+3.41%)×(1+10%)=11420.60（万元）。

【综合应用案例 4-2】

某办公楼的招标人于 2000 年 10 月 8 日向具备承担该项工程能力的 A，B，C，D，E 等 5 家承包商发出投标邀请书，其中说明，10 月 12～18 日 9 至 16 时在该招标人总工办领取招标文件，11 月 8 日 14 时为投标截止时间。该 5 家承包商均接受邀请，并按规定时间提交了投标文件。但承包商 A 在送出投标文件后发现报价估算有较严重的失误，赶在投标截止时间前 10 分钟递交了一份书面声明，撤回已提交的投标文件。

开标时，由招标人委托的市公证处人员检查投标文件的密封情况，确认无误后，由工作人员当众拆封。由于承包商 A 已撤回投标文件，故招标人宣布有 B，C，D，E 等 4 家承包商投标，并宣读该 4 家承包商的投标价格、工期和其他主要内容。

评标委员会委员由招标人直接确定，共由 7 人组成，其中招标人代表 2 人，本系统技术专家 2 人、经济专家 1 人，外系统技术专家 1 人、经济专家 1 人。

在评标过程中，评标委员会要求 B，D 两个投标人分别对其施工方案作详细说明，并对若干技术要点和难点提出问题，要求其提出具体可靠的实施措施。作为评标委员的招标人代表希望承包商 B 再适当考虑一下降低报价的可能性。

按照招标文件中确定的综合评标标准，4 个投标人综合得分从高到低的顺序依次为 B，D，C，E。故评标委员会确定承包商 B 为中标人。承包商 B 为外地企业，招标人于 11 月 10 日将中标通知书以挂号方式寄出，承包商 B 于 11 月 14 日收到中标通知书。

由于从报价情况来看，4 个投标人的报价从低到高的顺序依次为 D，C，B，E，因此，11 月 16 日～12 月 11 日招标人与承包商 B 就合同价格进行了多次谈判，结果承包商 B 将价格降到略低于承包商 C 的报价水平，最终双方于 12 月 12 日签订了书面合同。

【问题】

1. 从招标投标的性质来看，本案例中的要约邀请、要约和承诺的具体表现是什么？

2. 从所介绍的背景资料来看，在该项目的招标投标程序中有哪些不妥之处？请逐一说明原因。

【案例解析】

问题 1，在本案例中，要约邀请是招标人的投标邀请书，要约是投标人的投标文件，

承诺是招标人发出的中标通知书。

问题2，在该项目招标投标程序中有以下不妥之处，分述如下：

（1）“招标人宣布B，C，D，E等4家承包商参加投标”不妥，因为A承包商虽然已撤回投标文件，但仍应作为投标人加以宣布。

（2）“评标委员会委员由招标人直接确定”不妥，因为办公楼属于一般项目，招标人可选派2名相当专家资质人员参加，但另5名专家应采取（从专家库中）随机抽取方式确定评标委员会委员。

（3）“评标委员会要求投标人提出具体、可靠的实施措施”不妥，因为按规定，评标委员会可以要求投标人对投标文件中含义不明确的内容作必要的澄清或者说明，但是澄清或者说明不得超出投标文件的范围或者改变投标文件的实质性内容，因此，不能要求投标人就实质性内容进行补充。

（4）“作为评标委员的招标人代表希望承包商 B 再适当考虑一下降低报价的可能性”不妥，因为在确定中标人前。招标人不得与投标人就投标价格、投标方案的实质性内容进行谈判。

（5）对“评标委员会确定承包商B为中标人”要进行分析。如果招标人授权评标委员会直接确定中标人，由评标委员会定标是对的，否则，就是错误的。

（6）发出中标通知书的时间不妥，因为在确定中标人之后，招标人应在 15 日内向有关政府部门提交招标投标情况的报告，建设主管部门自收到招标人提交的招标投标情况的书面报告之日起5日内未通知招标人在招标投标活动中有违法行为的，招标人方可向中标人发出中标通知书。

（7）“中标通知书发出后招标人与中标人就合同价格进行谈判”不妥，因为招标人和中标人应按照招标文件和投标文件订立书面合同，不得再行订立背离合同实质性内容的其他协议。

（8）订立书面合同的时间不妥，因为招标人和中标人应当自中标通知书发出之日（不是中标人收到中标通知书之日）起30日内订立书面合同，而本案例为32日。

单元考核题

一、单选题

1. 依据《中华人民共和国招标投标法》规定，允许的招标方式有公开招标和（　　）。

A．公开招标　　B．邀请招标　　C．竞争性谈判　　D．有限竞争招标

2．有助于承包人公平竞争，提高工程质量，缩短工期和降低建设成本的招标方式是（　　）。

A．邀请招标　　B．邀请议标　　C．公开招标　　D．有限竞争招标

3．我国工程造价改革的总体目标是形成以市场价格为主的价格体系。但目前尚处

于过渡时期，总的来讲我国投标报价模式有定额计价模式和（　　）。

A．工程量清单计价模式　　B．预算模式

C．概算模式　　D．决算模式

4．工程量清单计价方式下投标报价的编制方法与以工程量清单计价法编制招标控制价的方法相似，都是采用（　　）的方法。

A．综合单价计价　　B．工料单价法

C．实物法　　D．预算法

5．按照国家工商部和建设部推荐的《建设工程施工合同示范文本》是目前工程项目采用最多的一种合同格式，该合同由（　　）部分组成。

A．协议书、通用条款、专用条款、附件

B．说明书、通用条款、专用条款、附件

C．协议书、格式条款、专用条款、附件

D．协议书、通用条款、专用条款、其他

6．在建设工程施工招标文件中，对投标文件的组成、投标报价、递交、修改、撤回等有关内容提出要求的部分是中标文件中的（　　）。

A．投标文件格式　　B．技术条款

C．合同主要条款　　D．投标须知

7．在建设工程货物招标投标程序中，在资格预审后和疑问解答前的工作是（　　）。

A．编制招标文件　　B．发放招标文件

C．勘察现场　　D．召开投标答疑会

8．投标单位收到招标文件后，如有疑问或不清的问题，就以书面形式向招标单位提出，但应在收到招标文件后（　　）天内完成。

A．7　　B．10　　C．14　　D．28

9．开标时，投标文件中出现投标人组织结构与资格预审不一致时，招标人的处理方式是（　　）。

A．不予受理　　B．按废标处理

C．请投标人予以更正　　D．追究投标人法律责任

10．按照《招标投标法》规定，评标委员会由招标人的代表和有关技术、经济等方面的专家组成，其中技术、经济等方面的专家不得少于成员总数的（　　）。

A．1/3　　B．1/4　　C．2/3　　D．3/4

二、多选题

1．下列投标策略选择正确的是（　　）。

A．如果是单纯报计日工单价，而且不计入总价中，可以报低些

B．单价与包干混合制合同中，招标人要求有些项目采用包干报价时，宜报低价

C．设计图纸不明确、估计修改后工程量要增加的，可以提高单价

D．能够早日结算的项目（如前期措施费、基础工程、土石方工程等）可以适当提高报价

E．对于技术难度大或其他原因导致的难以实现的规格，可将价格有意抬高得更多一些

2．采用工程量清单计价时，招标控制价的编制内容包括（　　）。

A．分部分项工程费
B．措施项目费
C．其他项目费
D．规费
E．税金

3．不可抗力导致的人员伤亡、财产损失、费用增加和（或）工期延误等后果，由合同双方按以下（　　）原则承担。

A．永久工程，包括已运至施工场地的材料和工程设备的损害，以及因工程损害造成的第三者人员伤亡和财产损失由承包人承担
B．承包人设备的损坏由发包人承担
C．发包人和承包人各自承担其人员伤亡和其他财产损失及其相关费用
D．承包人的停工损失由承包人承担，但停工期间应监理人要求照管工程和清理、修复工程的金额由发包人承担
E．不能按期竣工的，应合理延长工期，承包人不需支付逾期竣工违约金。发包人要求赶工的，承包人应采取赶工措施，赶工费用由发包人承担

4．对于FIDIC合同中的工程师一方，下列阐述正确的是（　　）。

A．工程师履行或者行使合同规定或隐含的职责或权力时，应当视为代表业主执行
B．工程师有权解除任何一方根据合同规定的任何任务、义务或者职责
C．工程师可以向其助手指派任务和委托权力
D．除得到承包商同意外，业主承诺不对工程师的权力作进一步的限制
E．如果业主准备替换工程师，必须提前不少于56天发出通知以征得承包商的同意

5．在FIDIC合同中关于工程款支付问题，下列阐述正确的是（　　）。

A．承包商需首先将银行出具的履约保函和预付款保函交给业主并通知工程师，工程师在21天内签发“预付款支付证书”
B．每个月的月末，承包商应按工程师规定的格式提交一式3份本月支付报表，内容包括提出本月已完成合格工程的应付款要求和对应扣款的确认
C．在收到承包商的支付报表的28天内，按核查结果以及总价承包分解表中核实的实际完成情况签发支付证书
D．承包商的报表经工程师认可并签发工程进度款的支付证书后，业主应在接到证书后及时给承包商付款。业主的付款时间不应超过工程师收到承包商的月进度付款申请单后的28天
E．每次月进度款支付时扣留保留金的百分比一般为5%～10%，累计扣留的最高限额为合同价的5%～8%

6．建设工程施工投标文件由（　　）组成。

A．投标保证金　　　　　　　　　　B．资格审查表
C．投标文件格式　　　　　　　　　D．合同主要条款
E．投标书附录

三、简答题

1．简述招标控制价编制的依据、程序和编制方法。
2．简述以工程量清单计价模式投标报价的计算过程。
3．简述工程投标报价编制的一般程序。
4．投标报价可以采取哪些策略？

四、案例分析题

某工程项目由政府投资建设，业主委托某招标代理公司代理施工招标。在发布的招标公告中规定：①投标人必须为国家一级总承包企业，且近三年至少获得一项该项目所在省优质工程奖。②若采用联合体形式投标，必须在投标文件中明确牵头人并提交联合体投标协议，若联合体中标，招标人将与该联合体牵头人订立合同。该项目的招标文件中规定，开标前投标人可修改或撤回投标文件，但开标后投标人不得撤回投标文件；采用固定总价合同；每月工程款在下月末支付；工期不得超过 12 个月，提前竣工奖 30 万元/月，在竣工时支付。

某承包商准备参与该工程的投标，经造价师估算，总成本为 1000 万元，其中材料费占 60%。

预计该工程在施工过程中，建筑材料涨价 10%的概率为 0.3，涨价 5%的概率为 0.5，不涨价的概率为 0.2。

【问题】

1．该项目的招标活动中有哪些不妥之处？请说明理由。

2．按预计发生的成本计算，若希望中标后能实现 3%的利润，不含税报价应为多少？该报价按承包商原估算成本计算的利润率是多少？

3．若承包商以 1100 万元的报价中标，合同工期 11 个月，合同工期内不考虑物价变化，承包商工程款的现值是多少？

单元 5

建设项目施工阶段工程造价控制

教学目标 本单元内容是建设项目施工阶段的工程造价控制。通过学习，熟悉施工阶段工程造价控制的内容，掌握工程合同价款调整的方法；掌握工程索赔的处理和计算；掌握工程计量与合同价款的计算；熟悉资金使用计划编制的方法及费用偏差分析的基本方法；学会利用基本理论解决实际问题的方法，培养分析问题解决问题的能力。

学习提示 施工阶段是投入资金最多、最直接的阶段，也是实现建设工程价值的主要阶段。这个阶段工程造价管理的内容包括组织工作、经济工作、技术工作、合同工作等多方面的内容，主要工作任务首先通过编制资金使用计划，确定、分解工程造价控制目标，然后通过工程预付款控制，工程变更控制，预防并处理好费用索赔问题，做好工程进度款支付和其他价款的结算工作，挖掘节约工程造价潜力来实现实际发生的费用不超过计划费用。

本单元将针对以上任务详细讲解施工阶段工程造价控制的相关内容。

课题 5.1　合同价款调整

发承包双方应当在施工合同中约定合同价款，实行招标工程的合同价款由合同双方依据中标通知书的中标价款在合同协议书中约定，不实行招标工程的合同价款由合同双方依据双方确定的施工图预算的总造价在合同协议书中约定。在工程施工阶段，由于项目实际情况的变化，发承包双方在施工合同中约定的合同价款可能会出现变动。为合理分配双方的合同价款变动风险，有效地控制工程造价，发承包双方应当在施工合同中明确约定合同价款的调整事件、调整方法及调整程序。

5.1.1　可以调整合同价款的事件

可以调整合同价款的事件

以下事项（但不限于）发生，发承包双方应当按照合同约定调整合同价款：①法律法规变化；②工程变更；③项目特征不符；④工程量清单缺项；⑤工程量偏差；⑥计日工；⑦物价变化；⑧暂估价；⑨不可抗力；⑩提前竣工（赶工补偿）；⑪误期赔偿；⑫索赔；⑬现场签证；⑭暂列金额；⑮发承包双方约定的其他调整事项。

5.1.2　《建设工程工程量清单计价规范》(GB 50500—2013) 条件下合同价款的调整方法

1. 法律法规变化引起

合同价款的调整方法

因国家法律、法规、规章和政策发生变化影响合同价款的风险，发承包双方应在合同中约定由发包人承担。

施工合同履行期间，国家颁布的法律、法规、规章和有关政策在合同工程基准日之后发生变化，且因执行相应的法律、法规、规章和政策引起工程造价发生增减变化的，合同双方当事人应当依据法律、法规、规章和有关政策的规定调整合同价款。但是，如果有关价格（如人工、材料和工程设备等价格）的变化已经包含在物价波动事件的调价公式中，则不再予以考虑。

如果由于承包人的原因导致的工期延误，在工程延误期间国家的法律、行政法规和相关政策发生变化引起工程造价变化的，造成合同价款增加的，合同价款不予调整；造成合同价款减少的，合同价款予以调整。

【知识链接】

基准日是指为了合理划分发承包双方的合同风险，施工合同中约定的分担风险的一个日期。对于基准日之后发生的、作为一个有经验的承包人在招标投标阶段不可能合理预见的风险，应当由发包人承担。对于实行招标的建设工程，一般以施工招标文件中规定的提交投标文件的截止时间前的第 28 天作为基准日；对于不实行招标的建

设工程，一般以建设工程施工合同签订前的第28天作为基准日。

应用案例5-1

单项选择：如果由于承包人原因导致的工期延误，在工程延误期间国家的法律、行政法规和相关政策发生变化引起工程造价变化的，下列有关价款调整的说法正确的是（　　）。

A. 造成合同价款增加的，合同价款不予调整；反之，则予以调整

B. 造成合同价款增加的，合同价款予以调整；反之，则不予以调整

C. 造成合同价款增加或减少的，合同价款均不予调整

D. 造成合同价款增加或减少的，合同价款均予以调整

答案：A

【案例解析】 在工程延误期间国家的法律、行政法规和相关政策发生变化引起工程造价变化的，造成合同价款增加的，合同价款不予调整；造成合同价款减少的，合同价款予以调整。

2. 工程变更

工程变更是指合同工程实施过程中由发包人提出或由承包人提出经发包人批准的合同工程任何一项工作的增、减、取消或施工工艺、顺序、时间的改变；设计图纸的修改；施工条件的改变；招标工程量清单的错、漏从而引起合同条件的改变或工程量的增减变化。

合同实施工程变更引起已标价工程量清单项目或其工程数量发生变化，应按照下列规定调整：

（1）已标价工程量清单中有适用于变更工程项目的，采用该项目的单价；但当工程变更导致该清单项目的工程数量发生变化，且工程量偏差超过15%，此时，该项目单价的调整应按照规范的规定调整。

（2）已标价工程量清单中没有适用、但有类似于变更工程项目的，可在合理范围内参照类似项目的单价。

（3）已标价工程量清单中没有适用也没有类似于变更工程项目的，由承包人根据变更工程资料、计量规则和计价办法、工程造价管理机构发布的信息价格和承包人报价浮动率提出变更工程项目的单价，报发包人确认后调整。承包人报价浮动率的计算公式为

① 实行招标的工程。

$$承包人报价浮动率(L)=(1-中标价/招标控制价)\times 100\% \quad (5.1)$$

② 不实行招标的工程。

$$承包人报价浮动率(L)=(1-报价/施工图预算)\times 100\% \quad (5.2)$$

应用案例5-2

单项选择：某项目施工过程中发生工程变更，引起分部分项工程项目发生变化，已标价工程量清单中没有适用也没有类似于变更工程项目，调整该变更项目的单价应考虑报价浮动率。已知该工程的中标价为5030万元，招标控制价为5100万元，则承包人报

价浮动率 L 为（　　）。

A. 1.37%　　B. 1.39%　　C. 1.37　　D. 1.39

答案：A

【案例解析】 实行招标的工程：承包人报价浮动率

$$L=(1-\text{中标价}/\text{招标控制价})\times100\% = (1-5030/5100)\times100\%=1.37\%$$

（4）已标价工程量清单中没有适用也没有类似于变更工程项目，且工程造价管理机构发布的信息价格缺价的，由承包人根据变更工程资料、计量规则、计价办法和通过市场调查等取得有合法依据的市场价格提出变更工程项目的单价，报发包人确认后调整。

（5）工程变更引起施工方案改变，并使措施项目发生变化的，承包人提出调整措施项目费的，应事先将拟实施的方案提交发包人确认，并详细说明与原方案措施项目相比的变化情况。拟实施的方案经发承包双方确认后执行。该情况下，应按照下列规定调整措施项目费：

① 安全文明施工费，按照实际发生变化的措施项目调整，不得浮动。

② 采用单价计算的措施项目费，按照实际发生变化的措施项目按规范的规定确定单价。

③ 按总价（或系数）计算的措施项目费，按照实际发生变化的措施项目调整，但应考虑承包人报价浮动因素，即调整金额按照实际调整金额乘以规范规定的承包人报价浮动率计算。

如果承包人未事先将拟实施的方案提交给发包人确认，则视为工程变更不引起措施项目费的调整或承包人放弃调整措施项目费的权利。

（6）如果工程变更项目出现承包人在工程量清单中填报的综合单价与发包人招标控制价或施工图预算相应清单项目的综合单价偏差超过 15%，则工程变更项目的综合单价可由发承包双方按照下列规定调整。

① 当 $P_0<P_1\times(1-L)\times(1-15\%)$时，该类项目的综合单价按照 $P_1\times(1-L)\times(1-15\%)$调整；

② 当 $P_0> P_1\times(1+15\%)$时，该类项目的综合单价按照 $P_1\times(1+15\%)$调整。

上式中，P_0 为承包人在工程量清单中填报的综合单价；P_1 为发包人招标控制价或施工预算相应清单项目的综合单价；L 为承包人报价浮动率。

（7）如果发包人提出的工程变更，非承包人原因删减了合同中的某项原定工作或工程，致使承包人发生的费用或（和）得到的收益不能被包括在其他已支付或应支付的项目中，也未被包含在任何替代的工作或工程中，则承包人有权提出并得到合理的利润补偿。

3. 项目特征不符

发包人在招标工程量清单中对项目特征的描述，应被认为是准确的和全面的，并且与实际施工要求相符合。承包人应按照发包人提供的工程量清单，根据其项目特征描述的内容及有关要求实施合同工程，直到其被改变为止。承包人应按照发包人提供的设计图纸实施合同工程，合同履行期间，出现实际施工设计图纸（含设计变更）与招标工程

量清单任一项目的特征描述不符，且该变化引起该项目的工程造价增减变化的，应按照实际施工的项目特征重新确定相应工程量清单项目的综合单价，计算调整的合同价款。

4. 工程量清单缺项

合同履行期间，出现招标工程量清单项目缺项的，发承包双方应调整合同价款。招标工程量清单中出现缺项，造成新增工程量清单项目的，应按照规范规定确定单价，调整分部分项工程费。由于招标工程量清单中分部分项工程出现缺项，引起措施项目发生变化的，应按规定在承包人提交的实施方案被发包人批准后，计算调整的措施费用。

5. 工程量偏差

合同履行期间，对于任一项招标工程量清单项目，非承包商原因导致工程量偏差超过 15%，调整的原则为：当工程量增加 15%以上时，其增加部分的工程量的综合单价应予调低；当工程量减少 15%以上时，减少后剩余部分的工程量的综合单价应予调高。此时，按下列公式调整结算分部分项工程费：

当 $Q_1>1.15Q_0$ 时，
$$S=1.15\,Q_0\times P_0+(Q_1-1.15\,Q_0)\times P_1 \tag{5.3}$$
当 $Q_1<0.85Q_0$ 时，
$$S=Q_1\times P_1 \tag{5.4}$$

式中：S——调整后的某一分部分项工程费结算价；

Q_1——最终完成的工程量；

Q_0——招标工程量清单中列出的工程量；

P_1——按照最终完成工程量重新调整后的综合单价；

P_0——承包人在工程量清单中填报的综合单价。

应用案例 5-3

某独立土方工程，招标文件中估计工程量为 27 万 m^3。合同中规定，土方工程单价为 12.5 元/m^3；当实际工程量超过估计工程量 15%时，调整单价为 9.8 元/m^3，工程结束时实际完成土方工程量 35 万 m^3，则土方工程款为（　　）万元。

A. 437.535　　B. 426.835　　C. 415.900　　D. 343.055

答案：B

【案例解析】 本案例实际完成工程量超过招标文件合同工程量，计算过程如下：

12.5×27×(1+15%)+9.8×[35−27×(1+15%)]=426.835（万元）

如果实际完成的工程量为 22 万 m^3，则 22<0.85×27=22.95，土方工程款为 22×9.8=215.6（万元）。

6. 计日工

发包人通知承包人以计日工方式实施的零星工作，承包人应予执行。采用计日工计价的任何一项变更工作，承包人应在该项变更的实施过程中，每天提交以下报表和有关凭证送发包人复核：①工作名称、内容和数量；②投入该工作所有人员的姓名、工种、级别和耗用工时；③投入该工作的材料名称、类别和数量；④投入该工作的施工设备型号、台数和耗用台时；⑤发包人要求提交的其他资料和凭证。

任一计日工项目持续进行时，承包人应在该项工作实施结束后的 24 小时内，向发包人提交有计日工记录汇总的现场签证报告一式三份。发包人在收到承包人提交现场签证报告后的 2 天内予以确认并将其中一份返还给承包人，作为计日工计价和支付的依据。发包人逾期未确认也未提出修改意见的，视为承包人提交的现场签证报告已被发包人认可。任一计日工项目实施结束，发包人应按照确认的计日工现场签证报告核实该类项目的工程数量，并根据核实的工程数量和承包人已标价工程量清单中的计日工单价计算，提出应付价款；已标价工程量清单中没有该类计日工单价的，由发承包双方按规范规定商定计日工单价计算。每个支付期末，承包人应按照规范的规定向发包人提交本期间所有计日工记录的签证汇总表，以说明本期间自己认为有权得到的计日工价款，列入进度款支付。

7. 物价变化

合同履行期间，出现工程造价管理机构发布的人工、材料、工程设备和施工机械台班单价或价格与合同工程基准日期相应单价或价格比较出现涨落，影响合同价款时，发承包双方可以根据合同约定的调整方法，对合同价款进行调整。

因物价变化引起的合同价款调整方法有两种：一种是采用价格指数调整价格差额，另一种是采用造价信息调整价格差额。承包人采购材料和工程设备的，应在合同中约定可调材料、工程设备价格变化的范围或幅度。如没有约定，则按照规范规定的材料、工程设备单价变化超过 5%，施工机械台班单价变化超过 10 %，超过部分的价格按上述两种方法之一进行调整。

1）采用价格指数调整价格差额

采用价格指数调整价格差额的方法，主要适用于施工中所用的材料品种较少，但每种材料使用量较大的土木工程，如公路、水坝等。其计算公式为

$$\Delta P=P_0\left[A+\left(B_1\times\frac{F_{t1}}{F_{01}}+B_2\times\frac{F_{t2}}{F_{02}}+B_3\times\frac{F_{t3}}{F_{03}}+\cdots+B_n\times\frac{F_{tn}}{F_{0n}}\right)-1\right] \tag{5.5}$$

式中：ΔP——需调整的价格差额；

P_0——根据进度付款、竣工付款和最终结清等付款证书中，承包人应得到的已完成工程量的金额；此项金额应不包括价格调整、不计质量保证金的扣留和支付、预付款的支付和扣回；变更及其他金额已按现行价格计价的，也不计在内；

A——定值权重（即不调部分的权重）；

B_1，B_2，B_3，…，B_n——各可调因子的变值权重（即可调部分的权重）为各可调因子在投标函投标总报价中所占的比例；

F_{t1}、F_{t2}、F_{t3}，…，F_{tn}——各可调因子的现行价格指数，指根据进度付款、竣工付款和最终结清等约定的付款证书相关周期最后一天的前 42 天的各可调因子的价格指数；

F_{01}，F_{02}，F_{03}，…，F_{0n}——各可调因子的基本价格指数，指基准日的各可调因子的价格指数。

【特别提示】

以上价格调整公式中的各可调因子、定值和变值权重，以及基本价格指数及其来源在投标函附录价格指数和权重表中约定。价格指数应首先采用工程造价管理机构提供的价格指数，缺乏上述价格指数时，可采用工程造价管理机构提供的价格代替。

在计算调整差额时得不到现行价格指数的，可暂用上一次价格指数计算，并在以后的付款中再按实际价格指数进行调整。

按变更范围和内容所约定的变更，导致原定合同中的权重不合理时，由承包人和发包人协商后进行权重的调整。

由于发包人原因导致工期延误的，则对于计划进度日期（或竣工日期）后续施工的工程，在使用价格调整公式时，应采用计划进度日期（或竣工日期）与实际进度日期（或竣工日期）的两个价格指数中较高者作为现行价格指数。

由于承包人原因导致工期延误的，则对于计划进度日期（或竣工日期）后续施工的工程，在使用价格调整公式时，应采用计划进度日期（或竣工日期）与实际进度日期（或竣工日期）的两个价格指数中较低者作为现行价格指数。

应用案例5-4

某城市某土建工程，合同规定结算款为100万元，合同原始报价日期为2014年3月，工程于2015年2月建成交付使用。根据表5.1中所列工程人工费、材料费构成比例以及有关价格指数，计算需要调整的价格差额。

表5.1　工程人工费、材料费构成比例以及有关价格指数

项目	人工费	钢材	水泥	集料	一级红砖	砂	木材	不调值费用
比例	45%	11%	11%	5%	6%	3%	4%	15%
2014年3月指数	100	100.8	102.0	93.6	100.2	95.4	93.4	—
2015年2月指数	110.1	98.0	112.9	95.9	98.9	91.1	117.9	—

【解】 需要调整的价格差额=100×[0.15+(0.45×110.1/100+0.11×98.0/100.08+0.11×112.9/102.0+0.05×95.9/93.6+0.06×98.9/100.2+0.03×91.1/95.4+0.04×117.9/93.4−1] ≈ 100×0.0642=6.42（万元）

通过调整，2015年2月实际结算的工程价款，比原始合同应多结6.42万元。

2）采用造价信息调整价格差额

采用造价信息调整价格差额的方法，主要适用于使用的材料品种较多，相对而言每种材料使用量较小的房屋建筑与装饰工程。

施工合同履行期间，因人工、材料、工程设备和施工机械台班价格波动影响合同价格时，人工、施工机械使用费按照国家或省、自治区、直辖市建设行政管理部门、行业建设管理部门或其工程造价管理机构发布的人工成本信息、施工机械台班单价或施工机械使用费系数进行调整;需要进行价格调整的材料，其单价和采购数量应由发包人复核，发包人确认需调整的材料单价及数量，作为调整合同价款差额的依据。

（1）人工单价发生变化时，发、承包双方应按省级或行业主管部门或其授权的工程造价管理机构发布的人工成本文件调整工程价款。

（2）材料、工程设备价格变化时，由发承包双方约定的风险范围按下列规定调整合同价款：

① 承包人投标报价中材料单价低于基准单价：施工期间材料单价涨幅以基准单价为基础超过合同约定的风险幅度值，或材料单价跌幅以投标报价为基础超过合同约定的风险幅度值时，其超过部分按实调整。

② 承包人投标报价中材料单价高于基准单价：施工期间材料单价跌幅以基准单价为基础超过合同约定的风险幅度值，或材料单价涨幅以投标报价为基础超过合同约定的风险幅度值时，其超过部分按实调整。

③ 承包人投标报价中材料单价等于基准单价：施工期间材料单价涨、跌幅以基准单价为基础超过合同约定的风险幅度值时，其超过部分按实调整。

④ 承包人应在采购材料前将采购数量和新的材料单价报送发包人核对，确认用于本合同工程时，发包人应确认采购材料的数量和单价。发包人在收到承包人报送的确认资料后 3 个工作日不予答复的视为已经认可，作为调整合同价款的依据。如果承包人未报经发包人核对即自行采购材料，再报发包人确认调整合同价款的，如发包人不同意，则不作调整。

(3) 施工机械台班单价或施工机械使用费发生变化超过省级或行业建设主管部门或其授权的工程造价管理机构规定的范围时，按其规定调整合同价款。

8. 暂估价

(1) 发包人在招标工程量清单中给定暂估价的材料、工程设备属于依法必须招标的，由发承包双方以招标的方式选择供应商，确定价格，并应以此为依据取代暂估价，调整合同价款。

(2) 发包人在招标工程量清单中给定暂估价的材料和工程设备不属于依法必须招标的，由承包人按照合同约定采购，经发包人确认单价后取代暂估价，调整合同价款。

（3）发包人在工程量清单中给定暂估价的专业工程不属于依法必须招标的，应按规定确定专业工程价款。并应以此为依据取代专业工程暂估价，调整合同价款。

（4）发包人在招标工程量清单中给定暂估价的专业工程，依法必须招标的，应当由发承包双方依法组织招标选择专业分包人，并接受有管辖权的建设工程招标投标管理机构的监督，还应符合下列要求：

① 除合同另有约定外，承包人不参与投标的专业工程分包招标，应由承包人作为招标人，但招标文件评标工作、评标结果应报送发包人批准。与组织招标工作有关的费用应当被认为已经包括在承包人的签约合同价（投标总报价）中。

② 承包人参加投标的专业工程分包招标，应由发包人作为招标人，与组织招标工

作有关的费用由发包人承担。同等条件下，应优先选择承包人中标。

③ 应以专业工程发包中标价为依据取代专业工程暂估价，调整合同价款。

9. 不可抗力

因不可抗力事件导致的费用，发、承包双方应按以下原则分别承担并调整工程价款。

（1）工程本身的损害、因工程损害导致第三方人员伤亡和财产损失以及运至施工场地用于施工的材料和待安装的设备的损害，由发包人承担。

（2）发包人、承包人人员伤亡由其所在单位负责，并承担相应费用。

（3）承包人的施工机械设备损坏及停工损失，由承包人承担。

（4）停工期间，承包人应发包人要求留在施工场地的必要的管理人员及保卫人员的费用由发包人承担。

（5）工程所需清理、修复费用，由发包人承担。

10. 提前竣工（赶工补偿）

招标人应依据相关工程的工期定额合理计算工期，压缩的工期天数不得超过定额工期的 20%，超过者，应在招标文件中明示增加赶工费用。发包人要求承包人提前竣工，应征得承包人同意后与承包人商定采取加快工程进度的措施，并修订合同工程进度计划。合同工程提前竣工，发包人应承担承包人由此增加的费用，并按照合同约定向承包人支付提前竣工（赶工补偿）费。发承包双方应在合同中约定提前竣工每日历天应补偿额度，此项费用应作为增加合同价款列入竣工结算文件中，与结算款一并支付。

11. 误期赔偿

如果承包人未按照合同约定施工，导致实际进度迟于计划进度的，发包人应要求承包人加快进度，实现合同工期。合同工程发生误期，承包人应赔偿发包人由此造成的损失，并按照合同约定向发包人支付误期赔偿费。即使承包人支付误期赔偿费，也不能免除承包人按照合同约定应承担的任何责任和应履行的任何义务。发承包双方应在合同中约定误期赔偿费，明确每日历天应赔额度，误期赔偿费列入竣工结算文件中，在结算款中扣除。如果在工程竣工之前，合同工程内的某单位工程已通过了竣工验收，且该单位工程接收证书中表明的竣工日期并未延误，而是合同工程的其他部分产生了工期延误，则误期赔偿费应按照已颁发工程接收证书的单位工程造价占合同价款的比例幅度予以扣减。

12. 索赔

索赔是指在工程合同履行过程中，合同一方当事人一方因非己方的原因而遭受损失，按合同约定或法律法规规定应由对方承担责任，从而向对方提出补偿的要求。本部分详细内容在课题 5.2 中介绍。

13. 现场签证

承包人应发包人要求完成合同以外的零星项目、非承包人责任事件等工作的，发包人应及时以书面形式向承包人发出指令，提供所需的相关资料；承包人在收到指令后，应及时向发包人提出现场签证要求。承包人应在收到发包人指令后的7天内，向发包人提交现场签证报告，报告中应写明所需的人工、材料和施工机械台班的消耗量等内容。发包人应在收到现场签证报告后的48小时内对报告内容进行核实，予以确认或提出修改意见。发包人在收到承包人现场签证报告后的48小时内未确认也未提出修改意见的，视为承包人提交的现场签证报告已被发包人认可。现场签证的工作如已有相应的计日工单价，则现场签证中应列明完成该类项目所需的人工、材料、工程设备和施工机械台班的数量。如现场签证的工作没有相应的计日工单价，应在现场签证报告中列明完成该签证工作所需的人工、材料设备和施工机械台班的数量及其单价。合同工程发生现场签证事项，未经发包人签证确认，承包人便擅自施工的，除非征得发包人同意，否则发生的费用由承包人承担。现场签证工作完成后的7天内，承包人应按照现场签证内容计算价款，报送发包人确认后，作为追加合同价款，与工程进度款同期支付。

【知识链接】

经承包人提出，发包人核实并确认后的现场签证表如表5.2所示。

表5.2 现场签证表

工程名称：　　　　　　　　　　标段：　　　　　　　　　　编号：

施工部位		日期	
致：＿＿＿＿＿＿＿＿＿＿＿＿（发包人全称） 根据＿＿＿（指令人姓名）＿＿年＿＿月＿＿日的口头指令或你方＿＿＿（或监理人）＿＿年＿＿月＿＿日的书面通知，我方要求完成此项工作应支付价款金额为（大写）＿＿＿（小写）＿＿＿，请予核准。 附：1. 签证事由及原因 2. 附图及计算式 承包人（章） 造价人员＿＿＿ 承包人代表＿＿＿ 日期＿＿＿			
复核意见： 你方提出的此项签证申请经复核： □不同意此项签证，具体意见见附件 □同意此项签证，签证金额的计算，由造价工程师复核 监理工程师＿＿＿ 日　期＿＿＿		复核意见： □此项签证按承包人中标的计日工单价计算，金额为（大写）＿＿＿元，（小写＿＿＿元） □此项签证因无计日工单价，金额为（大写）＿＿＿元，（小写＿＿＿） 造价工程师＿＿＿ 日　期＿＿＿	
审核意见： □不同意此项签证 □同意此项签证，价款与本期进度款同期支付 发包人（章） 发包人代表＿＿＿ 日　期＿＿＿			

注：1. 在选择栏中的“□”内作标识“√”。

2. 本表一式四份，由承包人在收到发包人（监理人）的口头或书面通知后填写，发包人、监理人、造价咨询人、承包人各存一份。

14. 暂列金额

已签约合同价中的暂列金额由发包人掌握。发包人按规定所作支付金额后，暂列金额如有余额归发包人。

5.1.3　工程合同价款调整的程序

工程合同价款调整的程序

（1）出现合同价款调增事项（不含工程量偏差、计日工、现场签证、施工索赔）后的 14 天内，承包人应向发包人提交合同价款调增报告并附上相关资料，若承包人在 14 天内未提交合同价款调增报告的，视为承包人对该事项不存在调整价款。

（2）发包人应在收到承包人合同价款调增报告及相关资料之日起 14 天内对其核实，予以确认的应书面通知承包人。如有疑问，应向承包人提出协商意见。发包人在收到合同价款调增报告之日起 14 天内未确认也未提出协商意见的，视为承包人提交的合同价款调增报告已被发包人认可。发包人提出协商意见的，承包人应在收到协商意见后的 14 天内对其核实，予以确认的应书面通知发包人。如承包人在收到发包人的协商意见后 14 天内既不确认也未提出不同意见的，视为发包人提出的意见已被承包人认可。

（3）如发包人与承包人对不同意见不能达成一致的，只要不实质影响发承包双方履约的，双方应实施该结果，直到其按照合同争议的解决被改变为止。

（4）出现合同价款调减事项（不含工程量偏差、施工索赔）后的 14 天内，发包人应向承包人提交合同价款调减报告并附相关资料，若发包人在 14 天内未提交合同价款调减报告的，视为发包人对该事项不存在调整价款。

（5）经发承包双方确认调整的合同价款，作为追加（减）合同价款，与工程进度款或结算款同期支付。

5.1.4　FIDIC 合同条件下的工程变更

FIDIC 合同条件下的工程变更

在 FIDIC 合同条件下，业主提供的设计一般较为粗略，有的设计（施工图）是由承包商完成的，因此设计变更少于我国施工合同条件下的施工。

1. 工程变更的范围

由于工程变更属于合同履行过程中的正常管理工作，工程师可以根据施工进展的实际情况，在认为必要时就以下几个方面发布变更指令。

（1）对合同中任何工作工程量的改变；
（2）任何工作质量或其他特性的变更；
（3）工程任何部分标高、位置和尺寸的改变；
（4）删减任何合同约定的工作内容；
（5）新增工程按单独合同对待；
（6）改变原定的施工顺序或时间安排。

2. 变更程序

颁发工程接收证书前的任何时间，工程师可以通过发布变更指示或以要求承包商递交建议书的任何一种方式提出变更。

(1) 指令变更。工程师在业主授权范围内根据施工现场的实际情况，在确属需要时有权发布变更指示。指示的内容应包括详细的变更内容、变更工程量、变更项目的施工技术要求和有关部门文件图纸，以及变更处理的原则。

(2) 要求承包商递交建议书后再确定的变更。其程序为：

① 工程师将计划变更事项通知承包商，并要求其递交实施变更的建议书；

② 承包商应尽快予以答复；

③ 工程师做出是否变更的决定，尽快通知承包商说明批准与否或提出意见；

④ 承包商在等待答复期间，不应延误任何工作；

⑤ 工程师发出每一项实施变更的指示，应要求承包商记录支出的费用；

⑥ 承包商提出的变更建议书，只是作为工程师决定是否实施变更的参考。

3. 变更估价

(1) 变更估价的原则。承包人按照工程师的变更指示实施变更工作后，往往会涉及对变更工程的估价问题。变更工程的价格或费率，往往是双方协商时的焦点。计算变更工程应采用的费率或价格，可分为 3 种情况：

① 变更工作在工程量表中有同种工作内容的单价或价格，应以该单价计算变更工程费用。实施变更工作未引起工程施工组织和施工方法发生实质性变动，不应调整该项目的单价。

② 工程量表中虽然列有同类工作的单价或价格，但对具体变更工作而言已不适用，则应在原单价或价格的基础上制定合理的新单价或价格。

③ 变更工作的内容在工程量表中没有同类工作的单价或价格，应按照与合同单价水平相一致的原则，确定新的单价或价格。任何一方不能以工程量表中没有此项价格为借口，将变更工作的单价定得过高或过低。

(2) 可以调整合同工作单价的原则。具备以下条件时，允许对某一项工作规定的单价或价格加以调整。

① 此项工作实际测量的工程量比工程量表或其他报表中规定的工程量的变动大于 10%。

② 工程量的变更与对该项工作规定的具体单价的乘积超过了接受的合同款额的 0.01%。

③ 由此工程量的变更直接造成该项工作每单位工程量费用的变动超过 1%。

(3) 删减原定工作后对承包商的补偿。工程师发布删减工作的变更指示后承包商不再实施部分工作，合同价款中包括的直接费部分没有受到损害，但摊销在该部分的间接费、税金和利润则实际不能合理回收。因此承包商可以就其损失向工程师发出通知并提

供具体的证明资料，工程师与合同双方协商后确定一笔补偿金额加入到合同价内。

课题 5.2　工 程 索 赔

5.2.1　索赔的概念及分类

索赔的概念及分类

索赔是指在工程合同履行过程中，合同一方当事人一方因非己方的原因而遭受损失，按合同约定或法律法规规定应由对方承担责任，从而向对方提出补偿的要求。索赔有较广泛的含义，可以概括为如下 3 个方面。

（1）一方违约使另一方蒙受损失，受损方向对方提出赔偿损失的要求。

（2）发生应由业主承担责任的特殊风险或遇到不利自然条件等情况，使承包人蒙受较大损失而向业主提出补偿损失要求。

（3）承包人本人应当获得的正当利益，由于没能及时得到监理工程师的确认和业主应给予的支付，而以正式函件向业主索赔。

工程索赔从不同的角度可以进行不同的分类，但最常见的是按当事人的不同和索赔的目的不同进行分类。

1. 按索赔有关当事人不同分类

（1）承包人同业主之间的索赔。这是承包施工中最普遍的索赔形式，最常见的是承包人向业主提出的工期索赔和费用索赔。有时，业主也向承包人提出经济赔偿的要求，即“反索赔”。

（2）总承包人和分包人之间的索赔。总承包人和分包人，按照他们之间所签订的分包合同，都有向对方提出索赔的权利，以维护自己的利益，获得额外开支的经济补偿。分包人向总承包人提出的索赔要求，经过总承包人审核后，凡是属于业主方面责任范围内的事项，均由总承包人汇总后向业主提出；凡是属于总承包人责任范围内的事项，则由总承包人同分包人协商解决。

2. 按索赔的目的不同分类

（1）工期索赔。承包人向发包人要求延长工期，合理顺延合同工期。由于合理的工期延长，可以使承包人免于承担误期罚款（或误期损害赔偿金）。

（2）费用索赔。承包人要求取得合理的经济补偿，即要求发包人补偿不应该由承包人自己承担的经济损失或额外费用，或者发包人向承包人要求因为承包人违约导致业主的经济损失补偿。

3. 按索赔事件的性质不同分类

根据索赔事件的性质不同，可以将工程索赔分为：

（1）工程延误索赔。因发包人未按合同要求提供施工条件，或因发包人指令工程暂停或不可抗力事件等原因造成工期拖延的，承包人可以向发包人提出索赔；如果由于承包人原因导致工期拖延，发包人可以向承包人提出索赔。

（2）加速施工索赔。由于发包人指令承包人加快施工速度、缩短工期、引起承包人的人力、物力、财力的额外开支，承包人提出的索赔。

（3）工程变更索赔。由于发包人指令增加或减少工程量或增加附加工程、修改设计、变更工程顺序等，造成工期延长或费用增加，承包人就此提出索赔。

（4）合同终止的索赔。由于发包人违约或发生不可抗力事件等原因造成合同非正常终止，承包人因其遭受经济损失而提出索赔。如果由于承包人的原因导致合同非正常终止，或者合同无法继续履行，发包人可以就此提出索赔。

（5）不可预见的不利条件索赔。承包人在工程施工期间，施工现场遇到一个有经验的承包人通常不能合理预见的不利施工条件或外界障碍，例如地质条件与发包人提供的资料不符，出现不可预见的地下水、地质断层、溶洞、地下障碍物等，承包人可以就因此遭受的损失提出索赔。

（6）不可抗力事件的索赔。工程施工期间，因不可抗力事件的发生而遭受损失的一方，可以根据合同中对不可抗力风险分担的约定，向双方当事人提出索赔。

（7）其他索赔。如因货币贬值、汇率变化、物价上涨、政策法令变化等原因引起的索赔。

《标准施工招标文件》（2007 年版）的通用合同条款中，按照引起索赔事件的原因不同，对一方当事人提出的索赔可能给予合理补偿工期、费用和（或）利润的情况，分别作出了相应的规定。其中，引起承包人索赔的事件以及可能得到的合理补偿内容如表 5.3 所示。

表 5.3 《标准施工招标文件》中承包人的索赔事件及可补偿内容

序号	条款号	索赔事件	可补偿内容		
			工期	费用	利润
1	1.6.1	迟延提供图纸	√	√	√
2	1.10.1	施工中发现文物、古迹	√	√	
3	2.3	迟延提供施工场地	√	√	√
4	3.4.5	监理人指令迟延或错误	√	√	
5	4.11	施工中遇到不利物质条件	√	√	
6	5.2.4	提前向承包人提供材料、工程设备		√	
7	5.2.6	发包人提供材料、工程设备不合格或迟延提供或变更交货地点	√	√	√
8	5.4.3	发包人更换其提供的不合格材料、工程设备	√	√	
9	8.3	承包人依据发包人提供的错误资料导致测量放线错误	√	√	√
10	9.2.6	因发包人原因造成承包人人员工伤事故		√	
11	11.3	因发包人原因造成工期延误	√	√	√
12	11.4	异常恶劣的气候条件导致工期延误	√		
13	11.6	承包人提前竣工		√	
14	12.2	发包人暂停施工造成工期延误	√	√	√

续表

序号	条款号	索赔事件	可补偿内容		
			工期	费用	利润
15	12.4.2	工程暂停后因发包人原因无法按时复工	√	√	√
16	13.1.3	因发包人原因导致承包人工程返工	√	√	√
17	13.5.3	监理人对已经覆盖的隐蔽工程要求重新检查且检查结果合格	√	√	√
18	13.6.2	因发包人提供的材料、工程设备造成工程不合格	√	√	√
19	14.1.3	承包人应监理人要求对材料、工程设备和工程重新检验且检验结果合格	√	√	√
20	16.2	基准日后法律的变化		√	
21	18.4.2	发包人在工程竣工前提前占用工程	√	√	√
22	18.6.2	因发包人的原因导致工程试运行失败		√	√
23	19.2.3	工程移交后因发包人原因出现新的缺陷或损坏的修复		√	√
24	19.4	工程移交后因发包人原因出现的缺陷修复后的试验和试运行		√	
25	21.3.1　（4）	因不可抗力停工期间应监理人要求照管、清理、修复工程		√	
26	21.3.1　（4）	因不可抗力造成工期延误	√		
27	22.2.2	因发包人违约导致承包人暂停施工	√	√	√

5.2.2　索赔成立的条件和依据

索赔成立的条件和依据

1. 索赔成立的条件

承包人工程索赔成立的基本条件包括：

（1）索赔事件已造成了承包人直接经济损失或工期延误。

（2）造成费用增加或工期延误的索赔事件是非因承包人的原因发生的。

（3）承包人已经安装工程施工合同规定的期限和程序提交了索赔意向通知、索赔报告及相关证明材料。

2. 索赔的依据

提出索赔和处理索赔都要依据下列文件或凭证：

（1）工程施工合同文件。工程施工合同是工程索赔中最关键和最主要的依据，工程施工期间，发承包双方关于工程的洽商、变更等书面协议或文件，也是索赔的重要依据。

（2）国家法律、法规。国家制定的相关法律、行政法规，是工程索赔的法律依据。工程项目所在地的地方性法规或地方政府规章，也可以作为工程索赔的依据，但应当在施工合同专用条款中约定为工程合同的适用法律。

（3）国家、部门和地方有关的标准、规范和定额。对于工程建设的强制性标准，是合同双方必须严格执行的；对于非强制性标准，必须在合同中有明确规定的情况下，才能作为索赔的依据。

（4）工程施工合同履行过程中与索赔事件有关的各种凭证。这是承包人因索赔事件所遭受费用或工期损失的事实依据，它反映了工程的计划情况和实际情况。

5.2.3 施工索赔的程序

1. 我国《标准施工招标文件》中规定的索赔程序

施工索赔的程序

(1)索赔的提出。根据合同约定,承包人认为有权得到追加付款和(或)延长工期的，应按以下程序向发包人提出索赔：

① 承包人应在知道或应当知道索赔事件发生后28天内,向监理人递交索赔意向通知书，并说明发生索赔事件的事由。承包人未在前述28天内发出索赔意向通知书的，丧失要求追加付款和（或）延长工期的权利。

② 承包人应在发出索赔意向通知书后28天内，向监理人正式递交索赔通知书。索赔通知书应详细说明索赔理由以及要求追加的付款金额和（或）延长的工期，并附必要的记录和证明材料。

③ 索赔事件具有连续影响的，承包人应按合理时间间隔继续递交延续索赔通知，说明连续影响的实际情况和记录，列出累计的追加付款金额和（或）工期延长天数。

④ 在索赔事件影响结束后的28天内，承包人应向监理人递交最终索赔通知书，说明最终要求索赔的追加付款金额和延长的工期，并附必要的记录和证明材料。

（2）承包人索赔处理程序。

① 监理人收到承包人提交的索赔通知书后，应及时审查索赔通知书的内容、查验承包人的记录和证明材料，必要时监理人可要求承包人提交全部原始记录副本。

② 监理人应按商定或确定追加的付款和（或）延长的工期，并在收到上述索赔通知书或有关索赔的进一步证明材料后的42天内，将索赔处理结果答复承包人。

③ 承包人接受索赔处理结果的，发包人应在做出索赔处理结果答复后28天内完成赔付。承包人不接受索赔处理结果的，按《标准施工招标文件》第24条的约定办理。

（3）承包人提出索赔的期限。承包人按约定接受了竣工付款证书后，应被认为已无权再提出在合同工程接收证书颁发前所发生的任何索赔。承包人按约定提交的最终结清申请单中，只限于提出工程接收证书颁发后发生的索赔。提出索赔的期限自接受最终结清证书时终止。

（4）在处理工程索赔时要注意的问题。

① 若承包人的费用索赔与工程延期索赔要求相关联时，发包人在做出费用索赔的批准决定时，应结合工程延期的批准，综合做出费用索赔和工程延期的决定。

② 若发包人认为由于承包人的原因造成额外损失，发包人应在确认引起索赔的事件后，按合同约定向承包人发出索赔通知。

③ 承包人在收到发包人索赔通知后，且在合同约定时间内，未向发包人做出答复，视为该项索赔已经认可。

④ 承包人应发包人要求完成合同以外的零星工作或非承包人责任事件发生时，承包人应按合同约定及时向发包人提出现场签证。

⑤ 发、承包双方确认的索赔与现场签证费用与工程进度款同期支付。

2. FIDIC合同条件规定的工程索赔程序

FIDIC合同条件只对承包商的索赔做出了规定，包括以下方面：

（1）承包商发出索赔通知。如果承包商认为有权得到竣工时间的任何延长期和（或）任何追加付款，承包商应当向工程师发出通知，说明索赔的事件或情况。该通知应当尽快在承包商察觉或者应当察觉该事件或情况后28天内发出。

（2）承包商未及时发出索赔通知的后果。如果承包商未能在上述28天期限内发出索赔通知，则竣工时间不得延长，承包商无权获得追加付款，而业主应免除有关该索赔的全部责任。

（3）承包商递交详细的索赔报告。在承包商察觉或者应当察觉该事件或情况后42天内，或在承包商可能建议并经工程师认可的其他期限内，承包商应当向工程师递交一份充分详细的索赔报告，包括索赔的依据、要求延长的时间和（或）追加付款的全部详细资料。如果引起索赔的事件或者情况具有连续影响，则：

① 上述充分详细索赔报告应被视为中间的。

② 承包商应当按月递交进一步的中间索赔报告，说明累计索赔延误时间和（或）金额，以及所有可能的合理要求的详细资料。

③ 承包商应当在索赔的事件或者情况产生影响结束后28天内，或在承包商可能建议并经工程师认可的其他期限内，递交一份最终索赔报告。

（4）工程师的答复。工程师在收到索赔报告或对过去索赔的任何进一步证明资料后42天内，或在工程师可能建议并经承包商认可的其他期限内，做出回应，表示批准、或不批准并附具体意见。工程师应当商定或者确定应给予竣工时间的延长期及承包商有权得到的追加付款。

5.2.4　索赔费用的计算

索赔费用的计算

1. 索赔费用的组成

索赔费用的内容与工程造价的构成基本类似，一般可以归结为人工费、材料费、施工机械使用费、现场管理费、总部（企业）管理费、保险费、保函手续费、利息、利润、分包费用等。

（1）人工费。人工费的索赔包括：由于完成合同之外的额外工作所花费的人工费用；超过法定工作时间加班劳动；法定人工费增长；非因承包商原因导致工效降低所增加的人工费用；非因承包商原因导致工程停工的人员窝工费和工资上涨费等。在计算停工损失中人工费时，通常采取人工单价乘以折算系数计算。

（2）材料费。材料费的索赔包括：由于索赔事件的发生造成材料实际用量超过计划用量而增加的材料费；由于发包人原因导致工程延期期间的材料价格上涨和超期储存费用。材料费中应包括：运输费，仓储费以及合理的损耗费用。如果由于承包商管理不善，造成材料损坏失效，则不能列入索赔款项内。

（3）施工机械使用费。施工机械使用费的索赔包括：由于完成合同之外的额外工作所增加的机械使用费；非因承包人原因导致工效降低所增加的机械使用费；由于发包人或工程师指令错误或迟延导致机械停工的台班停滞费。在计算机械设备台班停滞费时，不能按机械设备台班费计算，因为台班费中包括设备使用费。如果机械设备是承包人自有设备，一般按台班折旧费计算；如果是承包人租赁的设备，一般按台班租金加上每台班分摊的施工机械进退场费计算。

（4）现场管理费。现场管理费的索赔包括承包人完成合同之外的额外工作以及由于发包人原因导致工期延期期间的现场管理费，包括管理人员工资、办公费、通信费、交通费等。现场管理费索赔金额的计算公式为

现场管理费索赔金额=索赔的直接成本费用×现场管理费率　（5.6）

其中，现场管理费费率的确定可以选用下面的方法：

① 合同百分比法，即管理费比率在合同中规定。

② 行业平均水平法，即采用公开认可的行业标准费率。

③ 原始估价法，即采用投标报价时确定的费率。

④ 历史数据法，即采用以往相似工程的管理费费率。

（5）总部（企业）管理费。总部管理费的索赔主要是指由于发包人原因导致工程延期期间所增加的承包人向公司总部提交的管理费，包括总部职工工资、办公大楼折旧、办公用品、财务管理、通信设施以及总部领导人员赴工地检查指导工作等开支。总部管理费索赔金额的计算，目前还没有统一的方法。通常有以下几种方法。

① 按总部管理费的比率计算：

总部管理费索赔金额=(直接费索赔金额+现场管理费索赔金额)×总部管理费比率（%）　（5.7）

其中，总部管理费的比率可以按照投标书中的总部管理费比率计算（一般为3%～8%），也可以按照承办人公司总部统一规定的管理费比率计算。

② 按已获补偿的工程延期天数为基础计算。该方法是在承包人已经获得工程延期索赔的批准后，进一步获得总部管理费索赔的计算方法。计算步骤如下：

a．计算被延期工程应当分摊的总部管理费：

延期工程应分摊的总部管理费=同期公司计划总部管理费×延期工程合同价格/同期公司所有工程合同总价

b．计算被延期工程的日平均总部管理费：

延期工程的日平均总部管理费=延期工程应分摊的总部管理费/延期工程计划工期　（5.8）

c．计算索赔的总部管理费：

索赔的总部管理费=延期工程的日平均总部管理费×工程延期的天数　（5.9）

应用案例 5-5

单项选择：某工程合同价格为 5000 万元，计划工期是 200 天，施工期间因非承包

人原因导致工期延误 10 天，若同期该公司承揽的所有工程合同总价为 2.5 亿元，计划总部管理费为 1250 万元，则承包人可以索赔的总部管理费为（　　）万元。

A. 7.5　　B. 10　　C. 12.5　　D. 15

答案：C

【案例解析】 延期工程应分摊的总部管理费=1250×5000/25000=250（万元）

延期工程的日平均总部管理费=250/200=1.25（万元）

索赔的总部管理费：10×1.25=12.5（万元）

（6）保险费。因发包人原因导致工程延期时，承包人必须办理工程保险、施工人员意外伤害保险等各项保险的延期手续，对于由此而增加的费用，承包人可以提出索赔。

（7）保函手续费。因发包人原因导致工期延期时，承包人必须办理相关履约保函的延期手续，对于由此而增加的手续费，承包人可以提出索赔。

（8）利息。利息的索赔包括：发包人拖延支付工程款利息；发包人迟延退还工程保留金的利息；承包人垫资施工的垫资利息；发包人错误扣款的利息等。至于具体的利率标准，双方可以在合同中明确约定，没有约定或约定不明的，可以按照中国人民银行发布的同期同类贷款利率计算。

（9）利润。一般来说，由于工程范围的变更、发包人提供的文件有缺陷或错误、发包人未能提供施工场地以及因发包人违约导致的合同终止等事件引起的索赔，承包人都可以列入利润。由于一些引起索赔的事件，同时也可能是合同中约定的合同价款调整因素（如工程变更、法律法规的变化以及物价变化等），因此，对于已经进行了合同价款调整的索赔事件，承包人在费用索赔的计算时，不能重复计算。

（10）分包费用。由于发包人的原因导致分包工程费用增加时，分包人只能向总承包人提出索赔，但分包人的索赔款项应当列入总承包人对发包人的索赔款项中。分包费用索赔是指分包人的索赔费用，一般也包括与上述费用类似的内容索赔。

2. 费用索赔的计算方法

索赔费用的计算应以赔偿实际损失为原则，包括直接损失和间接损失。索赔费用的计算方法通常有三种，即实际费用法、总费用法和修正的总费用法。

1）实际费用法

实际费用法又称分项法，即根据索赔事件所造成的损失或成本增加，按费用项目逐项进行分析、计算索赔金额的方法。这种方法比较复杂，但能客观地反映施工单位的实际损失，比较合理，易于被当事人接受，在国际工程中被广泛采用。

由于索赔费用组成的多样化，不同原因引起的索赔，承包人可索赔的具体费用内容有所不同，必须具体问题具体分析。由于实际费用法所依据的是实际发生的成本记录或单据，所以，在施工过程中，系统而准确地积累记录资料是非常重要的。

2）总费用法

总费用法，也被称为总成本法，就是当发生多次索赔事件后，重新计算工程的实际总费用，再从该实际总费用中减去投标报价时的估算总费用，即为索赔金额。总费用法计算索赔金额的公式如下：

索赔金额=实际总费用-投标报价估算总费用 (5.10)

但是，在总费用法的计算方法中，没有考虑实际总费用中可能包括由于承包商的原因（如施工组织不善）而增加的费用，投标报价估算总费用也可能由于承包人为谋取中标而导致过低的报价，因此，总费用法并不十分科学。只有在难以精确地确定某些索赔事件导致的各项费用增加额时，总费用法才得以采用。

3）修正的总费用法

修正的总费用法是对总费用法的改进，即在总费用计算的原则上，去掉一些不合理的因素，使其更为合理。修正的内容如下：

（1）将计算索赔款的时段局限于受到索赔事件影响的时间，而不是整个施工期。

（2）只计算受到索赔事件影响时段内的某项工作所受影响的损失，而不是计算该时段内所有施工工作所受的损失。

（3）与该项工作无关的费用不列入总费用中。

（4）对投标报价费用重新进行核算，即按受影响时段内该项工作的实际单价进行核算，乘以实际完成的该项工作的工程量，得出调整后的报价费用。

按修正后的总费用计算索赔金额的公式如下：

索赔金额=某项工作调整后的实际总费用-该项工作的报价费用 (5.11)

修正的总费用法与总费用法相比，有了实质性的改进，它的准确程度已接近于实际费用法。

应用案例5-6

某施工合同约定，施工现场主导施工机械一台，由施工企业租得，台班单价为300元/台班，租赁费为100元/台班，人工工资为40元/工日，窝工补贴为10元/工日，以人工费为基数的综合费率为35%，在施工过程中，发生了如下事件：①出现异常恶劣天气导致工程停工2天，人员窝工30个工日；②因恶劣天气导致场外道路中断抢修道路用工20工日；③场外大面积停电，停工2天，人员窝工10工日。计算施工企业可向业主索赔费用。

【解】 各事件处理结果如下：

（1）异常恶劣天气导致的停工通常不能进行费用索赔。

（2）抢修道路用工的索赔额=20×40×(1+35%)=1080（元）。

（3）停电导致的索赔额=2×100+10×10=300（元）。

总索赔费用=1080+300=1380（元）。

3. 工期索赔的计算

工期索赔，一般是指承包人依据合同对由于非因自身原因导致的工期延误向发包人提出的工期顺延要求。

1）工期索赔中应当注意的问题

（1）划清施工进度拖延的责任。因承包人的原因造成施工进度滞后，属于不可原谅的延期；只有承包人不应承担任何责任的延误，才是可原谅的延期。有时工程延期的原因中可能包含有双方责任，此时监理人应进行详细分析，分清责任比例，只有可原谅延期部分才能批准顺延合同工期。可原谅延期，又可细分为可原谅并给予补偿费用的延期和可原谅但不给予补偿费用的延期；后者是指非承包人责任的影响并未导致施工成本的额外支出，大多属于发包人应承担风险责任事件的影响，如异常恶劣的气候条件影响的停工等。

（2）被延误的工作应是处于施工进度计划关键线路上的施工内容。只有位于关键线路上工作内容的滞后，才会影响到竣工日期。但有时也应注意，既要看被延误的工作是否在批准进度计划的关键路线上，又要详细分析这一延误对后续工作的可能影响。因为若对非关键路线工作的影响时间较长，超过了该工作可用于自由支配的时间，也会导致进度计划中非关键路线转化为关键路线，其滞后将影响总工期的拖延。此时，应充分考虑该工作的自由时间，给予相应的工期顺延，并要求承包人修改施工进度计划。

2）工期索赔的具体依据

承包人向发包人提出工期索赔的具体依据主要包括：

（1）合同约定或双方认可的施工总进度规划。

（2）合同双方认可的详细进度计划。

（3）合同双方认可的对工期的修改文件。

（4）施工日志、气象资料。

（5）业主或工程师的变更指令。

（6）影响工期的干扰事件。

（7）受干扰后的实际工程进度等。

3）工期索赔的计算方法

（1）直接法。如果某干扰事件直接发生在关键线路上，造成总工期的延误，可以直接将该干扰事件的实际干扰时间（延误时间）作为工期索赔值。

（2）比例计算法。如果某干扰事件仅仅影响某单项工程、单位工程或分部分项工程的工期，要分析其对总工期的影响，可以采用比例计算法。

① 已知受干扰部分工程的延期时间：

工期索赔值=受干扰部分工期拖延时间×受干扰部分工程的合同价格/原合同总价　（5.12）

② 已知额外增加工程量的价格：

工期索赔值=原合同总工期×额外增加的工程量的价格/原合同总价　（5.13）

比例计算法虽然简单方便，但有时不符合实际情况，而且比例计算法不适用于变更施工顺序、加速施工、删减工程量等事件的索赔。

（3）网络图分析法。网络图分析法是利用进度计划的网络图，分析其关键线路。如果延误的工作为关键工作，则延误的时间为索赔的工期；如果延误的工作为非关键工作，当该工作由于延误超过时差而成为关键工作时，可以索赔延误时间与时差的差值；若该工作延误后仍为非关键工作，则不存在工期索赔问题。

该方法通过分析干扰事件发生前和发生后网络计划的计算工期之差来计算工期索赔值，可以用于各种干扰事件和多种干扰事件共同作用所引起的工期索赔。

应用案例 5-7

某工程网络计划有三条独立的路线 A—D、B—E、C—F，其中 B—E 为关键线路，TF_A= TF_D=2 天，TF_C = TF_F=4 天，承发包双方已签订施工合同，合同履行过程中，因业主原因使 B 工作延误 4 天，因施工方案原因使 D 工作延误 8 天，因不可抗力使 D、E、F 工作延误 10 天，则施工方就上述事件可向业主提出的工期索赔的总天数为（　　）天。

A. 42　　　　B. 24　　　　C. 14　　　　D. 4

答案：C

【案例解析】 首先应作出判断：只有业主原因和不可抗力引起的延误才可以提出工期索赔。经过各个工序的延误后可以发现，关键路线依然是 B—E，一共延误了 14 天，所以工期索赔总天数为 14 天。

4）共同延误的处理

在实际施工过程中，工期拖期很少是只由一方造成的，往往是两三种原因同时发生（或相互作用）而形成的，故称为“共同延误”。在这种情况下，要具体分析哪一种情况延误是有效的，应依据以下原则：

（1）首先判断造成拖期的哪一种原因是最先发生的，即确定“初始延误”者，它应对工程拖期负责。在初始延误发生作用期间，其他并发的延误者不承担拖期责任。

（2）如果初始延误者是发包人原因，则在发包人原因造成的延误期内，承包人既可得到工期延长，又可得到经济补偿。

（3）如果初始延误者是客观原因，则在客观因素发生影响的延误期内，承包人可以得到工期延长，但很难得到费用补偿。

（4）如果初始延误者是承包人原因，则在承包人原因造成的延误期内，承包人既不能得到工期补偿，也不能得到费用补偿。

应用案例 5-8

某工程项目采用了固定单价施工合同。工程招标文件参考资料中提供的用砂地点距工地 4 公里。但是开工后，检查该砂质量不符合要求，承包商只得从另一距工地 20 公里的供砂地点采购。而在一个关键工作面上又发生了 4 项临时停工事件：

事件 1：5 月 20 日至 5 月 26 日承包商的施工设备出现了从未出现过的故障；

事件 2：应于 5 月 24 日交给承包商的后续图纸直到 6 月 10 日才交给承包商；

事件 3：6 月 7 日至 6 月 12 日施工现场下了罕见的特大暴雨；

事件 4：6 月 11 日至 6 月 14 日的该地区的供电全面中断。

【问题】

1. 承包商的索赔要求成立的条件是什么？

2. 由于供砂距离的增大，必然引起费用的增加，承包商经过仔细认真计算后，在业主指令下达的第三天，向业主的造价工程师提交了将原用砂单价每吨提高 5 元人民币的索赔要求。该索赔要求是否成立？为什么？

3. 若承包商对因业主原因造成的窝工损失进行索赔时，要求设备窝工损失按台班价格计算，人工的窝工损失按日工资标准计算是否合理？如不合理应怎样计算？

4. 承包商按规定的索赔程序针对上述 4 项临时停工事件向业主提出了索赔，试说明每项事件工期和费用索赔能否成立？为什么？

5. 试计算承包商应得到的工期和费用索赔是多少（如果费用索赔成立，则业主按 2 万元人民币/天补偿给承包商）？

6. 在业主支付给承包商的工程进度款中是否应该扣除因设备故障引起的竣工拖期违约损失赔偿金？为什么？

【案例解析】

问题 1，承包商的索赔要求成立必须同时具备四个条件：①与合同相比较，已造成了实际的额外费用或工期损失；②造成费用增加或工期损失不是由于承包商的过失引起的；③造成费用增加或工期损失不是应由承包商承担的风险；④承包商在事件发生后的规定时间内提出了索赔的书面意向通知和索赔报告。

问题 2，因供砂距离增大提出的索赔不能被批准，原因是：承包商应对自己就招标文件的解释负责；承包商应对自己报价的正确性与完备性负责；作为一个有经验的承包商可以通过现场踏勘确认招标文件参考资料中提供的用砂质量是否合格，若承包商没有通过现场踏勘发现用砂质量问题，其相关风险应由承包商承担。

问题 3，不合理。因窝工闲置的设备按折旧费或停滞台班费或租赁费计算，不包括运转费部分；人工费损失应考虑这部分工作的工人调做其他工作时工效降低的损失费用；一般用工日单价乘以一个测算的降效系数计算这一部分损失，而且只按成本费用计算，不包括利润。

问题 4，事件 1：工期和费用索赔均不成立，因为设备故障属于承包商应承担的风险。

事件 2：工期和费用索赔均成立，因为延误图纸属于业主应承担的风险。

事件 3：特大暴雨属于双方共同的风险，工期索赔成立，设备和人工的窝工费用索赔不成立。

事件 4：工期和费用索赔均成立，因为停电属于业主应承担的风险。

问题 5，事件 2：5 月 27 日至 6 月 9 日，工期索赔 14 天，费用索赔 14 天×2 万元/天=28 万元。

事件 3：6 月 10 日至 6 月 12 日，工期索赔 3 天。

事件 4：6 月 13 日至 6 月 14 日，工期索赔 2 天，费用索赔 2 天×2 万元/天=4 万元。

合计：工期索赔 19 天，费用索赔 32 万元。

问题6，业主不应在支付给承包商的工程进度款中扣除竣工拖期违约损失赔偿金。因为设备故障引起的工程进度拖延不等于竣工工期的延误。如果承包商能够通过施工方案的调整将延误的工期补回，不会造成工期延误。如果承包商不能通过施工方案的调整将延误的工期补回，将会造成工期延误。所以，工期提前奖励或拖期罚款应在竣工时处理。

5.2.5 索赔报告的内容

一个完整的索赔报告应包括以下4个部分。

索赔报告的内容

1. 总论部分

一般包括序言、索赔事项概述、具体索赔要求和索赔报告编写及审核人员名单。

2. 根据部分

本部分主要是说明自己具有的索赔权利，这是索赔能否成立的关键。根据部分的内容主要来自该工程项目的合同文件，并参照有关法律规定。该部分中施工单位应引用合同中的具体条款，说明自己理应获得经济补偿或工期延长。

3. 计算部分

索赔计算的目的，是以具体的计算方法和计算过程，说明自己应得经济补偿的款额或延长时间。如果说根据部分的任务是解决索赔能否成立，则计算部分的任务就是决定应得到多少索赔款额和工期。

4. 证据部分

证据部分包括该索赔事件所涉及的一切证据资料，以及对这些证据的说明，证据是索赔报告的重要组成部分，没有翔实可靠的证据，索赔是不能成功的。在引用证据时，要注意该证据的效力或可信程度。为此，对重要的证据资料最好附以文字证明或确认件。

课题 5.3 工程计量与合同价款结算

对承包人已经完成的合格工程进行计量并予以确认，是发包人支付工程价款的前提工作。因此，工程计量不仅是发包人控制施工阶段工程造价的关键环节，也是约束承包人履行合同义务的重要手段。

工程计量

5.3.1 工程计量

1. 工程计量的概念

工程计量，是发承包双方根据合同约定，对承包人完成合同工程的数量进行的计算和确认。具体地说，就是双方根据设计图纸、技术规范以及施工合同约定的计量方式和计算方法，对承包人已经完成的质量合格的工程实体数量进行测量与计算，并以物理计量单位或自然计量单位进行表示、确认的过程。

招标工程量清单中所列的数量，通常是根据设计图纸计算的数量，是对合同工程的估计工程量。工程施工过程中，通常会由于一些原因导致承包人实际完成的工程量与工程量清单中所列的工程量不一致，比如：招标工程量清单缺项、漏项或项目特征描述与实际不符；工程变更；现场施工条件的变化；现场签证；暂列金额中的专业工程发包等。因此，在工程合同价款结算前，必须对承包人履行合同义务所完成的实际工程进行准确的计量。

2. 工程计量的原则

（1）不符合合同文件要求的工程不予计量。即工程必须满足设计图纸、技术规范等合同文件对其在工程质量上的要求，同时有关的工程质量验收资料齐全、手续完备，满足合同文件对其在工程管理上的要求。

（2）按照合同文件所规定的方法、范围、内容和单位计量。工程计量的方法、范围、内容和单位受合同文件所约束，其中工程量清单（说明）、技术规范、合同条款均会从不同角度、不同侧面涉及这方面的内容。在计量中要严格遵循这些文件的规定，并且一定要结合起来使用。

（3）因承包人原因造成的超出合同工程范围施工或返工的工程量，发包人不予计量。

3. 工程计量的范围与依据

（1）工程计量的范围。包括：工程量清单及工程变更所修订的工程量清单的内容；合同文件中规定的各种费用支付项目，如费用索赔、各种预付款、价格调整、违约金等。

（2）工程计量的依据。包括：工程量清单及说明；合同图纸；工程变更令及其修订的工程量清单；合同条件；技术规范；有关计量的补充协议；质量合格证书等。

5.3.2 工程计量的方法

工程计量方法

工程量必须按照相关工程现行国家计量规范规定的工程量计算规则计算。工程计量可选择按月或按工程形象进度分段计量，具体计量周期在合同中约定。因承包人原因造成的超出合同工程范围施工或返工的工程量，发包人不予计量。通常区分单价合同和总价合同规定不同的计量方法，成本加酬金合同按照单价合同的计量规定进行计量。

1. 单价合同计量

单价合同工程量必须以承包人完成合同工程应予计量的按照现行国家计量规范规定的工程量计算规则计算得到的工程量确定。施工中工程计量时，若发现招标工程量清单中出现缺项、工程量偏差，或因工程变更引起工程量的增减，应按承包人在履行合同义务中完成的工程量计算。具体的计量方法如下：

（1）承包人应当按照合同约定的计量周期和时间，向发包人提交当期已完工程量报告。发包人应在收到报告后 7 天内核实，并将核实计量结果通知承包人。发包人未在约定时间内进行核实的，则承包人提交的计量报告中所列的工程量视为承包人实际完成的工程量。

（2）发包人认为需要进行现场计量核实时，应在计量前 24 小时通知承包人，承包人应为计量提供便利条件并派人参加。双方均同意核实结果时，则双方应在上述记录上签字确认。承包人收到通知后不派人参加计量，视为认可发包人的计量核实结果。发包人不按照约定时间通知承包人，致使承包人未能派人参加计量，计量核实结果无效。

（3）如果承包人认为发包人的计量结果有误，应在收到计量结果通知后的 7 天内向发包人提出书面意见，并附上其认为正确的计量结果和详细的计算资料。发包人收到书面意见后，应对承包人的计量结果进行复核后通知承包人。承包人对复核计量结果仍有异议的，按照合同约定的争议解决办法处理。

（4）承包人完成已标价工程量清单中每个项目的工程量后，发包人应要求承包人派员共同对每个项目的历次计量报表进行汇总，以核实最终结算工程量。发承包双方应在汇总表上签字确认。

2. 总价合同计量

采用经审定批准的施工图纸及其预算方式发包形成的总价合同，除按照工程变更规定引起的工程量增减外，总价合同各项目的工程量是承包人用于结算的最终工程量。总价合同约定的项目计量应以合同工程经审定批准的施工图纸为依据，发承包双方应在合同中约定工程计量的形象目标或时间节点进行计量。具体的计量方法如下：

（1）承包人应在合同约定的每个计量周期内，对已完成的工程进行计量，并向发包人提交达到工程形象目标完成的工程量和有关计量资料的报告。

（2）发包人应在收到报告后 7 天内对承包人提交的上述资料进行复核，以确定实际完成的工程量和工程形象目标。对其有异议的，应通知承包人进行共同复核。

应用案例 5-9

多项选择：工程量必须按照相关工程现行国家计量规范规定的工程量计算规则计算。以下说法正确的是（　　）。

A. 因承包人原因造成的超出合同工程范围施工或返工的工程量，发包人不予计量

B. 规定单价合同、总价合同、成本加酬金合同适用一样的计量方法

C. 成本加酬金合同按照单价合同的计量规定进行计量

D. 单价合同若发现招标工程量清单中出现缺项、工程量偏差，或因工程变更引起工程量的增减，应按承包人在履行合同义务中完成的工程量计算

E. 总价合同除按照工程变更规定引起的工程量增减外，总价合同各项目的工程量是承包人用于结算的最终工程量

答案：ACDE

【案例解析】 单价合同和总价合同规定不同的计量方法。

预付款

5.3.3　预付款

1. 预付款的概念

工程预付款是指建设工程施工合同订立后，由发包人按照合同约定，在正式开工前预先支付给承包人的工程款。它是施工准备和所需要材料、结构件等流动资金的主要来源，国内习惯上又称为预付备料款。

2. 预付款的支付

1）工程预付款的额度

各地区、各部门的规定不完全相同，主要是保证施工所需材料和构件的正常储备。工程预付款额度一般是根据施工工期、建安工作量、主要材料和构件费用占建安工程费的比例以及材料储备周期等因素经测算来确定。

（1）百分比法。发包人根据工程的特点、工期长短、市场行情、供求规律等因素，招标时在合同条件中约定工程预付款的百分比。根据《建设工程价款结算暂行办法》的规定，预付款的比例原则上不低于合同金额的10%，不高于合同金额的30%。承包人对预付款必须专用于合同工程。

（2）公式计算法。公式计算法是根据主要材料（含结构件等）占年度承包工程总价的比重，材料储备定额天数和年度施工天数等因素，通过公式计算预付款额度的一种方法。其计算公式为：

$$\text{工程预付款数额}=\frac{\text{工程造价}\times\text{材料比重（\%）}}{\text{年度施工天数}}\times\text{材料储备定额天数} \tag{5.14}$$

式中，年度施工天数按 365 天日历天计算；材料储备定额天数由当地材料供应的在途天数、加工天数、整理天数、供应间隔天数、保险天数等因素决定。

2）预付款的支付时间

根据《建设工程价款结算暂行办法》的规定，在具备施工条件的前提下，发包人应在双方签订合同后的一个月内或不迟于约定的开工日期前的 7 天内预付工程款，发包人不按约定预付，承包人应在预付时间到期后 10 天内向发包人发出要求预付的通知，发包人收到通知后仍不按要求预付，承包人可在发出通知 14 天后停止施工，发包人应从约定应付之日起向承包人支付应付款的利息（利率按同期银行贷款利率计），并承担违约责任。

（1）承包人应在签订合同或向发包人提供与预付款等额的预付款保函（如有）后向发包人提交预付款支付申请。

（2）发包人应在收到支付申请的 7 天内进行核实后向承包人发出预付款支付证书，并在签发支付证书后的 7 天内向承包人支付预付款。

（3）发包人没有按合同约定按时支付预付款的，承包人可催告发包人支付；发包人在预付款期满后的 7 天内仍未支付的，承包人可在付款期满后的第 8 天起暂停施工。发包人应承担由此增加的费用和（或）延误的工期，并向承包人支付合理利润。

3）预付款的扣回

发包人支付给承包人的工程预付款属于预支性质，随着工程的逐步实施后，原已支付的预付款应以充抵工程价款的方式陆续扣回，抵扣方式应当由双方当事人在合同中明确约定。扣款的方法主要有以下两种：

（1）按合同约定扣款。预付款的扣款方法由发包人和承包人通过洽商后在合同中予以确定，一般是在承包人完成金额累计达到合同总价的一定比例后，由承包人开始向发包人还款，发包方从每次应付给承包人的金额中扣回工程预付款，发包人至少在合同规定的完工期前将工程预付款的总金额逐次扣回。国际工程中的扣款方法一般为：当工程进度款累计金额超过合同价格的10%～20%时开始起扣，每月从进度款中按一定比例扣回。

（2）起扣点计算法。从未施工工程尚需的主要材料及构件的价值相当于工程预付款数额时起扣，此后每次结算工程价款时，按材料所占比重扣减工程价款，至工程竣工前全部扣清。起扣点的计算公式如下：

$$T = P - \frac{M}{N} \tag{5.15}$$

式中：T——起扣点（即工程预付款开始扣回时）的累计完成工程金额；

M——工程预付款总额；

N——主要材料及构件所占比重；

P——承包工程合同总额。

应用案例 5-10

某项工程合同价 100 万，预付备料款数额为 24 万，主要材料、构件所占比重 60%。问：起扣点为多少万元？

【解】

按起扣点计算公式：$T=P-M/N=100-24/60\%=60$（万元）

则当工程量完成 60 万元时，本项工程预付款开始起扣。

3. 预付款担保

（1）预付款担保的概念及作用。预付款担保是指承包人与发包人签订合同后领取预付款前，承包人正确、合理使用发包人支付的预付款而提供的担保。其主要作用是保证承包人能够按合同规定的目的使用并及时偿还发包人已支付的全部预付金额。如果承包人中途毁约，中止工程，使发包人不能在规定期限内从应付工程款中扣除全部预付款，则发包人有权从该项担保金额中获得补偿。

（2）预付款担保的形式。预付款担保的主要形式为银行保函。预付款担保的担保金额通常与发包人的预付款是等值的。预付款一般逐月从工程预付款中扣除，预付款担保的担保金额也相应逐月减少。承包人在施工期间应当定期从发包人处取得同意此保函减

值的文件，并送交银行确认。承包人还清全部预付款后，发包人应退还预付款担保，承包人将其退回银行注销，解除担保责任。

预付款担保也可以采用发承包双方约定的其他形式，如由担保公司提供担保，或采取抵押等担保形式。承包人的预付款保函的担保金额根据预付款扣回的数额相应递减，但在预付款全部扣回之前一直保持有效。发包人应在预付款扣完后的 14 天内将预付款保函退还给承包人。

4. 安全文明施工费

安全文明施工费的内容和范围，应以国家和工程所在地省级建设行政主管部门的规定为准。发包人应在工程开工后的 28 天内预付不低于当年施工进度计划的安全文明施工费总额的 60%，其余部分按照提前安排的原则进行分解，与进度款同期支付。发包人没有按时支付安全文明施工费的，承包人可催告发包人支付；发包人在付款期满后的 7 天内仍未支付的，若发生安全事故，发包人应承担连带责任。

承包人应对安全文明施工费专款专用，在财务账目中单独列项备查，不得挪作他用，否则发包人有权要求其限期改正；逾期未改正者，造成的损失和（或）延误的工期由承包人承担。

5. 总承包服务费

发包人应在工程开工后的 28 天内向承包人预付总承包服务费的 20%，分包进场后，其余部分与进度款同期支付。发包人未给合同约定向承包人支付总承包服务费，承包人可不履行总包服务义务，由此造成的损失（如有）由发包人承担。

5.3.4　进度款期中支付

进度款期中支付

合同价款的期中支付，是指发包人在合同工程施工过程中，按照合同约定对付款周期内承包人完成的合同价款给予支付的款项，也就是工程进度款的结算支付。发承包双方应按照合同约定的时间、程序和方法，根据工程计量结果，办理期中价款结算，支付进度款。进度款支付周期，应与合同约定的工程计量周期一致。

1. 期中支付价款的计算

（1）已完工程的结算价款。已标价工程量清单中的单价项目，承包人应按工程计量确认的工程量与综合单价计算。如综合单价发生调整的，以发承包双方确认调整的综合单价计算进度款。已标价工程量清单中的总价项目，承包人应按合同中约定的进度款支付分解，分别列入进度款支付申请中的安全文明施工费和本周期应支付的总价项目的金额中。

（2）结算价款的调整。承包人现场签证和得到发包人确认的索赔金额列入本周期应增加的金额中。由发包人提供的材料、工程设备金额，应按照发包人签约提供的单价和数量从进度款支付中扣出，列入本周期应扣减的金额中。

（3）进度款的支付比例。进度款的支付比例按照合同约定，按期中结算价款总额计，不低于60%，不高于90%。

2. 期中支付的程序

1）承包人提交进度款支付申请

承包人应在每个计量周期到期后向发包人提交已完工程进度款支付申请一式四份，详细说明此周期认为有权得到的款额，包括分包人已完工程的价款。支付申请的内容包括：

（1）累计已完成的合同价款。

（2）累计已实际支付的合同价款。

（3）本周期合计完成的合同价款，其中包括：①本周期已完成单价项目的金额；②本周期应支付的总价项目的金额；③本周期已完成的计日工价款；④本周期应支付的安全文明施工费；⑤本周期应增加的金额。

（4）本周期合计应扣减的金额，其中包括：①本周期应扣回的预付款；②本周期应扣减的金额。

（5）本周期实际应支付的合同价款。

2）发包人签发进度款支付证书

发包人应在收到承包人进度款支付申请后，根据计量结果和合同约定对申请内容予以核实，确认后向承包人出具进度款支付证书。若发、承包双方对有的清单项目的计量结果出现争议，发包人应对无争议部分的工程计量结果向承包人出具进度款支付证书。

3）支付证书的修正

发现已签发的任何支付证书有错、漏或重复的数额，发包人有权予以修正，承包人也有权提出修正申请。经发承包双方复核同意修正的，应在本次到期的进度款中支付或扣除。

应用案例 5-11

单项选择：某进度款支付申请报告包含了下列内容：①累计已完成的合同价款；②累计已实际支付的合同价款；③本周期已完成的计日工价款；④本周期应扣回预付款。据此，发包人本周期应支付的合同价款是（　　）。

A. ①+②-③-④　　B. ①-②+③-④　　C. ②-①+③-④　　D. ①+②+③-④

答案：B

【案例解析】发包人本期应支付的工程价款-本周期合计完成的合同价款+本期以前累计尚未支付的价款-本周期合计应扣减的金额

本期以前累计尚未支付的价款=累计已完成的工程价款-累计已支付的工程价款

课题 5.4　工程竣工结算

5.4.1　竣工结算的概念

竣工结算的概念

工程竣工结算是指承包人按照合同规定的内容全部完成所承包的工程，经验收质量合格，并符合合同要求之后，双方应按照约定的合同价款及合同价款调整内容以及索赔事项，进行最终工程价款结算。

竣工结算分为单位工程结算、单项工程竣工结算和建设项目竣工总结算。

5.4.2　竣工结算文件的组成

竣工结算文件的组成

中国建设工程造价管理协会编制的《建设项目工程结算编审规程》（CECA/GC 3-2010）对建设工程竣工决算文件的编制提出了规范的要求。

工程结算文件一般应有封面、签署页、工程结算汇总表、单项工程汇总表、单位工程结算表和工程结算编制说明等组成。

（1）工程结算文件的封面应包括工程名称、编制单位等内容。工程造价咨询企业接受委托编制的工程结算文件应在编制单位上签署企业执业印章。

（2）工程结算文件的签署页应包括编制、审核、审定人员姓名及技术职称等内容，并应签署造价工程师或造价员执业从业印章。

（3）工程结算编制说明可根据委托项目的实际情况，以单位工程、单项工程或建设项目为对象进行编制，并应说明一下内容：工程概况、编制范围、编制依据、编制方法、有关材料设备、参数和费用说明。

工程结算文件提交时，委托人应同时提供与工程结算相关的附件，包括所依据的发承包合同、设计变更、工程洽商材料及设备中标价或认价单、调价后的单价分析表等工程结算相关的其他书面材料。

5.4.3　竣工结算的编制

竣工结算的编制

1. 工程竣工结算编制的依据

（1）工程合同的有关条款；
（2）全套竣工图纸及相关资料；
（3）设计变更通知单；
（4）承包商提出，由业主和设计单位会签的施工技术问题核定单；
（5）工程现场签订单；
（6）材料代用核定单；
（7）材料价格变更文件；
（8）合同双方确认的工程量；

（9）经双方协商同意并办理了签证的索赔；

（10）投标文件、招标文件和其他依据。

2. 竣工决算的编制

在工程进度款的基础上，根据所收集的各种设计变工资料和修改图纸，以及现场签证、工程量核定单、索赔等资料进行合同价款的增、减调整计算，编写单位工程结算表、单项工程汇总表，最后编写工程结算汇总表，填写封面、签署页、工程结算编制说明。

3. 工程竣工价款结算程序

（1）发包人收到承包人递交的竣工结算报告及完整的结算资料后，应根据《建设工程价款结算暂行办法》规定的期限（合同约定有期限的，从其约定）进行核实，给予确认或者提出修改意见。发包人根据确认的竣工结算报告向承包人支付工程竣工结算价款，保留 5%左右的质量保证（保修）金，待工程交付使用一年质保期到期后清算（合同另有约定的，从其约定），质保期内如有返修，发生费用应在质量保证（保修）金内扣除。

（2）发包人收到竣工结算报告及完整的结算资料后，在本办法规定或合同约定期限内，对结算报告及资料没有提出意见，则视同认可。

（3）承包人如未在规定时间内提供完整的工程竣工结算资料，经发包人催促后 14 天内仍未提供或没有明确答复，发包人有权根据已有资料进行审查，责任由承包人自负。

（4）根据确认的竣工结算报告，承包人向发包人申请支付工程竣工结算款。发包人应在收到申请后 15 天内支付结算款，到期没有支付的应承担违约责任。承包人可以催告发包人支付结算价款，如达成延期支付协议，发包人应按同期银行贷款利率支付拖欠工程价款的利息。如未达成延期支付协议，承包人可以与发包人协商将该工程折价，或申请人民法院将该工程依法拍卖，承包人就该工程折价或者拍卖的价款优先受偿。

在实际工作中，当年开工、当年竣工的工程，只需办理一次性结算。跨年度的工程，在年终办理一次年终结算，将未完工程结转到下一年度，此时竣工结算等于各年度结算的总和。办理工程价款竣工结算的一般公式为：

竣工结算工程款=预算(或概算或合同价款)+施工过程中预算(或合同价款调整数额)
-预付及已结算工程价款-保修金 (5.16)

5.4.4 工程竣工结算的审查

1. 工程竣工结算编审

工程竣工结算的审查

（1）单位工程竣工结算由承包人编制，发包人审查；实行总承包的工程，由具体承包人编制，在总包人审查的基础上，发包人审查。

（2）单项工程竣工结算或建设项目竣工总结算由总（承）包人编制，发包人可直接进行审查，也可以委托具有相应资质的工程造价咨询机构

进行审查。政府费用项目，由同级财政部门审查。单项工程竣工结算或建设项目竣工总结算经发、承包人签字盖章后有效。

（3）承包人应在合同约定期限内完成项目竣工结算编制工作，未在规定期限内完成的并且提不出正当理由延期的，责任自负。

2. 工程竣工结算审查期限

单项工程竣工后，承包人应在提交竣工验收报告的同时，向发包人递交竣工结算报告及完整的结算资料，发包人应按以下规定时限进行核对（审查）并提出审查意见。工程竣工审查时限见表 5.4。

表 5.4　工程竣工结算审查时限

序号	工程竣工结算报告金额	审查时间
1	500 万元以下	从接到竣工结算报告和完整的竣工结算资料之日起 20 天
2	500 万～2000 万元	从接到竣工结算报告和完整的竣工结算资料之日起 30 天
3	2000 万～5000 万元	从接到竣工结算报告和完整的竣工结算资料之日起 45 天
4	5000 万元以上	从接到竣工结算报告和完整的竣工结算资料之日起 60 天

建设项目竣工总结算在最后一个单项工程竣工结算审查确认后 15 天内汇总，送发包人后 30 天内审查完成。

应用案例 5-12

单项选择：单项工程竣工结算报告金额 2050 万元，其审查时限要求是（　　）。

A. 从接到竣工结算报告和完整的竣工结算资料之日起 20 天

B. 从接到竣工结算报告和完整的竣工结算资料之日起 30 天

C. 从接到竣工结算报告和完整的竣工结算资料之日起 45 天

D. 从接到竣工结算报告和完整的竣工结算资料之日起 60 天

答案：B

3. 工程竣工结算的审核

工程竣工结算是反映工程项目的实际价格，最终体现工程造价系统控制的效果。要有效控制工程项目竣工结算价，严格审查是竣工结算阶段的一项重要工作。经审查核定的工程竣工结算是核定建设工程造价的依据，也是建设项目验收后编制竣工决算和核定新增固定资产价值的依据。因此，建设单位、监理公司以及审计部门等，都十分重视竣工结算的审核把关。

（1）核对合同条款。应核对竣工工程内容是否符合合同条件要求，竣工验收是否合格，只有按合同要求完成全部工程并验收合格才能列入竣工结算。还应按合同约定的结算方法、计价定额、主材价格、取费标准和优惠条款等，对工程竣工结算进行审核，若发现不符合合同约定或有漏洞，应请建设单位与施工单位认真研究，明确结算要求。

（2）检查隐蔽验收记录。所有隐蔽工程均需进行验收，是否有工程师的签证确认；审核时应该对隐蔽工程施工记录和验收签证，做到手续完整，工程量与竣工图一致方可列入竣工结算。

（3）落实设计变更签证。设计修改变更应由原设计单位出具设计变更通知单和修改图纸，设计、校审人员签字并加盖公章，经建设单位和监理工程师审查同意、签证；重大设计变更应经原审批部门审批，否则不应列入竣工结算。

（4）按图核实工程量。应依据竣工图、设计变更单和现场签证等进行核算，并按国家统一规定的计算规则计算工程量。

（5）核实单价。结算单价应按现行的计价原则和计价方法确定，不得违背。

（6）各项费用计取。建筑安装工程的取费标准应按合同要求或项目建设期间与计价定额配套使用的建筑安装工程费用定额及有关规定执行，要审核各项费率、价格指数或换算系数的使用是否正确，价差调整计算是否符合要求，还要核实特殊费用和计算程序。更要注意各项费用的计取基数，如安装工程各项取费是以人工费为基数，这里人工费是定额人工费与人工费调整部分之和。

（7）检查各种计算误差。工程竣工结算子目多、篇幅大，往往有计算误差应认真核算，防止因计算误差多计或少算。

实践证明，通过对工程项目结算的审查，一般情况下，经审查的工程结算较编制的工程结算的工程造价资金相差在10%左右，有的高达20%，对于控制投入节约资金起到很重要的作用。

5.4.5 质量保证（修）金

建设工程质量保证（修）金（以下简称保证金）是指发包人与承包人在建设工程承包合同中约定，从应付的工程款中预留，用以保证承包人在缺陷责任期内对建设工程出现的缺陷进行维修的资金。质量保证金的计算额度不包括预付费的支付、扣回以及价格调整的金额。

1. 保证金的预留和返还

（1）承发包双方的约定。发包人应当在招标文件中明确保证金预留、返还等内容，并与承包人在合同条款中对涉及保证金的下列事项进行约定：

① 保证金预留，返还方式。

② 保证金预留比例、期限。

③ 保证金是否计付利息，如计付利息，利息的计算方式。

④ 缺陷责任期的期限及计算方式。

⑤ 保证金预留、返还及工程维修质量、费用等争议的处理程序。

⑥ 缺陷责任期内出现缺陷的索赔方式。

（2）保证金的预留。从第一个付款周期开始，在发包人的进度付款中，按约定比例扣留质量保证金，直至扣留的质量保证金总额达到专用条款约定的金额或比例为止。全

部或者部分使用政府费用的建设项目，按工程价款结算总额 5%左右的比例预留保证金。社会费用项目采用预留保证金方式的，预留保证金的比例可参照执行。

（3）保证金的返还。缺陷责任期内，承包人认真履行合同约定的责任。约定的缺陷责任期满，承包人向发包人申请返还保证金。发包人在接到承包人返还保证金申请后，应于 14 日内会同承包人按照合同约定的内容进行核实。如无异议，发包人应当在核实后 14 日内将保证金返还给承包人，逾期支付的，从逾期之日起，按照同期银行贷款利率计付利息，并承担违约责任。发包人在接到承包人返还保证金申请后 14 日内不予答复，经催告后 14 日内仍不予答复，视同认可承包人的返还保证金申请。

缺陷责任期满时，承包人没有完成缺陷责任的，发包人有权扣留与未履行责任剩余工作所需金额相应的质量保证金余额，并有权根据约定要求延长缺陷责任期，直至完成剩余工作为止。

2. 保证金的管理与缺陷修复

（1）保证金的管理。缺陷责任期内，实行国库集中支付的政府费用项目，保证金的管理应按国库集中支付的有关规定执行。其他的政府费用项目，保证金可以预留在财政部门或发包方。缺陷责任期内，如发包人被撤销，保证金随交付使用资产一并移交使用单位管理，由使用单位代行发包人职责。社会费用项目采用预留保证金方式的。发、承包双方可以约定将保证金交由金融机构托管；采用工程质量保证担保、工程质量保险等其他保证方式的，发包人不得再预留保证金，并按照有关规定执行。

（2）缺陷责任区内缺陷责任的承担。缺陷责任区内，由承包人原因造成的缺陷，承包人应负责维修，并承担鉴定及维修费用。如承包人不维修也不承担费用，发包人可按合同约定扣除保证金，并由承包人承担违约责任。承包人维修并承担相应费用后，不免除对工程的一般损失赔偿，由他人原因造成的缺陷，发包人负责组织维修。承包人不承担费用，且发包人不得从保证金中扣除费用。

5.4.6　最终结清

所谓最终结清，是指合同约定的缺陷责任期终止后，承包人已按合同规定完成全部剩余工作且质量合格的，发包人与承包人结清全部剩余款项的活动。

最终结清

1. 最终结清申请单

缺陷责任期终止后，承包人已按合同规定完成全部剩余工作且质量合格的，发包人签发缺陷责任期终止证书，承包人可按合同约定的份数和期限向发包人提交最终结清申请单，并提供相关证明材料，详细说明承包人根据合同规定已经完成的全部工程价款金额以及承包人认为根据合同规定应进一步支付给他的其他款项。发包人对最终结清申请单内容有异议的，有权要求承包人进行修正和提供补充资料，由承包人向发包人提交修正后的最终结清申请单。

2. 最终支付证书

发包人收到承包人提交的最终结清申请单后的 14 天内予以核实，向承包人签发最终支付证书。发包人未在约定时间内核实，又未提出具体意见的，视为承包人提交的最终结清申请单已被发包人认可。

发包人应在收到最终结清支付申请后的 14 天内予以核实，向承包人签发最终结清支付证书。若发包人未在约定的时间内核实，又未提出具体意见的，视为承包人提交的最终结清支付申请已被发包人认可。

3. 最终结清付款

发包人应在签发最终结清支付证书后的 14 天内，按照最终结清支付证书列明的金额向承包人支付最终结清款。最终结清付款后，承包人在合同内享有的索赔权利也自行终止。发包人未按期支付的，承包人可催告发包人在合理的期限内支付，并有权获得延迟支付的利息。

最终结清时，如果承包人被扣留的质量保证金不足以抵减发包人工程缺陷修复费用的，承包人应承担不足部分的补偿责任。

最终结清付款涉及政府费用资金的，按照国库集中支付等国家相关规定和专用合同条款的约定办理。

承包人对发包人支付的最终结清款有异议的，按照合同约定的争议解决方式处理。

5.4.7 合同解除的价款结算与支付

发承包双方协商一致解除合同的，按照达成的协议办理结算和支付合同价款。

合同解除的价款结算与支付

1. 不可抗力解除合同

由于不可抗力解除合同的，发包人除应向承包人支付合同解除之日前已完成工程但尚未支付的合同价款，还应支付下列金额：

（1）合同中约定应由发包人承担的费用。

（2）已实施或部分实施的措施项目应付价款。

（3）承包人为合同工程合理订购且已交付的材料和工程设备货款。发包人一经支付此项货款，该材料和工程设备即成为发包人的财产。

（4）承包人撤离现场所需的合理费用，包括员工遣送费和临时工程拆除、施工设备运离现场的费用。

（5）承包人为完成合同工程而预期开支的任何合理费用，且该项费用未包括在本款其他各项支付之内。

发承包双方办理结算合同价款时，应扣除合同解除之日前发包人应向承包人收回的价款。当发包人应扣除的金额超过了应支付的金额，则承包人应在合同解除后的 56 天内将其差额退还给发包人。

2. 违约解除合同

（1）承包人违约。因承包人违约解除合同的，发包人应暂停向承包人支付任何价款。发包人应在合同解除后28天内核实合同解除时承包人已完成的全部合同价款以及按施工进度计划已运至现场的材料和工程设备货款，按合同约定核算承包人应支付的违约金以及造成损失的索赔金额，并将结果通知承包人。发承包双方应在28天内予以确认或提出意见，并办理结算合同价款。如果发包人应扣除的金额超过了应支付的金额，则承包人应在合同解除后的56天内将其差额退还给发包人。发承包双方不能就解除合同后的结算达成一致的，按照合同约定的争议解决方式处理。

（2）发包人违约。因发包人违约解除合同的，发包人除应按照有关不可抗力解除合同的规定向承包人支付各项价款外，还需按合同约定核算发包人应支付的违约金以及给承包人造成损失或损害的索赔金额费用。该笔费用由承包人提出，发包人核实后与承包人协商确定后的7天内向承包人签发支付证书。协商不能达成一致的，按照合同约定的争议解决方式处理。

5.4.8　合同价款纠纷的处理

合同价款纠纷的处理

建设工程合同价款纠纷，是指发承包双方在建设工程合同价款的确定、调整以及结算等过程中所发生的争议。按照争议合同的类型不同，可以把工程合同价款纠纷分为总价合同价款纠纷、单价合同价款纠纷以及成本加酬金合同价款纠纷；按照纠纷发生自阶段不同，可以把分为合同价款确定纠纷、合同价款调整纠纷和合同价款结算纠纷；按照纠纷的成因不同，可以分为合同无效的价款纠纷、工期延误的价款纠纷、质量争议的价款纠纷以及工程索赔的价款纠纷。

1. 合同价款纠纷的解决途径

建设工程合同价款纠纷的解决途径主要有四种：和解、调解、仲裁和诉讼。建设工程合同发生纠纷后，当事人可以通过和解或者调解解决合同争议。当事人不愿和解、调解或者和解、调解不成的，可以根据仲裁协议向仲裁机构申请仲裁。当事人没有订立仲裁协议或者仲裁协议无效的，可以向人民法院起诉。当事人应当履行发生法律效力的法院判决或裁定、仲裁裁决、法院或仲裁调解书；拒不履行的，对方当事人可以请求人民法院执行。

1）和解

和解是指当事人在自愿互谅的基础上，就已经发生的争议进行协商并达成协议，自行解决争议的一种方式。发生合同争议时，当事人应首先考虑通过和解解决争议。合同争议和解解决方式简便易行，能经济、及时地解决纠纷，同时有利于维护合同双方的友好合作关系，使合同能更好地得到履行。根据《建设工程工程量清单计价规范》（GB 50500—2013）的规定，双方可通过以下方式进行和解：

（1）协商和解。合同价款争议发生后，发承包双方任何时候都可以进行协商。协商达成一致的，双方应签订书面和解协议，和解协议对发承包双方均有约束力。如果协商不能达成一致协议，发包人或承包人都可以按合同约定的其他方式解决争议。

（2）监理或造价工程师暂定。若发包人和承包人之间就工程质量、进度、价款支付与扣除、工期延期、索赔、价款调整等发生任何法律上、经济上或技术上的争议，首先应根据已签约合同的规定，提交合同约定职责范围内的总监理工程师或造价工程师解决，并抄送另一方。总监理工程师或造价工程师在收到此提交件后 14 天内应将暂定结果通知发包人和承包人。发承包双方对暂定结果认可的，应以书面形式予以确认，暂定结果成为最终决定。

发承包双方在收到总监理工程师或造价工程师的暂定结果通知之后的 14 天内，未对暂定结果予以确认也未提出不同意见的，视为发承包双方已认可该暂定结果。

发承包双方或一方不同意暂定结果的，应以书面形式向总监理工程师或造价工程师提出，说明自己认为正确的结果，同时抄送另一方，此时该暂定结果成为争议。在暂定结果不实质影响发承包双方当事人履约的前提下，发承包双方应实施该结果，直到其按照发承包双方认可的争议解决办法被改变为止。

2）调解

调解是指双方当事人以外的第三人应纠纷当事人的请求，依据法律规定或合同约定，对双方当事人进行疏导、劝说，促使他们互相谅解、自愿达成协议解决纠纷的一种途径。《建设工程工程量清单计价规范》（GB 50500—2013）规定了以下的调解方式：

（1）管理机构的解释或认定。合同价款争议发生后，发承包双方可就工程计价依据的争议以书面形式提请工程造价管理机构对争议以书面文件进行解释或认定。工程造价管理机构应在收到申请的10个工作日内就发承包双方提请的争议问题进行解释或认定。

发承包双方或一方在收到工程造价管理机构书面解释或认定后，仍可按照合同约定的争议解决方式提请仲裁或诉讼。除工程造价管理机构的上级管理部门做出了不同的解释或认定，或在仲裁裁决或法院判决中不予采信的外，工程造价管理机构作出的书面解释或认定是最终结果，对发承包双方均有约束力。

（2）双方约定争议调解人进行调解。通常按照以下程序进行：

① 约定调解人。发承包双方应在合同中约定或在合同签订后共同约定争议调解人，负责双方在合同履行过程中发生争议的调解。合同履行期间，发承包双方可以协议调换或终止任何调解人，但发包人或承包人都不能单独采取行动。除非双方另有协议，在最终结清支付证书生效后，调解人的任期即终止。

② 争议的提交。如果发承包双方发生了争议，任何一方可以将该争议以书面形式提交调解人，并将副本抄送另一方，委托调解人调解。发承包双方应按照调解人提出的要求，给调解人提供所需要的资料、现场进入权及相应设施。调解人应被视为不是在进行仲裁人的工作。

③ 进行调解。调解人应在收到调解委托后 28 天内，或由调解人建议并经发承包双方认可的其他期限内，提出调解书，发承包双方接受调解书的，经双方签字后作为合同的补充文件，对发承包双方具有约束力，双方都应立即遵照执行。

④ 异议通知。如果发承包任一方对调解人的调解书有异议，应在收到调解书后28天内向另一方发出异议通知，并说明争议的事项和理由。但除非并直到调解书在协商和解或仲裁裁决、诉讼判决中作出修改，或合同已经解除，承包人应继续按照合同实施工程。

如果调解人已就争议事项向发承包双方提交了调解书，而任一方在收到调解书后28天内，均未发出表示异议的通知，则调解书对发承包双方均具有约束力。

3）仲裁或诉讼

仲裁是当事人根据在纠纷发生前或纠纷发生后达成的仲裁协议，自愿将纠纷提交仲裁机构做出裁决的一种纠纷解决方式。民事诉讼是指人民法院在当事人和其他诉讼参与人的参加下，以审理、判决、执行等方式解决民事纠纷的活动。

用何种方式解决争端，关键在于合同中是否约定了仲裁协议。

（1）仲裁方式的选择。如果发承包双方的协商和解或调解均未达成一致意见，其中的一方已就此争议事项根据合同约定的仲裁协议申请仲裁，应同时通知另一方。

仲裁可在竣工之前或之后进行，但发包人、承包人、调解人各自的义务不得因在工程实施期间进行仲裁而有所改变。如果仲裁是在仲裁机构要求停止施工的情况下进行，承包人应对合同工程采取保护措施，由此增加的费用由败诉方承担。

若双方通过和解或调解形成的有关的暂定或和解协议或调解书已经有约束力的情况下，如果发承包中一方未能遵守暂定或和解协议或调解书，则另一方可在不损害他可能具有的任何其他权利的情况下，将未能遵守暂定或不执行和解协议或调解书达成的事项提交仲裁。

（2）诉讼方式的选择。发包人、承包人在履行合同时发生争议，双方不愿和解、调解或者和解、调解不成，又没有达成仲裁协议的，可依法向人民法院提起诉讼。

2. 合同价款纠纷的处理原则

建设工程合同履行过程中会产生大量的纠纷，有些纠纷并不容易直接适用现有的法律条款予以解决。针对这些纠纷，可以通过相关司法解释的规定进行处理。2002年6月11日，最高人民法院通过了《关于建设工程价款优先受偿权问题的批复》（法释［2002］16号），2004年9月29日，最高人民法院通过了《关于审理建设工程施工合同纠纷案件适用法律问题的解释》（法释［2004］14号）。司法解释中关于施工合同价款纠纷的处理原则和方法，更是可以为发承包双方在工程合同履行过程中出现的类似纠纷的处理，提供参考性极强的借鉴。

1）施工合同无效的价款纠纷处理

建设工程施工合同无效，但建设工程经竣工验收合格，承包人请求参照合同约定支付工程价款的，应予支持。建设工程施工合同无效，且建设工程经竣工验收不合格的，按照以下情形分别处理：

（1）修复后的建设工程经竣工验收合格，发包人请求承包人承担修复费用的，应予支持。

（2）修复后的建设工程经竣工验收不合格，承包人请求支付工程价款的，不予支持。

因建设工程不合格造成的损失，发包人有过错的，也应承担相应的民事责任。

承包人非法转包、违法分包建设工程或者没有资质的实际施工人借用有资质的建筑施工企业名义与他人签订建设工程施工合同的行为无效。人民法院可以根据相关法律的规定，收缴当事人已经取得的非法所得。

2）垫资施工合同的价款纠纷处理

对于发包人要求承包人垫资施工的项目，对于垫资施工部分的工程价款结算，最高人民法院《关于审理建设工程施工合同纠纷案件适用法律问题的解释》提出了处理意见：

（1）当事人对垫资和垫资利息有约定，承包人请求按照约定返还垫资及其利息的，应予支持，但是约定的利息计算标准高于中国人民银行发布的同期同类贷款利率的部分除外。

（2）当事人对垫资没有约定的，按照工程欠款处理。

（3）当事人对垫资利息没有约定，承包人请求支付利息的，不予支持。

3）施工合同解除后的价款纠纷处理

（1）建设工程施工合同解除后，已经完成的建设工程质量合格的，发包人应当按照约定支付相应的工程价款。

（2）已经完成的建设工程质量不合格的：

① 修复后的建设工程经验收合格，发包人请求承包人承担修复费用的，应予支持。

② 修复后的建设工程经验收不合格，承包人请求支付工程价款的，不予支持。

4）工程设计变更的合同价款纠纷处理

当事人对建设工程的计价标准或者计价方法有约定的，按照约定结算工程价款。因设计变更导致建设工程的工程量或者质量标准发生变化，当事人对该部分工程价款不能协商一致的，可以参照签订建设工程施工合同时当地建设行政主管部门发布的计价方法或者计价标准结算工程价款。

5）工程结算价款纠纷的处理

（1）阴阳合同的结算依据。当事人就同一建设工程另行订立的建设工程施工合同与经过备案的中标合同实质性内容不一致的，应当以备案的中标合同作为结算工程价款的根据。

（2）对承包人竣工结算文件的认可。当事人约定，发包人收到竣工结算文件后，在约定期限内不予答复，视为认可竣工结算文件的，按照约定处理。承包人请求按照竣工结算文件结算工程价款的，应予支持。

（3）工程欠款的利息支付。

① 利率标准。当事人对欠付工程价款利息计付标准有约定的，按照约定处理；没有约定的，按照中国人民银行发布的同期同类贷款利率计息。

② 计息日。利息从应付工程价款之日计付。当事人对付款时间没有约定或者约定不明的，下列时间视为应付款时间：建设工程已实际交付的，为交付之日；建设工程没

有交付的，为提交竣工结算文件之日；建设工程未交付，工程价款也未结算的，为当事人起诉之日。

应用案例 5-13

多项选择：建设工程合同价款纠纷的解决途径主要有四种，即和解、调解、仲裁和诉讼。以下有关说法正确的是（　　）。

A. 合同价款争议发生后，发承包双方任何时候都可以进行协商。协商达成一致的，双方应签订书面和解协议，和解协议对发承包双方均有约束力

B. 合同价款争议发生后，发承包双方可就工程计价依据的争议以书面形式提请工程造价管理机构对争议以书面文件进行解释或认定

C. 发承包双方或一方在收到工程造价管理机构书面解释或认定后，仍可按照合同约定的争议解决方式提请仲裁或诉讼

D. 合同履行期间，发承包双方可以协议调换或终止任何调解人，但发包人或承包人都不能单独采取行动。除非双方另有协议，在最终结清支付证书生效后，调解人的任期即终止

E. 仲裁应在竣工之前进行，但发包人、承包人、调解人各自的义务不得因在工程实施期间进行仲裁而有所改变

答案：ABCD

【案例解析】 如果发承包双方的协商和解或调解均未达成一致意见，其中的一方已就此争议事项根据合同约定的仲裁协议申请仲裁，应同时通知另一方。仲裁可在竣工之前或之后进行，但发包人、承包人、调解人各自的义务不得因在工程实施期间进行仲裁而有所改变。

5.4.9 工程造价鉴定

工程造价鉴定

在工程合同价款纠纷案件处理中，需做工程造价司法鉴定的，应委托具有相应资质的工程造价咨询人进行。

1. 工程造价咨询人所需遵守的一般性规定

（1）程序合法。工程造价咨询人接受委托，提供工程造价司法鉴定服务，除应符合本规范的规定外，应按仲裁、诉讼程序和要求进行，并符合国家关于司法鉴定的规定。

（2）人员合格。工程造价咨询人进行工程造价司法鉴定，应指派专业对口、经验丰富的注册造价工程师承担鉴定工作。

（3）按期完成。工程造价咨询人应在收到工程造价司法鉴定资料后 10 天内，根据自身专业能力和证据资料，判断能否胜任该项委托，如不能，应辞去该项委托。禁止工程造价咨询人在鉴定期满后以上述理由不做出鉴定结论，影响案件处理。

（4）适当回避。接受工程造价司法鉴定委托的工程造价咨询人或造价工程师如是鉴定项目一方当事人的近亲属或代理人、咨询人以及其他关系可能影响鉴定公正的，应当

自行回避；未自行回避，鉴定项目委托人以该理由要求其回避的，必须回避。

（5）接受质询。工程造价咨询人应当依法出庭接受鉴定项目当事人对工程造价司法鉴定意见书的质询。如确因特殊原因无法出庭的，经审理该鉴定项目的仲裁机关或人民法院准许，可以书面答复当事人的质询。

2. 工程造价鉴定的取证

1）所需收集的鉴定材料

工程造价咨询人进行工程造价鉴定工作，应自行收集以下（但不限于）鉴定资料。

（1）适用于鉴定项目的法律、法规、规章、规范性文件以及规范、标准、定额。

（2）鉴定项目同时期同类型工程的技术经济指标及其各类要素价格等。

（3）工程造价咨询人收集鉴定项目的鉴定依据时，应向鉴定项目委托人提出具体书面要求，其内容包括：①与鉴定项目相关的合同、协议及其附件；②相应的施工图纸等技术经济文件；③施工过程中施工组织、质量、工期和造价等工程资料；④存在争议的事实及各方当事人的理由；⑤其他有关资料。

工程造价咨询人在鉴定过程中要求鉴定项目当事人对缺陷资料进行补充的，应征得鉴定项目委托人同意，或者协调鉴定项目各方当事人共同签认。

2）现场勘验

根据鉴定工作需要现场勘验的，工程造价咨询人应提请鉴定项目委托人组织各方当事人对被鉴定项目所涉及的实物标的进行现场勘验。

勘验现场应制作勘验记录、笔录或勘验图表，记录勘验的时间、地点、勘验人、在场人、勘验经过、结果，由勘验人、在场人签名或者盖章确认。对于绘制的现场图应注明绘制的时间、测绘人姓名、身份等内容。必要时应采取拍照或摄像取证，留下影像资料。

鉴定项目当事人未对现场勘验图表或勘验笔录等签字确认的，工程造价咨询人应提请鉴定项目委托人决定处理意见，并在鉴定意见书中做出表述。

3. 鉴定结论

（1）鉴定依据的选择。工程造价咨询人在鉴定项目合同有效的情况下应根据合同约定进行鉴定，不得任意改变双方合法的合意。工程造价咨询人在鉴定项目合同无效或合同条款约定不明确的情况下应根据法律法规、相关国家标准和清单计价规范的规定，选择相应专业工程的计价依据和方法进行鉴定。

（2）鉴定意见。工程造价咨询人出具正式鉴定意见书之前，可报请鉴定项目委托人向鉴定项目各方当事人发出鉴定意见书征求意见稿，并指明应书面答复的期限及其不答复的相应法律责任。工程造价咨询人收到鉴定项目各方当事人对鉴定意见书征求意见稿的书面复函后，应对不同意见认真复核，修改完善后再出具正式鉴定意见书。

工程造价咨询人出具的工程造价鉴定书应包括以下内容：

① 鉴定项目委托人名称、委托鉴定的内容；

② 委托鉴定的证据材料；
③ 鉴定的依据及使用的专业技术手段；
④ 对鉴定过程的说明；
⑤ 明确的鉴定结论；
⑥ 其他需说明的事宜；
⑦ 工程造价咨询人盖章及注册造价工程师签名盖执业专用章。

4. 鉴定期限的延长

工程造价咨询人应在委托鉴定项目的鉴定期限内完成鉴定工作，如确因特殊原因不能在原定期限内完成鉴定工作时，应按照相应法规提前向鉴定项目委托人申请延长鉴定期限，并在此期限内完成鉴定工作。

经鉴定项目委托人同意等待鉴定项目当事人提交、补充证据，质证所用的时间不应计入鉴定期限。

应用案例 5-14

多项选择：在工程合同价款纠纷案件处理中，需做工程造价司法鉴定的，应委托具有相应资质的工程造价咨询人进行，以下说法正确的是（　　）。

A. 工程造价咨询人应在收到工程造价司法鉴定资料后 10 天内，根据自身专业能力和证据资料，判断能否胜任该项委托，如不能，应辞去该项委托

B. 工程造价咨询人在鉴定过程中要求鉴定项目当事人对缺陷资料进行补充的，应征得鉴定项目委托人同意，或者协调鉴定项目各方当事人共同签认

C. 工程造价咨询人在鉴定项目合同有效的情况下应根据合同约定进行鉴定，不得任意改变双方合法的合意

D. 工程造价咨询人出具正式鉴定意见书之前，可报请鉴定项目委托人向鉴定项目各方当事人发出鉴定意见书征求意见稿，并指明应书面答复的期限及其不答复的相应法律责任

E. 经鉴定项目委托人同意等待鉴定项目当事人提交、补充证据，质证所用的时间计入鉴定期限

答案：ABCD

【案例解析】 经鉴定项目委托人同意等待鉴定项目当事人提交、补充证据，质证所用的时间不应计入鉴定期限。

课题 5.5　施工阶段工程造价控制

要完成好施工阶段费用控制工作，首要的工作就是建立目标控制措施，把计划费用额作为费用控制的目标值，在工程施工过程中运用动态控制原理，定期地进行费用实际

值与目标值的比较。发现并找出实际支出额与目标值之间的偏差，分析产生偏差的原因，并采取有效措施加以控制以确保费用目标的实现。

5.5.1 施工阶段造价控制措施

施工阶段工程造价控制的措施分为组织措施、经济措施、技术措施、合同措施四个方面。

1）组织措施

组织措施是指从费用控制的组织管理方面采取的措施。例如，落实费用控制的组织机构和人员，明确各级费用控制人员的任务、职能分工、权利和责任，改善费用控制工作流程等。组织措施往往被人们忽视，其实他是其他措施的前提和保障，而且一般无需增加什么费用，运用得当时可以收到良好的效果。

2）经济措施

经济措施最易为人们接受，但运用中要特别注意不可把经济措施简单理解为审核工程量及相应的支付价款。应从全局出发考虑问题，如检查费用目标分解的合理性，资金使用的保障性，施工进度的协调性。另外，通过偏差分析和未来工程预测还可以发现潜在问题，及时采取预防措施，从而取得造价控制的主动权。

3）技术措施

从造价控制要求来看，技术措施并不是都因为发生了技术问题才加以考虑的，也可能因为出现了较大的费用偏差而加以运用。不同的技术措施往往会有不同的经济效果，因此运用技术措施纠偏时，要对不同的技术方案进行技术经济分析综合评价以后加以选择。

4）合同措施

合同措施在纠偏方面主要指索赔管理。在施工过程中，索赔事件的发生是难免的，造价工程师在发生索赔事件后，要认真审查有关索赔的依据是否符合合同规定，索赔计算是否合理等，从主动控制的角度出发，加强日常的合同管理，落实合同规定的责任。

5.5.2 编制施工阶段资金使用计划

编制施工阶段资金使用计划

费用控制的目的是为了确保费用目标的实现。因此，必须编制资金使用计划，合理确定费用控制目标值，包括费用的总目标值、分目标值、各详细目标值。只有这样，才能进行费用实际值与目标值的比较，从而发现并找到偏差，控制费用。

1. 资金使用计划的编制方法

资金使用计划的编制是在工程项目结构分解的基础上，将工程造价的总目标值逐层分解到各个工作单元，形成各分目标值及各详细目标值，从而可以定期地将工程项目中各个子目标实际支出额与目标值进行比较，以便于及时发现偏差，找出偏差原因并及时采取纠偏措施，将工程造价偏差控制在一定范围内。根据项目结构分解方法不同，资金

使用计划的编制方法也有所不同，常见的有按工程造价构成、按工程项目组成、按工程进度编制资金使用计划。这三种方法可以有效的结合起来，组成一个详细完备的资金使用计划体系。

根据造价控制目标和要求的不同，资金使用计划可按子项目或者按时间进度进行编制。

1）按工程造价构成编制资金使用计划

工程造价主要分为建筑安装工程费、设备及工器具购置费、工程建设其他费三部分，按工程造价构成编制的资金使用计划也分为建筑安装工程费使用计划、设备及工器具购置费使用计划和工程建设其他费使用计划。每部分费用比例根据以往经验或已建立的数据库确定，也可根据具体情况做出适当调整，每一部分还可以做进一步的划分。这种编制方法比较适合于有大量经验数据的工程项目。

2）按工程项目组成编制资金使用计划

大中型工程项目一般有多个单项工程组成，每个单项工程又可分细分为不同的单位工程，进而分解为分部分项工程，设计概算、预算都是按单项工程和单位工程编制的。这种编制方法的操作步骤如下：

（1）按工程项目构成恰当分解资金使用计划总额。为了按不同子项目划分资金的使用，首先必须对工程项目进行合理划分，划分的粗细程度根据实际需要而定。一般来说，将费用目标分解到各单项工程和单位工程是比较容易办到的，结果也是比较合理可靠的。按这种方式分解时，不仅要分解建筑工程费用，而且要分解设备及工器具购置费、工程建设其他费、预备费、建设期利息等。

（2）编制各工程分项的资金支出计划。在完成工程项目造价目标分解之后，应确定各工程分项资金支出预算。

（3）编制详细的资金使用计划表。各工程分项的详细的资金使用计划表如表5.5所示。其内容一般包括：①工程分项编码；②工程内容；③计量单位；④工程数量；⑤计划综合单价；⑥本分项总计。

表5.5　资金使用计划表

序号	工程分项编码	工程内容	计量单位	工程数量	单价	工程分项总价	备注

在编制资金使用计划时，要在项目总的方面考虑总的预备费，也要在主要的工程分项中安排适当的不可预见费，避免在具体编制资金使用计划时，可能发现个别单位工程或工程量表中某项内容的工程量计算有较大的出入，使原来的资金使用预算失实，并在项目实施过程中对其尽可能地采取一些措施。

3）按工程进度编制资金使用计划

为了编制资金使用计划，并据此筹措资金，尽可能减少资金占用和利息支付，有必要将工程项目的资金使用计划按施工进度进行分解，以确定各施工阶段具体的目标值。主要编制方法有横道图法、在时标网络图上按月编制法（图 5.1）、时间-费用曲线（S 曲线）法（图 5.2）。

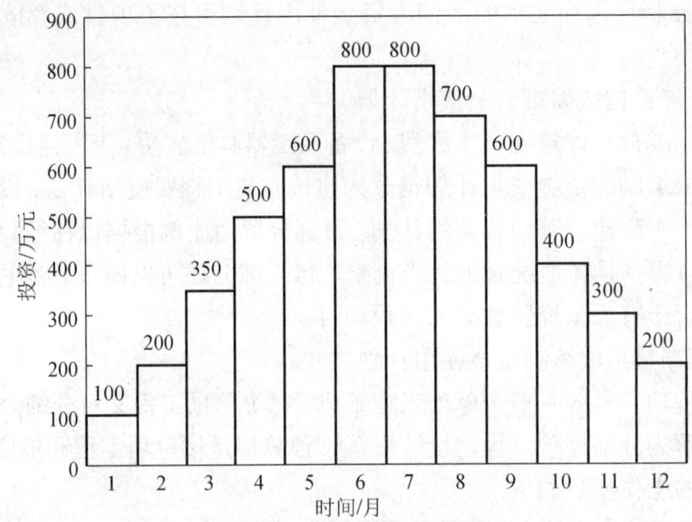

图 5.1　时标网络图上按月编制的资金使用计划

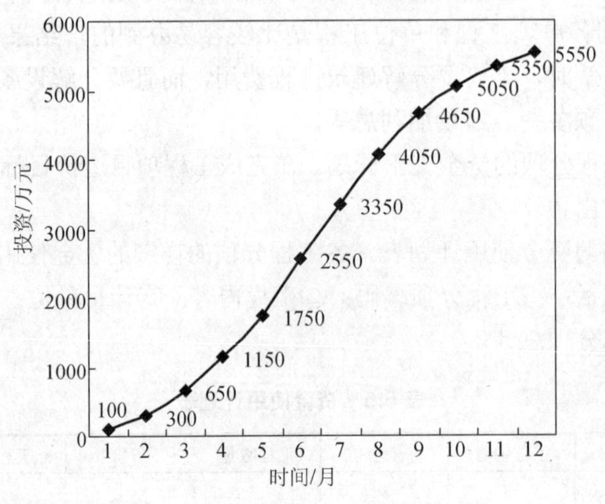

图 5.2　时间-费用累计曲线（S 曲线）

S 形曲线绘制步骤包括以下几步：

第一，确定工程进度计划，编制进度计划的横道图。

第二，根据每单位时间内完成的实物工程量或投入的人力、物力和财力，计算单位时间（月或旬）的费用（造价），在时标网络图上按时间编制资金使用计划，如图 5.1 所示。

第三，计算规定时间 t 计划累计完成的费用额（造价），即对各单位时间计划完成的费用额累加求和，用表达式表示为

$$Q_t=\sum_{n=1}^{t} q_n \tag{5.17}$$

式中：Q_t——某时间 t 计划累计完成的费用额；

q_n——单位时间 n 内计划完成费用额；

t——某规定计划时刻。

第四，按各规定时间的 Q_t 值，绘制 S 形曲线（图 5.2）。每一条 S 形曲线都对应某一特定的工程进度计划。因为在进度计划的非关键线路中存在许多有时差的工序或工作，因而 S 形曲线（费用计划值曲线）必然包括在由全部工作都按最早开始时间（ES）开始和全部工作都按最迟开始时间（LS）开始的曲线所组成的“香蕉图”内（图 5.3）。

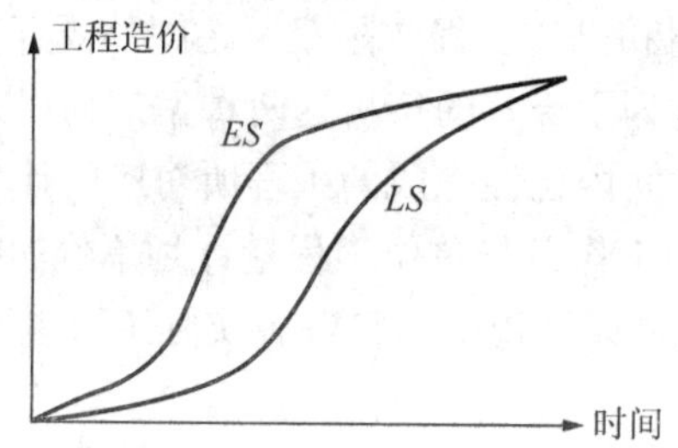

图 5.3　工程造价香蕉图

建设单位可以根据编制的费用支出预算来安排资金，同时也可以根据筹措的建设资金来调整 S 形曲线，即通过调整非关键路线上工作的最早或最迟开始时间，力争将实际的费用支出控制在计划的范围内。

一般而言，所有工作都按最迟开始时间开始，对节约建设单位的建设资金贷款利息是有利的，但同时也降低了项目按期竣工的保证率。因此，造价工程师必须合理地确定费用支出计划，达到既节约费用支出，又能控制项目工期的目的。

5.5.3　工程费用的动态控制

实际投资与计划投资

在工程施工阶段，无论是建设单位还是施工承包单位，都要对实际费用（实际费用或成本）与计划费用（计划费用或成本）进行动态比较，分析费用偏差产生的原因，并采取有效措施控制费用偏差。

1. 实际费用与计划费用

实际费用与计划费用的变量包括拟完工程计划费用（Budget Cost of Work Scheduled，BCWS）、已完工程实际费用（Actual Cost of Work Performed，ACWP）和已完工程计划费用（Budget Cost of Work Performed，BCWP）。

1）拟完工程计划费用（BCWS）

所谓拟完工程计划费用，是指根据计划安排，在某一确定时间内所应完成的工程内容的计划费用。可以表示为在某一确定时间内，计划完成的工程量与单位工程量计划单价的乘积，即

$$拟完工程计划费用(BCWS)=拟完工程量×计划单价 \tag{5.18}$$

2）已完工程实际费用（ACWP）

所谓已完工程实际费用，是根据实际进度完成状况在某一确定的时间内已完成的工程内容的实际费用。可以表示为在某一确定时间内，实际完成的工程量与单位工程量实际单价的乘积，即

$$已完工程实际费用(ACWP)=实际工程量×实际单价 \tag{5.19}$$

3）已完成工程计划费用（BCWP）

由于拟完工程计划费用和已完工程实际费用之间的既存在费用偏差，也存在进度偏差。已完实际工程费用正是为了更好的辨析这两种偏差而引入的变量，是根据实际的进度完成状况，在某一确定时间内已经完成的工程所对应的计划费用额。可以表示为在某一确定时间内，实际完成的工作量与单位工程量计划单价的乘积，即

$$已完工程量计划费用(BCWP)=实际工程量×计划单价 \tag{5.20}$$

2. *费用偏差和进度偏差*

1）费用偏差（Cost Variance，CV）

费用偏差是指费用计划值与费用实际值之间存在差异，当计算费用偏差时，应剔除进度原因对费用额产生的影响，因此其公式为

$$\begin{aligned}费用偏差(CV)&=已完工程实际费用(ACWP)-已完工程计划费用(BCWP)\\&=实际工程量×(实际单价-计划单价)\end{aligned} \tag{5.21}$$

式中结果为正值表示费用增加，结果为负值表示费用节约。

2）进度偏差（Scheduled Variance，SV）

进度偏差是指进度计划与进度实际值之间存在差异，当计算进度偏差时，应剔除单价原因产生的影响，因此其公式为

$$进度偏差=已完工程实际时间-已完工程计划时间 \tag{5.22}$$

为了与费用偏差联系起来，进度偏差也可表示为

$$\begin{aligned}进度偏差(SV)&=拟完工程计划费用(BCWS)-已完工程计划费用（BCWP）\\&=(拟完工程量-实际工程量)×计划单价\end{aligned} \tag{5.23}$$

式中结果进度偏差为正值时，表示工期拖延；结果为负值表示工期提前。

应用案例 5-15

某工程施工到 2007 年 8 月，经统计分析得知，已完工程实际费用为 1500 万元，拟完工程计划费用为 1300 万元，已完工程计划费用为 1200 万元，则该工程此时的进度偏

差为多少万元?

【解】

进度偏差=1300−1200=100（万元）

进度偏差为正值，表示工期拖延 100 万元。

应用案例 5-16

单项选择：某工程公司工期为 3 个月，2002 年 5 月 1 日开工，5～7 月份计划完成工程量分别为 500 吨、2000 吨、1500 吨，计划单价为 5000 元/吨；实际完成工程量分别为 400 吨、1600 吨、2000 吨，5～7 月份实际价格均为 4000 元/吨。则 6 月末的费用偏差为（　　）万元。

A. 450　　B. −450　　C. −200　　D. 200

答案：C

【案例解析】 费用偏差是指费用计划值与实际值之间存在的差异，即费用偏差=已完工程实际费用−已完工程计划费用=实际工程量×(实际单价−计划单价)

费用偏差=(400+1600)×(5000−4000)=−200(万元)

3. 费用偏差的其他概念

1）局部偏差和累计偏差

局部偏差有两层意思：一是相对于整体项目的费用而言，指各单项工程、单位工程和分部分项工程的偏差；二是相对于项目实施的时间而言，指每一控制周期所发生的费用偏差。累计偏差，则是在项目已经实施的时间内累计发生的偏差。局部偏差的工程的内容及其原因一般都比较明确，分析结果也比较可靠，而累计偏差涉及的工程内容比较多、范围较大，且原因也较复杂，因而累计偏差分析必须以局部偏差分析的结果为基础进行综合分析，其结果更能显示规律性，对费用控制在较大范围内具有指导作用。

2）绝对偏差和相对偏差

所谓绝对偏差，是指费用计划值与实际值比较所得的差额。相对偏差，则指费用偏差的相对数或比例数，通常是用绝对偏差与费用计划值的比值来表示，即：

相对偏差=绝对偏差/费用计划值=(费用实际值−费用计划值)/费用计划值　　(5.24)

绝对偏差和相对偏差的数值均可正可负，且两者符号相同，正值表示费用增加，负值表示费用节约。在进行费用偏差分析时，对绝对偏差和相对偏差都要进行计算。绝对偏差的结果比较直观，其作用主要是了解项目费用偏差的绝对数额，指导调整资金支出计划和资金筹措计划。由于项目规模、性质、内容不同，其费用总额会有很大差异，因此，绝对偏差就显得有一定的局部性。而相对偏差就能较客观地反映费用偏差的严重程度或合理程度，从对费用控制工作的要求来看，相对偏差比绝对偏差更有意义，应当给予更高度的重视。

4. *偏差分析方法*

常用的偏差分析方法有横道图法、时标网络图法、表格法和曲线法。

1）横道图法

用横道图进行费用偏差分析，用不同的横道标识拟完工程计划费用、已完工程实际费用和已完工程计划费用，在实际工作中往往需要根据已完工程实际费用和已完工程计划费用确定已完工程计划费用后，再确定费用偏差与进度偏差，横道的长度与其金额成正比例。根据拟完工程计划费用、已完工程实际费用，确定已完工程计划费用的方法是：

（1）已完工程计划费用与已完成实际费用的横道位置相同。

（2）已完工程计划费用与拟完工程计划费用的各子项工程的费用总值相同。

横道图法具有形象、直观、一目了然等优点，它能够准确表达出施工成本的绝对偏差，而且能一眼感受到偏差的严重性，但这种方法反映的信息量少，一般在项目的较高管理层应用，因而其应用有一定的局限性。

2）时标网络图法

时标网络图法是在确定施工计划网络图的基础上，将施工的实施进度与日历工期相结合而形成的网络图。根据时标网络图可以得到每一时间段的拟完工程计划费用；已完工程实际费用可以根据实际工作完成情况测得，在时标网络图上，考虑实际进度前锋线并经过计算，就可以得到每一时间段的已完工程计划费用。实际进度前锋线表示整个项目目前实际完成的工作面情况，将某一确定是点下时标网络图中各个工序的实际进度点相连就可以得到实际进度前锋线。

时标网路图具有简单、直观的特点，主要用来反映累计偏差和局部偏差，但实际进度前锋线的绘制有时会遇到一定困难。

3）表格法

表格法是进行偏差分析最常用的一种分析方法。可以根据项目的具体情况、数据来源、费用控制工作的要求等条件来设计表格，因而适用性强，表格的信息量大，可以反映各种偏差的变量和指标，对全面深入的了解项目费用的实际情况非常有益；另外，表格法还便于用计算机辅助管理，提高费用控制工作的效率。

4）曲线法

曲线法是用费用时间曲线进行偏差分析的一种方法。在用曲线法进行偏差分析时，通常有三条费用曲线，即已完工程实际费用曲线 a，已完工程计划费用曲线 b 和拟完工程计划费用曲线 p，如图 5.4 所示，图中曲线 a 和曲线 b 的竖向距离表示费用偏差，曲线 p 和 b 的水平距离表示进度偏差。图中所反映的是累计偏差，而且主要是绝对偏差。用曲线法进行偏差分析，具有形象直观的优点，但不能直接用于定量分析，如果能与表格法结合起来，则会取得较好的效果。

在实际执行过程中，最理想的状态是已完工作实际费用（ACWP）、计划工作预算

费用（BCWS）、已完工作预算费用（BCWP）三条曲线靠的很近，平稳上升，表示项目按预定计划目标进行。如果三天曲线离散不断增加，则预示可能发生关系到项目成败的重大问题。

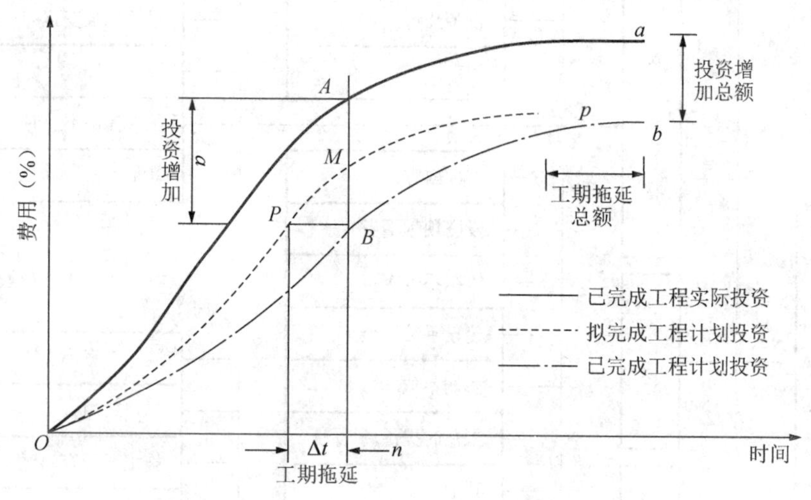

图 5.4　三种费用参数曲线

5. 偏差原因分析与纠偏措施

1）偏差原因分析

偏差分析的一个重要目的就是找出引起偏差的原因，从而有可能采取有针对性的措施，减少或避免相同问题的再次发生。在进行偏差分析时，首先应当将已经导致和可能导致偏差的各种原因逐一列举出来。导致不同工程项目产生费用偏差的原因具有一定的共性，因而可以通过对已建工程项目费用偏差原因进行归纳、总结，为该项目采用预防措施提供依据。一般来讲，引起费用偏差的原因主要有以下几个方面，即物价上涨、设计原因、业主原因、施工原因和客观原因，详见图 5.5。

2）偏差类型

在数量分析的基础上，可以将偏差的类型分为四种形式：

（1）费用增加且工期拖延。这种类型是纠正偏差的主要对象，必须引起高度重视。

（2）费用增加但工期提前。这种情况下要适当考虑工期提前带来的效益。从资金使用的角度，如果增加资金值超过增加的效益时，要采取就偏措施。

（3）工期拖延但费用节约。这种情况下是否采取纠偏措施要根据实际需要。

（4）工期提前且费用节约。这种情况是最理想的，不需要采取纠偏措施。

从偏差原因的角度，由于客观原因是无法避免的，施工原因造成损失有施工单位自己负责，因此，纠偏的主要对象是业主原因和设计原因造成的费用偏差。从偏差发生的概率和影响程度明确纠偏的主要对象，对产生偏差的原因发生的频率大，相对偏差大，平均绝对偏差也大，必须采取必要的措施，减少或避免其发生后的经济损失。

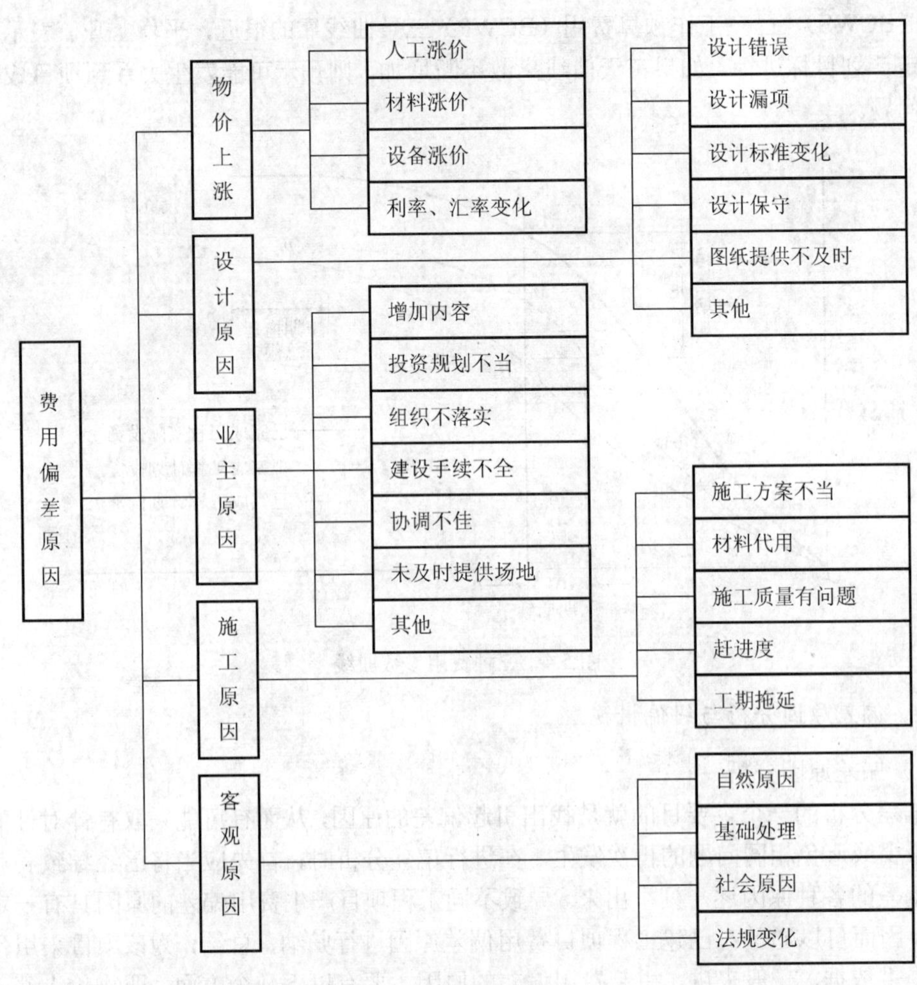

图 5.5 费用偏差原因

3）偏差的纠正措施

对偏差原因进行分析的目的是为了有针对性的采取纠偏措施，从而实现费用的动态控制和主动控制。费用偏差的纠偏措施分为组织措施、经济措施、技术措施、合同措施四个方面。

应用案例 5-16

业主委托的另一家施工单位进场施工，影响了某施工单位正常的混凝土浇筑运输作业。经核实，受影响的部分工程原计划用工 2200 工日，计划工资 40 元/工日；受施工干扰后完成该部分工程实际用工 2800 工日，实际工资 45 元/工日。

问：如果该施工单位提出降效支付要求，人工费应补偿多少？

【解】

已完成工程的实际造价=2800 工日×45 元/工日

原计划工程的预算造价=2200 工日×40 元/工日

造价差异=126000−88000=38000（元）

造价差异（元）=2800×45−2200×40=126000−88000=38000（元）

已完工程的实际造价　2800×45=126000（元）

实际用工×实际工资工资差异 14000 元

已完工程的预算造价　2800×40=112000（元）

实际用工×计划工资工效差异 24000 元

计划工程的预算造价　2200×40= 88000（元）

计划用工×计划工资

人工费应补偿（元）: (2800−2200)×40=24000（元）

又设该施工单位混凝土浇筑运输作业原计划机械台班 360 台班，台班综合单价为 180 元/台班；受施工干扰后完成该部分工程实际用机械台班 410 台班，实际支出 200 元 / 台班。

问：如果该施工单位提出降效支付要求，机械使用费应补偿多少?

已完工程的预算造价　计划工程的预算造价

实际台班×计划单价　计划台班×计划单价

工效差异

机械台班费补偿:（410−360）×180=9000（元）

变更、索赔按照原合同单价执行。

应用案例 5-17

某工程项目包括 A、B、C、D、E、F 等 6 项分项工程。该工程采用固定单价合同，合同工期为 8 个月。工期每提前一个月奖励 1.5 万元，每拖后一个月罚款 2 万元。项目经理部编制的时标网络进度计划如图 5.6 所示，各分项工程的总工程量和计划单价、计划作业起止时间见表 5.6 中（1）、（2）、（3）栏所示。该计划在开工前已得到甲方代表的批准。

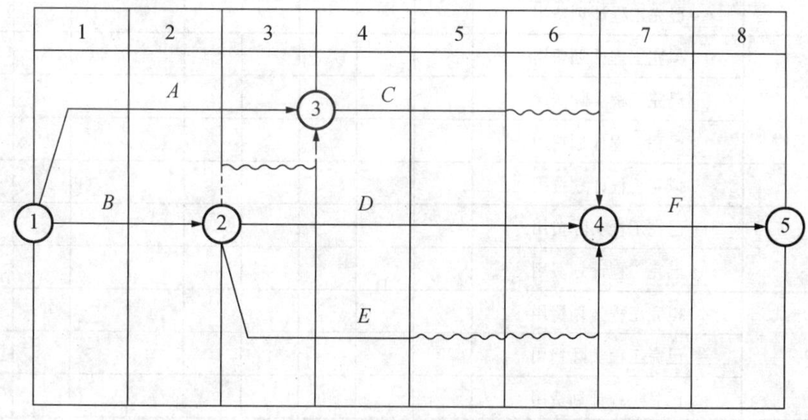

图 5.6　某施工进度计划表（单位：月）

各分项工程实际作业起止时间如表 5.6 中（4）栏所示。

表 5.6　各分项工程计划和实际工程量、价格、作业时间表

序号	分项工程	A	B	C	D	E	F
（1）	总工程量（m^3）	600	680	800	1200	760	400
（2）	计划单价（元/m^3）	1200	1000	1000	1100	1200	1000
（3）	计划作业起止时间（月）	1～3	1～2	4～5	3～6	3～4	7～8
（4）	实际作业起止时间（月）	1～3	1～2	5～6	3～6	3～5	7～10

【问题】

1. 假定各分项工程的计划进度和实际进度都是匀速的，施工期间 1～10 月各月结算价格调价系数依次为：1.00、1.00、1.05、1.05、1.08、1.10、1.10、1.05、1.05。试计算各分项工程的每月拟完工程计划费用、已完工程实际费用、已完工程计划费用，并将结果填入表 5.7 中。

表 5.7　各分项工程每月费用数据表（一）

分项工程	数据名称	每月费用数据（单位：万元）									
		1	2	3	4	5	6	7	8	9	10
A	拟完工程计划费用										
	已完工程实际费用										
	已完工程计划费用										
B	拟完工程计划费用										
	已完工程实际费用										
	已完工程计划费用										
C	拟完工程计划费用										
	已完工程实际费用										
	已完工程计划费用										
D	拟完工程计划费用										
	已完工程实际费用										
	已完工程计划费用										
E	拟完工程计划费用										
	已完工程实际费用										
	已完工程计划费用										
F	拟完工程计划费用										
	已完工程实际费用										
	已完工程计划费用										

2. 计算该工程项目每月费用数据，并将结果填入表 5.8。

表 5.8　工程项目每月费用数据表（一）

数据名称	每月费用数据（单位：万元）									
	1	2	3	4	5	6	7	8	9	10
每月拟完工程计划费用										
拟完工程计划费用累计										
每月已完工程实际费用										
已完工程实际费用累计										
每月已完工程计划费用										
已完工程计划费用累计										

3. 试计算该工程进行到 8 月底的费用偏差和进度偏差。

【案例解析】

问题 1，计算各分项工程每月费用数据。计算过程略，结果见表 5.9 中。

表 5.9　各分项工程每月费用数据表（二）

分项工程	数据名称	每月费用数据（单位：万元）									
		1	2	3	4	5	6	7	8	9	10
A	拟完工程计划费用	24	24	24							
	已完工程实际费用	24	24	25.2							
	已完工程计划费用	24	24	24							
B	拟完工程计划费用	34	34	34							
	已完工程实际费用	34	34	34							
	已完工程计划费用	34	34	34							
C	拟完工程计划费用				40	40					
	已完工程实际费用					48	48				
	已完工程计划费用					40	40				
D	拟完工程计划费用			33	33	33	33				
	已完工程实际费用			34.65	34.65	34.65	35.64				
	已完工程计划费用			33	33	33	33				
E	拟完工程计划费用			45.6	45.6						
	已完工程实际费用			31.92	31.92	31.92					
	已完工程计划费用			30.4	30.4	30.4					
F	拟完工程计划费用							20	20		
	已完工程实际费用							11	11	10.5	10.5
	已完工程计划费用							10	10	10	10

问题 2，根据表 5.9 统计整个工程项目每月费用数据，见表 5.10。

表 5.10　工程项目每月费用数据表（二）

数据名称	每月费用数据（单位：万元）									
	1	2	3	4	5	6	7	8	9	10
每月拟完工程计划费用	58	58	102.6	118.6	73	33	20	20		
拟完工程计划费用累计	58	116	218.6	337.2	410.2	443.2	483.2			
每月已完工程实际费用	58	58	91.77	66.57	116.97	87.48	11	11	10.5	4.5
已完工程实际费用累计	58	116	207.77	274.43	391.31	478.79	489.79	500.79	511.29	515.79
每月已完工程计划费用	58	58	87.4	63.4	103.4	73	10	10	10	10
已完工程计划费用累计	58	116	203.4	266.8	370.2	443.2	453.2	463.2	473.2	483.2

问题 3:

① 第 8 月底费用偏差：费用偏差=已完工程实际费用−已完工程计划费用

=500.79−463.2=37.59（万元）

即：费用增加 37.59 万元。

② 第 8 月底进度偏差：进度偏差=已完工程实际时间−已完工程计划时间=8−7=1（月）

即：进度拖后 1 个月。

或：进度偏差=拟完工程计划费用−已完工程计划费用=493.2−463.2=20（万元）

即：进度拖后 20 万元。

单 元 小 结

为了准确计算施工阶段支付给承包商的建筑安装工程价款，本单元首先根据《建设工程工程量清单计价规范》（GB 50500—2013）介绍了在施工阶段引起合同价款调整的主要事件，在此基础上分别阐述了引起合同价款调整事件的价款调整方法。

同时，对工程价款结算有影响的还有施工索赔，为此对工程索赔及索赔费用的计算进行了介绍；随后对工程计量与合同价款的计算进行了详细介绍，对合同价款纠纷处理的方法和工程造价鉴定进行了介绍；最后对施工阶段工程造价控制的措施和方法进行了详细介绍。

通过本单元的学习，要学会建设工程施工阶段造价控制的基本内容，灵活运用各部分内容的价款计算方法及调整方法对施工阶段的造价进行管理和控制。

综合应用案例

【综合应用案例5-1】

【背景】

某施工单位（乙方）与某建设单位（甲方）签订了某项工业建筑的地基处理与基础工程施工合同。由于工程量无法准确确定，根据施工合同的专用条款规定，按施工图预算方式计价乙方必须严格按照施工图及施工合同规定的内容及技术要求施工。乙方的分项工程首先向监理工程师申请质量验收，取得质量验收合格文件后，向造价工程师提出计量申请和支付工程款。工程开工前，乙方提交了施工组织设计并得到批准。

【问题】

1．在施工过程中，当进行到施工图所规定的处理范围边缘时，乙方在取得在场的监理工程师认可的情况下，为了使夯击质量得到保证，将夯击范围适当扩大。施工完成后，乙方将扩大范围内的施工工程量向造价工程师提出计量付款的要求，但遭到拒绝。试问造价工程师拒绝承包商的要求合理否？为什么？

2．在施工过程中，乙方根据监理工程师的指示就不分工程进行了变更施工。试问工程变更部分合同价款应根据什么原则确定？

3．在开挖土方工程中，有两项重大事件使工期发生较大的拖延：一是土方开挖时遇到了一些工程地质勘探没有探明的孤石，排除孤石拖延了一定的时间；二是施工过程中遇到了数天季节性大雨后又转为特大暴雨引起山洪爆发，造成现场临时道路、管网和甲乙方施工现场办公用房等设施以及已施工的部分基础被冲坏，施工设备损坏，运进现场的部分材料被冲走，乙方数名施工人员受伤，雨后乙方用了很多工时进行工程清理和修复作业。为此乙方按照索赔程序提出了延长工期和费用补偿的要求。试问造价工程师应如何处理？

【案例解析】

问题1，造价工程师的拒绝合理。其原因：该部分的工程量超出了施工图的要求，一般地讲，也就超出了工程合同约定的工程范围。对该部分的工程量，监理工程师可以认为是承包商的保证工程质量的技术措施，一般在业主没有批准追加相应费用的情况下，技术措施费用应由乙方自己承担。

问题2，工程变更价款的确定原则：

（1）合同中已有适用于变更工程的价格，按合同已有的价格计算，变更合同条款。

（2）合同中只有类似于变更合同的价格，可以参照类似价格变更合同条款。

（3）合同中没有适用或类似于变更合同的价格，由承包商提出的适当变更价格，工程师批准执行。这一变更的价格，应与承包商达成一致，否则按合同争议的方法处理解决。

问题3，造价工程师应对两项索赔事件做出处理如下：

（1）对处理孤石引起的索赔，这是地质勘探报告未提供的，施工单位预先无法估计的地质变化条件，属于甲方应承担的风险，应给予乙方工期顺延和费用补偿。

（2）对于天气条件变化引起的索赔应分两种情况处理：

① 对于前期的季节性大雨这是一个有经验的承包商预先能够合理估计的因素。应在合同工期内考虑。由此造成的工期延长和费用损失不能给予补偿。

② 对于后期特大暴雨引起的山洪爆发不能视为一个有经验的承包商预先能够合理估计的因素，应按不可抗力处理引起的索赔问题。根据不可抗力的处理原则，被冲坏的现场临时道路，管网和甲方施工现场办公用房等设施以及施工的部分基础，被冲走的部分材料，工程清理和修复作业等经济损失应由甲方承担，损坏的施工设备，受伤的施工人员以及由此造成的人员窝工和设备闲置，冲坏的乙方施工现场办公用房等经济损失应由乙方承担，工期应顺延。

【综合应用案例 5-2】

【背景】

某项工程项目业主与承包商签订了工程施工承包合同。合同中估算工程量为 5300m^3，全费用单价为 180 元/m^3。合同工期为 6 个月。有关付款条款如下：

（1）开工前业主应向承包商支付估算合同总价 20%的工程预付款；

（2）业主自第一个月起，从承包商的工程款中，按 5%的比例扣留质量保证金；

（3）当实际完成工程量增减幅度超过估算工程是 10%时，可进行调价，调价系数为 0.9（或 1.1）；

（4）每月支付工程款最低金额为 15 万元；

（5）工程预付款从乙方获得累计工程款超过估算合同价的 30%以后的下一个月起，至第 5 个月均匀扣除。

承包商每月实际完成并经签证确认的工程量如表 5.11 所示。

表 5.11　每月实际完成的工程量

月份	1	2	3	4	5	6
完成工程量（m^3）	800	1000	1200	1200	1200	500
累计完成工程量（m^3）	800	1800	3000	4200	5400	5900

【问题】

1．估算合同总价为多少？

2．工程预付款为多少？工程预付款从哪个月起扣留？每月应扣工程预付款为多少？

3．每月工程量价款为多少？业主应支付给承包商的工程款为多少？

【案例解析】

问题 1：估算合同总价：5300×180=95.4（万元）

问题 2：

（1）工程预付款金额：95.4×20%=19.08（万元）

（2）工程预付款应从第 3 个月起扣留，因为第 1、2 两个月累计工程款：

1800×180=32.4 万元>95.4×30%=28.62（万元）

（3）每月应扣工程预付款：19.08÷3=6.36（万元）

问题 3：

（1）第 1 个月工程量价款：800×180=14.40（万元）

应扣留质量保证金：14.40×5%=0.72（万元）

本月应支付工程款：14.40−0.72=13.68 万元<15（万元）

第 1 个月不予支付工程款。

（2）第 2 个月工程量价款：1000×180=18.00（万元）

应扣留质量保证金：18.00×5%=0.9（万元）

本月应支付工程款：18.00−0.9=17.10（万元）

13.68+17.1=30.78 万元>15（万元）

第 2 个月业主应支付给承包商的工程款为 30.78 万元

（3）第 3 个月工程量价款：1200×180=21.60（万元）

应扣留质量保证金：21.60×5%=1.08（万元）

应扣工程预付款：6.36 万元

本月应支付工程款：21.60−1.08−6.36=14.16 万元<15 万元

第 3 个月不予支付工程款。

（4）第 4 个月工程量价款：1200×180=21.60（万元）

应扣留质量保证金：21.60×5%=1.08（万元）

应扣工程预付款：6.36（万元）

本月应支付工程款：21.60−1.08−6.36=14.16（万元）

14.16+14.16=28.32 万元>15（万元）

第 4 个月业主应支付给承包商的工程款为 28.32（万元）

（5）第 5 个月累计完成工程量为 5400m^3，比原估算工程量超出 100m^3，但未超出估算工程量的 10%，所以仍按原单价结算。

本月工程量价款：1200×180=21.60（万元）

应扣留质量保证金：21.60×5%=1.08（万元）

应扣工程预付款：6.36（万元）

本月应支付工程款：21.60−1.08−6.36=14.16 万元<15 万元

第 5 月不予支付工程款。

（6）第 6 个月累计完成工程量为 5900m^3，比原估算工程量超出 600m^3，已超出估算工程量的 10%，对超出的部分应调整单价。

应按调整后的单价结算的工程量：5900−5300×(1+10%)=70（m^3）

本月工程量价款：70×180×0.9+(500−70)×180=8.874（万元）

应扣留质量保证金：8.874×5%=0.444（万元）

本月应支付工程款：8.874−0.444=8043（万元）

第 6 个月业主应支付给承包商的工程款为

$$14.16+8.43=22.59（万元）$$

单元考核题

一、单选题

1. 某工程的 1#标段实行招标确定承包人，中标价为 5000 万元，招标控制价为 5500 万元，其中：安全文明施工费为 500 万元，规费为 300 万元，税金的综合税率为 3.48%，则承包人报价浮动率为（　　）。

A．9.09%　　B．9.62%　　C．10.00%　　D．10.64%

2. 承包人应在收到发包人指令后的（　　）内，向发包人提交现场签证报告。

A．24 小时　　B．48 小时　　C．5 天　　D．7 天

3. 某工程合同价为 100 万元，合同约定：采用价格指数调整价格差额，其中固定要素比重为 0.3，调价要素 A、B、C 分别占合同价的比重为 0.15、0.25、0.3，结算时价格指数分别增长了 20%、15%、25%，则该工程实际结算款差额为（　　）万元。

A．19.75　　B．28.75　　C．14.25　　D．27.25

4. 下列关于采用造价信息调整价格差额的表述，错误的是（　　）。

A．采用造价信息调整价格主要适用于使用的材料品种少、用量大的公路水坝工程

B．人工价格发生变化，发承包双方按发布的人工成本文件调整合同价款

C．投标报价中材料单价低于基准单价，材料单价上涨以基准单价为基础超过合同约定风险值以上部分据实调整

D．承包人未经发包人核对自行采购材料，再报发包人调整合同价款的，发包人不同意不予调整

5. 合同履行过程中，业主要求保护施工现场的一棵古树。为此，一台承包商自有塔吊累计停工 2 天，后又因工程师指令增加新的工作，需增加塔吊 2 个台班，台班单价为 1 000 元/台班，折旧费 200 元/台班，则承包商可提出的直接工程费补偿为（　　）元。

A．2000　　B．2400　　C．4000　　D．4800

6. 某建设项目业主与甲施工单位签订了施工总包合同，合同中保函手续费为 20 万元，合同工期为 200 天。合同履行过程中，因不可抗力事件发生致使开工日期推迟 30 天，因异常恶劣气候停工 10 天，因季节性大雨停工 5 天，因设计分包单位延期交图停工 7 天，上述事件均未发生在同一时间，则甲施工总包单位可索赔的保函手续费为（　　）万元。

A．0.7　　B．3.7　　C．4.7　　D．5.2

7. 某建设项目业主与丙施工单位签订了施工合同，合同总价 5 000 万元，合同工期为 200 天，其应分摊的总部管理费 100 万元。丙在施工过程中，因遇到不利物质条件造成停工 5 天，因发包人更换其提供的不合格材料造成工程停工 3 天，因承包人施工机械

损坏停工 3 天，因异常恶劣气候造成工程停工 2 天，上述事件均未发生在同一时间，且都在关键路线上，则丙施工单位可索赔的总部管理费为（　　）万元。

A．2.5　　B．4.0　　C．5.0　　D．6.5

8．下列关于工程量偏差引起合同价款调整的叙述，正确的是（　　）。

A．实际工程量超过招标工程量清单的 15%时，应相应调低综合单价，调低措施项目费

B．实际工程量比招标工程量清单减少 15%时，应相应调高综合单价，调低措施项目费

C．实际工程量比招标工程量清单减少 15%，且引起措施项目变化，若措施项目按系数计价，相应调低措施项目费

D．实际工程量比招标工程量清单增加 10%，且引起措施项目变化，若措施项目按系数计价，相应调高措施项目费

9．某分部分项工程 5 月份拟完工程量 100m，实际工程量 160m，计划单价 60 元/m，实际单价 48 元/m。则其费用偏差是（　　）元。

A．1920　　B．1200　　C．1680　　D．1680

二、多选题

1．因不可抗力事件导致的人员伤亡、财产损失及其费用增加，以下应由发包人承担的是（　　）。

A．合同工程本身的损害、因工程损害导致第三方人员伤亡和财产损失以及运至施工场地用于施工的材料和待安装的设备的损害

B．发包人、承包人人员伤亡

C．停工期间，承包人应发包人要求留在施工场地的必要的管理人员及保卫人员的费用

D．工程所需清理、修复费用

E．不可抗力事件导致工期延误的，工期相应顺延。发包人要求赶工的，承包人应采取赶工措施，赶工费用由发包人承担

2．某施工合同约定，现场主导施工机械一台，由承包人租得，台班单价为 200 元/台班，租赁费 100 元/天，人工工资为 50 元/工日，窝工补贴 20 元/工日，以人工费和机械费为基数的综合费率为 30%。在施工过程中，发生了如下事件：①遇异常恶劣天气导致停工 2 天，人员窝工 30 工日，机械窝工 2 天；②发包人增加合同工作，用工 20 工日，使用机械 1 台班；③场外大范围停电致停工 1 天，人员窝工 20 工日，机械窝工 1 天。据此，下列选项正确的有（　　）。

A．因异常恶劣天气停工可得的费用索赔额为 800 元

B．因异常恶劣天气停工可得的费用索赔额为 1040 元

C．因发包人增加合同工作，承包人可得的费用索赔额为 1560 元

D．因停电所致停工，承包人可得的费用索赔额为 500 元

E．承包人可得的总索赔费用为 2500 元

3．根据我国《标准施工招标文件》，下列情形中，承包人可以得到费用和利润补偿而不能得到工期补偿的事件有（　　）。

A．基准日后法律的变化

B．发包人的原因导致试运行失败

C．工程移交后因发包人原因出现新的缺陷或损坏的修复

D．承包人遇到不利物质条件

E．因不可抗力停工期间应监理人要求照管、清理、修复工程

4．根据索赔事件的性质不同，可以将工程索赔分为（　　）。

A．工期索赔　　B．费用索赔

C．工程延误索赔　　D．加速施工索赔

E．合同终止的索赔

5．由于不可抗力解除合同的，承包人通常可以获得支付的金额包括（　　）。

A．承包人施工机械设备的损坏

B．解除日之前已完成工程但尚未支付的合同价款

C．运至施工场地用于施工的材料和待安装设备的损害

D．实施或部分实施的措施项目应付价款

E．承包人为完成合同工程而预期开支的任何合理费用

6．按照纠纷的成因不同，可以把工程合同价款纠纷分为（　　）。

A．合同无效的价款纠纷　　B．质量争议的价款纠纷

C．工期延误的价款纠纷　　D．工程索赔的价款纠纷

E．合同价款调整的纠纷

三、案例分析题

【背景】

某施工单位承包了某工程项目，甲乙双方签订的关于工程价款的合同内容有：

（1）建筑安装工程造价 660 万元，建筑材料及设备费占施工产值的比重为 60%；

（2）工程预付款为建筑安装工程造价的 20%。工程实施后，工程预付款从未施工工程所需的建筑材料及设备费相当于工程预付款数额时起扣，从每次结算工程价款中按材料和设备占施工产值的比重抵扣工程预付款，竣工前全部扣清；

（3）工程进度款逐月计算；

（4）工程质量保证金为建筑安装工程造价的 3%，竣工结算月一次扣留；

（5）建筑材料和设备价差调整按当地工程造价管理部门有关规定执行（当地工程造价管理部门有关规定，上半年材料和设备价差上调 10%，在 6 月份一次调增）。

工程各月实际完成产值如表 5.12 所示。

表 5.12　各月实际完成产值　　　单位：万元

月份	2	3	4	5	6	合计
完成产值	55	110	165	220	110	660

根据工程进度安排，施工单位在六月底完成了该工程项目，申请建设单位组织了验收。施工单位与建设单位进行了工程竣工结算。

【问题】

1．该工程的工程预付款、起扣点为多少？

2．该工程 2 月至 5 月每月拨付工程款为多少？累计工程款为多少？

3．由于物价上涨，建筑材料和设备价差该如何调整？

4．工程价款结算的方式有哪几种？

5．6 月份办理工程竣工结算，该工程结算造价为多少？甲方应付工程结算款为多少？

单元 6

建设项目竣工阶段工程造价控制

教学目标 通过本单元的学习，熟悉竣工阶段工程造价控制的内容；熟悉竣工验收的条件、内容及程序等；掌握竣工决算的内容；会编制工程竣工决算，能进行新增资产价值的确定工作；熟悉工程责任缺陷期与保修期的要求，会处理质量保证金。

学习提示 按照我国建设程序的规定，建设项目的施工达到竣工条件要进行验收，这是建设项目施工周期的最后一个程序，是建设项目施工阶段和保修阶段的中间过程，是全面检验建设项目是否符合设计要求和工程质量检验标准的重要环节，审查投资使用是否合理的重要环节，也是投资成果转入生产或使用的标志。只有经过竣工验收，建设项目才能实现由承包人管理向发包人管理的过渡，在这个阶段有效地进行工程造价控制，对建设项目的最后造价的确定具有十分重要的意义。在这个阶段工程造价控制的主要工作有：①竣工结算的编制与审查；②竣工决算的编制与审查；③新增固定资产的确认；④质量保证金与保修费用的处理等工作。

本单元就上述工作任务进行讲解，对于竣工结算的编制与审查等内容已在单元 5 中进行了介绍，本单元不再讲述。

课题6.1　竣 工 验 收

6.1.1　建设项目竣工验收的概念

建设项目竣工验收是指由发包人、承包人和项目验收委员会，以项目批准的设计任务书和设计文件，以及国家或部门颁发的施工验收规范和质量检验标准为依据，遵循一定的程序和手续，在项目建成并试生产合格后（工业生产性项目），对建设项目的总体进行检验和认证、综合评价和鉴定的活动。

6.1.2　工程竣工验收的范围与条件

1. 竣工验收的范围

凡新建、扩建、改建的基本建设项目和技术改造项目，应按国家批准的设计文件所规定的设计内容和验收标准进行及时验收。对于某些特殊情况，工程施工虽未全部按设计要求完成，也应进行验收，包括：

（1）因少数非主要设备或某些特殊材料短期内不能解决，虽然工程内容尚未全部完成，但可以投产或使用的建设项目；

（2）规定要求的内容已完成，但因外部条件的制约，而使已建工程不能投入使用的项目；

（3）已形成部分生产能力，但近期内不能按原设计规模续建，应缩小规模对已完成的工程和设备组织竣工验收，移交固定资产。

2. 竣工验收的条件

国务院于2000年1月发布的第279号令《建设工程质量管理条例》规定，建设工程竣工验收应当具备以下条件：

（1）完成建设工程设计和合同约定的各项内容。

（2）有完整的技术档案和施工管理资料。

（3）有工程使用的主要建筑材料、建筑构配件和设备的进场试验报告。

（4）有勘察、设计、施工、工程监理等单位分别签署的质量合格文件。

（5）有施工单位签署的工程质量保修书。

6.1.3　竣工验收的依据与标准

1. 竣工验收的依据

竣工验收的依据包括：

① 上级主管部门对该项目批准的各种文件；②可行性研究报告；③施工图设计及

设计变更洽商记录；④国家颁布的各种标准及现行施工验收规范；⑤工程承包合同文件；⑥技术设备说明书；⑦建筑安装工程统一规定及主管部门关于工程竣工的规定；⑧从国外引进新技术或成套设备的项目，以及中外合资建设项目，要按照签订的合同和进口国提供的设计文件等资料进行验收；⑨利用世界银行等国际金融机构贷款的建设项目，应按世界银行规定，按时编制《项目完成报告》。

2. 竣工验收的标准

（1）工业建设项目竣工验收标准。根据国家规定，工业建设项目竣工验收、交付生产使用，必须满足以下要求：

① 生产性项目和辅助性公用设施，已按设计要求建成，能满足生产使用要求；

② 主要工艺设备和配套设施联动负荷试车合格，形成生产能力，能够生产出设计中所规定的产品；

③ 有必要的生活设施，并已按设计要求建成合格；

④ 生产准备工作能适应投入生产的需要；

⑤ 环境保护设施，劳动、安全、卫生设施和消防设施，已按设计要求与主体工程同时建成使用；

⑥ 设计和施工质量已经过质量监督部门检验并做出评定；

⑦ 工程结算和竣工决算通过有关部门审查和审计。

（2）民用建设项目竣工验收标准：

① 建设项目各单位工程和单项工程，均已符合项目竣工验收标准；

② 建设项目配套工程和附属工程，均已施工结束，达到设计规定的相应质量要求，并具备正常使用条件。

应用案例 6-1

多项选择：下列内容中，属于建设项目竣工验收的主要依据的是（　　）。

A. 工程地质资料　　B. 可行性研究报告

C. 招标控制价　　D. 工程承包合同文件

E. 施工图设计文件

答案：BDE

【案例解析】 工程地质资料属于投资估算、设计概算、施工图预算的编制依据；招标控制价属于竣工决算的编制依据。

6.1.4 竣工验收的内容

建设项目竣工验收的内容一般包括工程资料验收和工程内容验收。

1. 工程资料验收

工程资料验收包括工程技术资料、工程综合资料和工程财务资料验收。

1）工程技术资料验收内容

① 工程地质、水文、气象、地形、地貌、建筑物、构筑物及重要设备安装位置、勘察报告、记录；

② 初步设计、技术设计或扩大初步设计、关键的技术试验、总体规划设计；

③ 土质试验报告、基础处理；

④ 建筑工程施工记录，单位工程质量检验记录，管线强度，密封性试验报告，设备、管线安装施工记录及质量检查、仪表安装施工记录；

⑤ 设备试车、验收运转、维修记录；

⑥ 产品的技术参数、性能、图纸、工艺说明、工艺规程、技术总结、产品检验、包装、工艺图；

⑦ 设备的图纸、说明书；

⑧ 涉外合同、谈判协议、意向书；

⑨ 各单项工程及全部管网竣工图等的资料。

2）工程综合资料验收内容

① 项目建议书及批件、可行性研究报告及批件、项目评估报告、环境影响评估报告书、设计任务书；

② 土地征用申报及批准的文件、承包合同、招标投标文件、施工执照、项目竣工验收报告、验收鉴定书；

3）工程财务资料验收内容

① 历年建设资金供应（拨、贷）情况和应用情况；

② 历年批准的年度财务决算；

③ 历年年度投资计划、财务收支计划；

④ 建设成本资料；

⑤ 支付使用的财务资料；

⑥ 设计概算、预算资料；

⑦ 施工决算资料。

2. 工程内容验收

工程内容验收包括建筑工程验收和安装工程验收。

1）建筑工程验收

建筑工程工程验收，主要是如何运用有关资料进行审查验收，主要包括：

① 建筑物的位置、标高、轴线是否符合设计要求；

② 对基础工程中的土石方工程、垫层工程、砌筑工程等资料的审查验收；

③ 对结构工程中的砖木结构、砖混结构、内浇外砌结构、钢筋混凝土结构的审查验收；

④ 对屋面工程的木基、望板油毡、屋面瓦、保温层、防水层等的审查验收；

⑤ 对门窗工程的审查验收；

⑥ 对装修工程的审查验收（抹灰、油漆等工程）。

2）安装工程验收

安装工程验收分为建筑设备安装工程、工艺设备安装工程、动力设备安装工程验收。

① 建筑设备安装工程（指民用建筑物中的上下水管道、暖气、煤气、通风、电气照明等安装工程）应检查这些设备的规格、型号、数量、质量是否符合设计要求，检查安装时的材料、材质、材种，检查试压、闭水试验、照明；

② 工艺设备安装工程包括生产、起重、传动、实验等设备的安装，以及附属管线敷设和油漆、保温等。检查设备的规格、型号、数量、质量、设备安装的位置、标高、机座尺寸、质量、单机试车、无负荷联动试车、有负荷联动试车、管道的焊接质量、洗清、吹扫、试压、试漏、油漆、保温等以及各种阀门；

③ 动力设备安装工程是指有自备电厂的项目，或变配电室（所）、动力配电线路的验收。

6.1.5 竣工验收的方式与组织

1. 竣工验收的方式

建设项目竣工验收，按被验收的对象，可分为单位工程验收（中间验收）、单项工程验收（交工验收）和工程整体验收（动用验收）三种，具体见表6.1。

表6.1 不同阶段的工程验收

类型	验收条件	验收组织
单位工程验收（中间验收）	(1) 按照施工承包合同的约定，施工完成到某一阶段后要进行中间验收； (2) 主要的工程部位施工已完成了隐蔽前的准备工作，该工程部位将置于无法查看的状态	由监理单位组织，业主和承包商派人参加。该部位的验收资料将作为最终验收的依据
单项工程验收（交工验收）	(1) 建设项目中的某个合同工程已全部完成； (2) 合同内约定有分部分项移交的工程已达到竣工标准，可移交给业主投入试运行	由业主组织，会同施工单位、监理单位、设计单位及使用单位等有关部门共同进行
工程整体验收（动用验收）	(1) 建设项目按设计规定全部建成，达到竣工验收条件； (2) 初验结果全部合格； (3) 竣工验收所需资料已准备齐全	大中型和限额以上项目由国家发改委或由其委托项目主管部门或地方政府部门组织验收；小型和限额以下项目由项目主管部门组织验收；业主、监理单位、施工单位、设计单位和使用单位参加验收工作

注：1. 初步验收经整改合格后监理工程师签署“工程竣工报验单”。

2. 单项工程验收合格后发包人与承包人共同签署“交工验收证书”。

3. 全部工程竣工验收分为验收准备、预验收和正式验收三个阶段。验收合格后签署“竣工验收鉴定书”。

应用案例6-2

单项选择：由发包人组织，会同监理人、设计单位、承包人、使用单位参加工程验收，验收合格后发包人可投入使用的工程验收是指（　　）。

A. 分段验收　　B. 中间验收　　C. 交工验收　　D. 竣工验收

答案：B。

【案例解析】 本题的关键是要对不同阶段的工程验收进行深刻的理解。

2. 竣工验收的组织

1）成立竣工验收委员会或验收组

根据工程规模大小和复杂程度组成验收委员会或验收组，其人员构成应由银行、物资、环保、劳动、统计、消防及其他有关部门的专业技术人员和专家组成。建设主管部门和建设单位（业主）、接管单位、施工单位、勘察设计及工程监理等有关单位也应参加验收工作。

大、中型和限额以上建设项目及技术改造项目，由国家发改委或国家发改委委托项目主管部门、地方政府部门组织验收；小型和限额以下建设项目及技术改造项目，由项目主管部门或地方政府部门组织验收。

2）验收委员会或验收组的职责

① 负责审查工程建设的各个环节，听取各有关单位的工作报告；

② 审阅工程档案资料，实地考察建筑工程和设备安装工程情况；

③ 对工程设计、施工和设备质量、环境保护、安全卫生、消防等方面客观地做出全面的评价；

④ 处理交接验收过程中出现的有关问题，核定移交工程清单，签订交工验收证书；

⑤ 签署验收意见，对遗留问题应提出具体解决意见并限期落实完成，不合格工程不予验收，并提出竣工验收工作的总结报告和国家验收鉴定书。

3. 竣工验收的程序

通常所说的建设项目竣工验收，指的是“动用验收”。建设项目全部建成后，经过各单项工程的验收符合设计的要求，并具备竣工图表、竣工决算、工程总结报告等必要文件资料，由建设项目主管部门或建设单位向负责验收的单位提出竣工验收申请报告，按程序验收（图6.1）。

1）承包商申请交工验收

承包商在完成了合同工程或按合同约定可分步移交工程的，可申请交工验收，交工验收一般为单项工程。承包人在工程达到竣工条件后，应先进行预检验，对不符合合同要求的部位和项目，确定修补措施和标准，修补有缺陷的工程部位。承包人在完成了上述工作和准备好竣工资料后，可向发包人提交“工程竣工报验单”。

2）监理工程师现场初验

监理工程师收到“工程竣工报验单”后，应由监理工程师组成验收组，对竣工的建设项目资料和各专业工程的质量进行初验，在初验中发现的问题要及时书面通知承包人，令其修理甚至返工。经整改合格后监理工程师签署“工程竣工报验单”，并向发包人提出质量评估报告，至此现场初步验收工作结束。

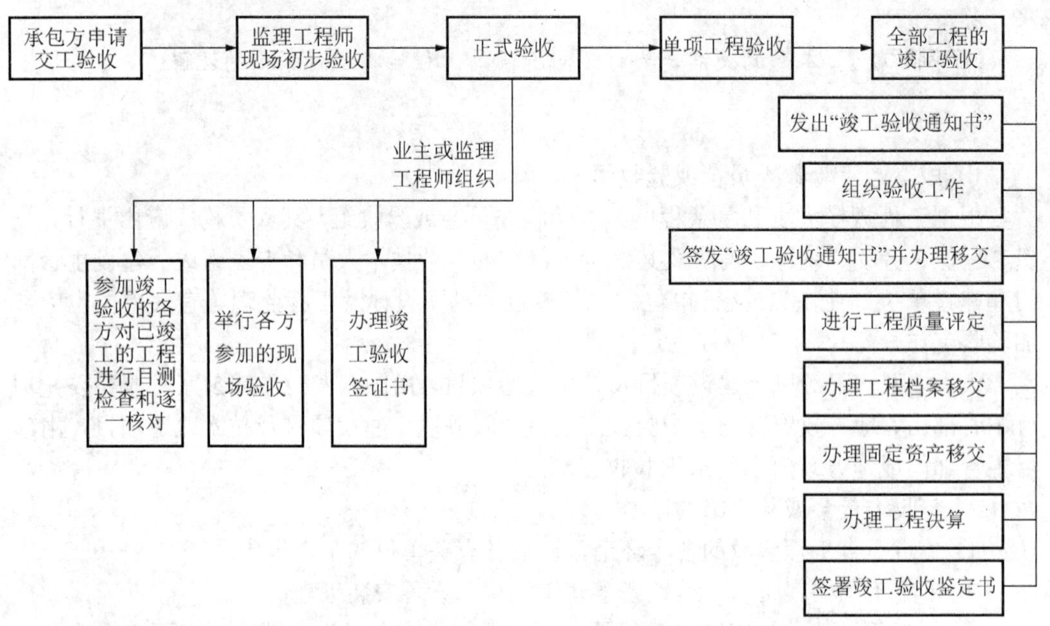

图 6.1 竣工验收程序图

3）单项工程验收

单项工程验收又称交工验收，即验收合格后发包人方可投入使用。由发包人组织的交工验收，由监理单位、设计单位、承包人、工程质量监督站等参加，主要依据国家颁布的有关技术规范和施工承包合同，对以下几方面进行检查或检验。

① 检查、核实竣工项目准备移交给发包人的所有技术资料的完整性、准确性；

② 按照设计文件和合同，检查已完工程是否有漏项；

③ 检查工程质量、隐蔽工程验收资料，关键部位的施工记录等，考察施工质量是否达到合同要求；

④ 检查试车记录及试车中所发现的问题是否得到改正；

⑤ 在交工验收中发现需要返工、修补的工程，明确规定完成期限；

⑥ 其他涉及的有关问题。

验收合格后，发包人和承包人共同签署“交工验收证书”。然后，由发包人将有关技术资料和试车记录、试车报告及交工验收报告一并上报主管部门，经批准后该部分工程即可投入使用。验收合格的单项工程，在全部工程验收时，原则上不再办理验收手续。

4）全部工程的竣工验收

全部施工过程完成后，由国家主管部门组织的竣工验收，又称为动用验收。发包人参与全部工程竣工验收。全部工程竣工验收分为验收准备、预验收和正式验收三个阶段。

① 验收准备。发包人、承包人和其他有关单位均应进行验收准备，验收准备的主要工作内容有：

a．收集、整理各类技术资料，分类装订成册；

b．核实建筑安装工程的完成情况，列出已交工工程和未完工工程一览表，包括单位工程名称、工程量、预算估价以及预计完成时间等内容；

c．提交财务决算分析；

d．检查工程质量，查明须返工或补修的工程并提出具体的时间安排，预申报工程质量等级的评定，做好相关材料的准备工作；

e．整理汇总项目档案资料，绘制工程竣工图；

f．登载固定资产，编制固定资产构成分析表；

g．落实生产准备各项工作，提出试车检查的情况报告，总结试车考评情况；

h．编写竣工结算分析报告和竣工验收报告。

② 预验收。建设项目竣工验收准备工作结束后，由发包人或上级主管部门会同监理单位、设计单位、承包人及有关单位或部门组成预验收组进行预验收。预验收的主要工作包括：

a．核实竣工验收准备工作内容，确认竣工项目所有档案资料的完整性和准确性；

b．检查项目建设标准、评定质量，对竣工验收准备过程中有争议的问题和有隐患及遗留问题提出处理意见；

c．检查财务账表是否齐全并验证数据的真实性；

d．检查试车情况和生产准备情况；

e．编写竣工预验收报告和移交生产准备情况报告，在竣工预验收报告中应说明项目的概况，对验收过程进行阐述，对工程质量做出总体评价。

③ 正式验收。建设项目的正式竣工验收是由国家、地方政府、建设项目投资商或开发商以及有关单位领导和专家参加的最终整体验收。

大中型和限额以上建设项目的正式验收，由国家投资主管部门或其委托项目主管部门或地方政府组织验收，一般由竣工验收委员会（或验收小组）主任（或组长）主持，具体工作可由总监理工程师组织实施。国家重点工程的大型建设项目，由国家有关部委邀请有关方面专家参加，组成工程验收委员会进行验收。小型和限额以下的建设项目由项目主管部门组织，发包人、监理人、承包人、设计单位和使用单位共同参加验收工作。

a．发包人、勘察设计单位分别汇报工程合同履约情况以及在工程建设各环节执行法律、法规与工程建设强制性标准的情况；

b．听取承包人汇报建设项目的施工情况、自验情况和竣工情况；

c．听取监理人汇报建设项目监理内容和监理情况及对项目竣工的意见；

d．组织竣工验收小组全体人员进行现场检查，了解项目现状、查验项目质量，及时发现存在和遗留的问题；

e．审查竣工项目移交生产使用的各种档案资料；

f．评审项目质量，对主要工程部位的施工质量进行复验、鉴定，对工程设计的先进性、合理性和经济性进行复验和鉴定，按设计要求和建筑安装工程施工的验收规范和质量标准进行质量评定验收，在确认工程符合竣工标准和合同条款规定后，签发竣工验收合格证书；

g．审查试车规程，检查投产试车情况，核定收尾建设项目，对遗留问题提出处理意见；

h．签署竣工验收鉴定书，对整个项目做出总的验收鉴定。

竣工验收鉴定书是表示建设项目已经竣工，并交付使用的重要文件，是全部固定资产交付使用和建设项目正式动用的依据。

整个建设项目进行竣工验收后，发包人应及时办理固定资产交付使用手续。在进行竣工验收时，已验收过的单项工程可以不再办理验收手续，但应将单项工程交工验收证书作为最终验收的附件而加以说明。发包人在竣工验收过程中，如发现工程不符合竣工条件，应责令承包人进行返修，并重新组织竣工验收，直到通过验收。

课题 6.2　工程竣工决算

6.2.1　竣工决算的概念

竣工决算的概念

1. 概念

竣工决算是以实物量和货币指标为计量单位，综合反映竣工项目从筹建开始到项目竣工交付使用为止的全部建设费用、建设成果和财务情况的总结性文件，是竣工验收报告的重要组成部分。竣工决算是建设工程经济效益的全面反映，是项目法人核定建设工程各类新增资产价值、办理建设项目交付使用的依据。

2. 作用

竣工决算对建设单位具有重要作用，具体表现在以下几个方面。

（1）总结性，即竣工决算能够准确反映建设工程的实际造价和投资结果，便于业主掌握工程投资金额。

（2）指导性，即通过对竣工决算与概算、预算的对比分析，考核投资控制的工作成效，总结经验教训，积累技术经济方面的基础资料，提高未来建设工程的投资效益。另外还是业主核定各类新增资产价值和办理其交付使用的依据。

3. 竣工决算与竣工结算的区别

（1）编制单位。竣工决算由建设单位的财务部门负责编制；竣工结算由施工单位的预算部门负责编制。

（2）反映内容。竣工决算是建设项目从开始筹建到竣工交付使用为止所发生的全部建设费用；竣工结算是承包方承包施工的建筑安装工程的全部费用。

（3）性质。竣工决算反映建设单位工程的投资效益；竣工结算反映施工单位完成的施工产值。

（4）作用。竣工决算是业主办理交付、验收、各类新增资产的依据，是竣工报告的

重要组成部分；竣工结算是施工单位与业主办理工程价款结算的依据，是编制竣工决算的重要资料。

竣工决算的内容

6.2.2　竣工决算的内容

建设项目竣工决算应包括从筹集到竣工投产全过程的全部实际费用，即包括建筑工程费、安装工程费、设备及工器具费及预备费等费用。根据财政部、国家发改委和住房城乡建设部的有关文件规定，竣工决算由竣工财务决算说明书、竣工财务决算报表、工程竣工图、工程造价比较分析四部分组成。前两个部分又称之为建设项目竣工财务决算，是竣工决算的核心部分。

1. 竣工财务决算说明书

有时也称为竣工决算报告情况说明书。在说明书中主要反映竣工工程建设成果，是竣工财务决算的组成部分，主要包括以下内容。

（1）建设项目概况。从工程进度、质量、安全、造价和施工等方面进行分析和说明。

（2）资金来源及运用的财务分析。包括工程价款结算、会计账务处理、财产物资情况以及债权债务的清偿情况。

（3）建设收入、资金结余以及结余资金的分配处理情况。

（4）主要技术经济指标的分析、计算情况。

（5）建设项目管理及决算中存在的问题，并提出建议。

（6）决算与概算的差异和原因分析。

（7）需要说明的其他事项。

应用案例 6-3

单项选择：下列不属于建设项目竣工决算报告情况说明书内容的是（　　）。

A. 新增生产能力效益分析　　　　B. 债权债务的清偿情况分析

C. 工程价款结算情况分析　　　　D. 主要实物工程量分析

答案：D

【案例解析】 本题的关键是要基于对竣工决算概念的理解。

2. 竣工财务决算报表

根据财政部印发的有关规定和通知，建设项目竣工财务决算报表应按大、中型建设项目和小型项目分别编制，大中型建设项目是指经营性项目投资额在 5000 万元以上，非经营性项目投资额在 3000 万元以上的建设项目，在上述标准之下的为小型项目。报表结构如图 6.2 所示。

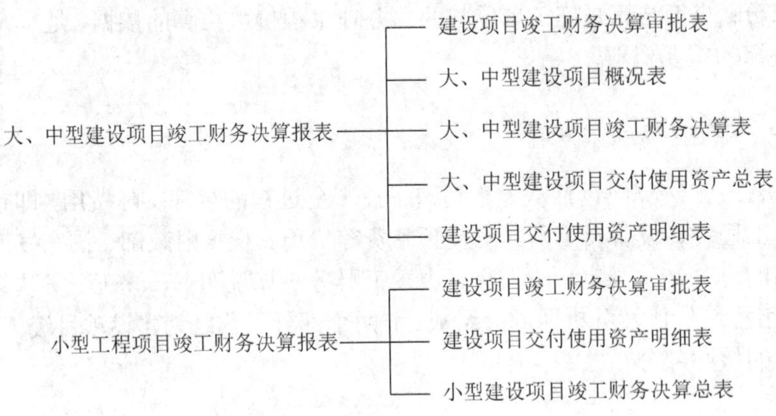

图 6.2　竣工财务决算报表结构图

1）建设项目竣工财务决算审批表（表 6.2）

该表作为竣工决算上报有关部门审批时使用，其格式按中央及小型项目审批要求设计，地方级项目可按审批要求做适当修改，大、中、小型项目均要按照下列要求填报此表。

表 6.2　建设项目竣工财务决算审批表

<table>
<tr><td>项目法人（建设单位）</td><td></td><td>建设性质</td><td></td></tr>
<tr><td>工程名称</td><td></td><td>主管部门</td><td></td></tr>
<tr><td colspan="4">开户银行意见：

（盖章）
年　　月　　日</td></tr>
<tr><td colspan="4">专员办审批意见：

（盖章）
年　　月　　日</td></tr>
<tr><td colspan="4">主管部门或地方财政部门意见：

（盖章）
年　　月　　日</td></tr>
</table>

① 表中“建设性质”按照新建、改建、扩建、迁建和恢复建设项目等分类填写。

② 表中“主管部门”是指建设单位主管部门。

③ 所有建设项目均需经过建设银行签署意见后，按照有关要求进行报批：中央级小型项目由主管部门签署审批意见；中央大中型建设项目报所在地财政监察专员办事机构签署意见后报财政部审批；地方级项目由同级财政部门签署审批意见。

④ 已具备竣工验收条件的项目，三个月内应及时填报审批表，如三个月内不办理竣工验收和固定资产移交手续的视同项目已正式投产，其费用不得从基本建设投资中支付，所实现的收入作为经营收入，不再作为基本建设管理。

2）大、中型建设项目概况表（表 6.3）

该表综合反映大、中型项目的基本概况，内容包括项目总投资、建设起止时间、新增生产能力、主要材料消耗、建设成本、完成主要工程量和主要技术经济指标，为全面考核和分析投资效果提供依据。

表 6.3　大、中型建设项目概况表

<table>
<tr><td>建设项目
（单项工程）
名称</td><td colspan="2"></td><td>建设
地址</td><td colspan="2"></td><td rowspan="9">基
本
建
设
支
出</td><td>项目</td><td>概算
（元）</td><td>实际
（元）</td><td>备注</td></tr>
<tr><td rowspan="2">主要
设计单位</td><td colspan="2" rowspan="2"></td><td rowspan="2">主要施工
企业</td><td colspan="2" rowspan="2"></td><td>建筑安装
工程投资</td><td></td><td></td><td></td></tr>
<tr><td>设备、
工具、器具</td><td></td><td></td><td></td></tr>
<tr><td rowspan="2">占地面积</td><td>设计</td><td>实际</td><td rowspan="2">总投资
（万元）</td><td>设计</td><td>实际</td><td>待摊投资</td><td></td><td></td><td></td></tr>
<tr><td></td><td></td><td></td><td></td><td>其中：
建设单位
管理费</td><td></td><td></td><td></td></tr>
<tr><td rowspan="2">新增
生产能力</td><td colspan="3">能力（效益）名称</td><td>设计</td><td>实际</td><td>其他投资</td><td></td><td></td><td></td></tr>
<tr><td colspan="3"></td><td></td><td></td><td>待核销
基建支出</td><td></td><td></td><td></td></tr>
<tr><td rowspan="2">建设
起止时间</td><td>设
计</td><td colspan="4">从　年　月开工至　年　月竣工</td><td>非经营性项目转
出投资</td><td></td><td></td><td></td></tr>
<tr><td>实
际</td><td colspan="4">从　年　月开工至　年　月竣工</td><td>合计</td><td></td><td></td><td></td></tr>
<tr><td>设计概算
批准文号</td><td colspan="10"></td></tr>
<tr><td rowspan="3">完成主要
工程量</td><td colspan="5">建设规模</td><td colspan="5">设备（台、套、吨）</td></tr>
<tr><td colspan="3">设计</td><td colspan="2">实际</td><td colspan="3">设计</td><td colspan="2">实际</td></tr>
<tr><td colspan="3"></td><td colspan="2"></td><td colspan="3"></td><td colspan="2"></td></tr>
<tr><td rowspan="2">收尾工程</td><td colspan="3">建设项目</td><td colspan="2">已完成投资额</td><td colspan="3">尚需投资额</td><td colspan="2">完成时间</td></tr>
<tr><td colspan="3"></td><td colspan="2"></td><td colspan="3"></td><td colspan="2"></td></tr>
</table>

（1）建设项目名称、建设地址、主要设计单位和主要承包人，要按全称填写。

（2）表中各项目的设计、概算、计划等指标，根据批准的设计文件和概算、计划等确定的数字填写。

（3）表中所列新增生产能力、主要完成工程量、主要材料消耗的实际数据，根据建设单位统计资料和承包人提供的有关成本核算资料填写。

（4）表中基建支出是指建设项目从开工起到竣工为止发生的全部基本建设支出，包括形成资产价值的交付使用资产，如固定资产、流动资产、无形资产、其他资产支出，还包括不形成资产价值按照规定应核销的非经营项目的待核销基建支出和转出投资。上述支出，应根据财政部门历年批准的“基建投资表”中的有关数据填列。按照财政部印发财基字［1998］4号“关于基本建设财务管理若干规定的通知”，需要注意以下几点：

① 建筑安装工程投资支出、设备工器具投资支出、待摊投资支出和其他投资支出构成建设项目的建设成本。

② 待核销基建支出是指非经营性项目发生的江河清障、补助群众造林、水土保持、城市绿化、取消项目可行性研究费、项目报废等不能形成资产部分的投资。对于能够形成资产部分的投资，应计入交付使用资产价值。

③ 非经营性项目转出投资支出指非经营项目为项目配套的专用设施投资，包括专用道路、专用通信设施、送变电站、地下管道等。其资产不属于本单位的投资支出，对于产权属于本单位的，应计入交付使用资产价值。

④ 表中“设计概算批准文号”，按最后批准的日期和文件号填写。

⑤ 表中收尾工程指全部建设项目验收后尚遗留的少收尾工程，在表中应明确填写收尾工程内容、完成时间、这部分工程的实际成本，可根据实际情况进行估算并加以说明，完工后不再编制竣工决算。

3）大、中型建设项目竣工财务决算表（表6.4）

财务竣工决算表示竣工财务决算表的一种，大、中型建设项目竣工财务决算表是用来反映建设项目的全部资金来源和资金占用情况，是考核和分析投资效果的依据。该表反映的大中型项目从开工到竣工为止全部资金来源和资金运用的情况。它是考核与分析投资效果，落实节余资金，并作为报告上级核销基本建设支出和基本建设拨款的依据。在编制该表前，应先编制出项目竣工年度财务决算，根据编制的竣工年度财务决算和历年财务决算编制项目的竣工财务决算。此表采用平衡表形式，即资金来源合计等于资金支出合计。

表6.4　大、中型建设项目竣工财务决算表

资金来源	金额	资金占用	金额	补充资料
一、基建拨款		一、基本建设支出		
1．预算拨款		1．交付使用资产		
2．基建基金拨款		2．在建工程		1．基建投资借款期末余额
其中：国债专项资金拨款		3．待核销基建支出		
3．专项建设基金拨款		4．非经营性项目转出投资		
4．进口设备转账拨款		二、应收生产单位投资借款		
5．器材转账拨款		三、拨付所属投资借款		
6．煤代油专用基金拨款		四、器材		2．应收生产单位投资借款期末数
7．自筹资金拨款		其中：待处理器材损失		
8．其他拨款		五、货币资金		
二、项目资本金		六、预付及应收款		
1．国家资本		七、有价证券		3．基建结余资金
2．法人资本		八、固定资产		
3．个人资本		固定资产原价		

续表

资金来源	金额	资金占用	金额	补充资料
三、项目资本公积金		减：累计折旧		
四、基建借款		固定资产净值		
其中：国债转贷		固定资产清理		
五、上级拨入投资借款		待处理固定资产损失		
六、企业债券资金				
七、待冲基建支出				
八、应付款				
九、未交款				
1. 未交税金				
2. 其他未交款				
十、上级拨入资金				
十一、留成收入				
合计		合计		

（1）资金来源包括基建拨款、项目资本金、项目资本公积金、基建借款、上级拨入投资借款、企业债券资金、代冲基建支出、应付款和未交款以及上级拨入资金和企业留成收入。

① 项目资本金是指经营性项目投资者按国家有关项目资本金的规定，筹集并投入项目的非负债资金，在项目竣工后，相应转为生产企业的国家资本金、法人资本金、个人资本金和外商资本金。

② 项目资本公积金是指经营性项目对投资者实际缴付的出资额超过其资金的差额（包括发行股票的溢价净收入）、资产评估确认价或者合同协议约定价值与原账面净值的差额、接受捐赠的财产、资本汇率折算差额，在项目建设期间作为资本公积金、项目建成交付使用并办理竣工决算后，转为生产经营企业的资本公积金。

③ 基建收入是基建过程中形成的各项工程建设副产品变价净收入、负荷试车的试运行收入以及其他收入，在表中基建收入以实际销售收入扣除销售过程中发生的费用和税后的实际纯收入填写。

（2）表中“交付使用资产”、“预算拨款”、“自筹资金拨款”、“其他拨款”、“项目资产”、“基建投资借款”、“其他借款”等项目，是指自开工建设至竣工的累计数，上述有关指标应根据历年批复的年度基本建设财务决算和竣工年度的基本建设财务决算中资金平衡表相应项目的数字进行汇总填写。

（3）表中其余项目费用办理竣工验收时的结余数，根据竣工年度财务决算中资金平衡表的有关项目期末数填写。

（4）资金支出反映建设项目从开工准备到竣工全过程资金支出的情况，内容包括基建支出、应收生产单位投资借款、库存器材、货币资金、有价证券和预付及应收款以及拨付所属投资借款和库存固定资产等，资金支出总额应等于资金来源总额。

（5）基建结余资产可以按下式计算：

基建结余资金=基建拨款+项目资本+项目资金公积金+基建投资借款+企业债券基金+待冲基建支出-基本建设支出-应收生产单位投资借款 （6.1）

应用案例 6-4

单项选择：编制大中型建设项目竣工财务决算报表时，下列属于资金占用的项目是(　　)。

A. 待冲基建支出　　B. 应付款　　C. 预付及应收款　　D. 未交款

答案：C

【案例解析】 建设项目竣工财务决算表中的资金占用项目是反映建设项目从开工准备到竣工全过程资金支出的情况。

4）大、中型建设项目交付使用资产总表（表 6.5）

该表反映建设项目建成后新增固定资产、流动资产、无形资产和其他资产价值的情况和价值，作为财产交接、检查投资计划完成情况和分析投资效果的依据。小型项目不编制“交付使用资产总表”，直接编制“交付使用资产明细表”。大、中型项目在编制“交付使用资产总表”的同时，还需编制“交付使用资产明细表”。

表 6.5　大、中型建设项目交付使用资产总表

单位：元

序号	单项工程名称	总计	固定资产				流动资产	无形资产	其他资产
			合计	建安工程	设备	其他			

交付单位：　　负责人：　　接收单位：　　负责人：

盖 章　　年 月 日　　盖 章　　年 月 日

（1）表中各栏目数据根据“交付使用明细表”的固定资产、流动资产、无形资产、其他资产的各相应项目的汇总数分别填写，表中总计栏的总数应与竣工财务决算表中的交付使用资产的金额一致。

（2）表中第 3 栏、第 4 栏、第 8、9、10 栏的合计数，应分别与竣工财务决算表交付使用的固定资产、流动资产、无形资产、其他资产的数据相符。

5）建设项目交付使用资产明细表（表 6.6）

该表反映交付使用的固定资产、流动资产、无形资产和其他资产及其价值的明细情况，是办理资产交接和接收单位登记资产账目的依据，是使用单位建立资产明细表和登记新增资产价值的依据。大、中型和小型建设项目均需编制此表。编制是要做到齐全完整，数字准据，各栏目价值应与会计账目中相应科目的数据保持一致。

表 6.6　建设项目交付使用资产总表

<table>
<tr><td>单项工程名称</td><td colspan="3">建筑工程</td><td colspan="5">设备、工具、器具、家具</td><td colspan="2">流动资产</td><td colspan="2">无形资产</td><td colspan="2">其他资产</td></tr>
<tr><td>结构</td><td>面积（m^2）</td><td>价值（元）</td><td>名称</td><td>规格型号</td><td>单位</td><td>数量</td><td>价值（元）</td><td>设备安装费（元）</td><td>名称</td><td>价值（元）</td><td>名称</td><td>价值（元）</td><td>名称</td><td>价值（元）</td></tr>
<tr><td></td><td></td><td></td><td></td><td></td><td></td><td></td><td></td><td></td><td></td><td></td><td></td><td></td><td></td><td></td></tr>
<tr><td></td><td></td><td></td><td></td><td></td><td></td><td></td><td></td><td></td><td></td><td></td><td></td><td></td><td></td><td></td></tr>
<tr><td></td><td></td><td></td><td></td><td></td><td></td><td></td><td></td><td></td><td></td><td></td><td></td><td></td><td></td><td></td></tr>
<tr><td></td><td></td><td></td><td></td><td></td><td></td><td></td><td></td><td></td><td></td><td></td><td></td><td></td><td></td><td></td></tr>
</table>

（1）表中“建筑工程”项目应按单项工程名称填列其结构、面积和价值。其中“结构”是指项目按钢结构、钢筋混凝土结构、混合结构等结构形式填写；面积则按各项目实际完成面积填列；价值按交付使用资产的实际价值填写。

（2）表中“固定资产”部分要在逐项盘点后，根据盘点实际情况填写，工具、器具和家具等低值易耗品可以填写。

（3）表中“固定资产”、“无形资产”、“其他资产”项目应根据建设单位实际交付的名称和价值分别填写。

6）小型建设项目竣工财务决算总表（表 6.7）

由于小型建设项目内容比较简单，因此可将工程概况与财务情况合并编制一张“竣工财务决算总表”，该表主要反映小型建设项目的全部工程财务情况。具体编制时间可参照大、中型建设项目概况表指标和大、中型建设项目竣工财务决算表相应指标内容填写。

表 6.7　小型建设项目竣工财务决算总表

<table>
<tr><td>建设项目名称</td><td colspan="3"></td><td colspan="2">建设地址</td><td colspan="2"></td><td colspan="2">资金来源</td><td colspan="2">资金运用</td></tr>
<tr><td rowspan="2">初步设计概算批准文号</td><td colspan="7" rowspan="2"></td><td>项目</td><td>金额（元）</td><td>项目</td><td>金额（元）</td></tr>
<tr><td>一、基建拨款
其中：预算拨款</td><td></td><td>一、交付使用资产</td><td></td></tr>
<tr><td rowspan="3">占地面积</td><td>计划</td><td>实际</td><td rowspan="3">总投资（万元）</td><td colspan="2">计划</td><td colspan="2">实际</td><td></td><td></td><td>二、待核销基建支出</td><td></td></tr>
<tr><td rowspan="2"></td><td rowspan="2"></td><td>固定资产</td><td>流动资金</td><td>固定资产</td><td>流动资金</td><td>二、项目资本</td><td></td><td rowspan="2">三、非经营项目转出投资</td><td rowspan="2"></td></tr>
<tr><td></td><td></td><td></td><td></td><td>三、项目资本公积</td><td></td></tr>
<tr><td rowspan="2">新增生产能力</td><td colspan="3">能力（效益）名称</td><td colspan="2">设计</td><td colspan="2">实际</td><td>四、基建借款</td><td></td><td rowspan="2">四、应收生产单位投资借款</td><td rowspan="2"></td></tr>
<tr><td colspan="3"></td><td colspan="2"></td><td colspan="2"></td><td>五、上级拨入借款</td><td></td></tr>
<tr><td rowspan="2">建设起止时间</td><td>计划</td><td colspan="6">从　年　月开工
至　年　月竣工</td><td>六、企业债券资金</td><td></td><td>五、拨付所属投资借款</td><td></td></tr>
<tr><td>实际</td><td colspan="6">从　年　月开工
至　年　月竣工</td><td>七、待冲基建支出</td><td></td><td>六、器材</td><td></td></tr>
</table>

续表

	项目	概算（元）	实际（元）				
				八、应付款		七、货币资金	
基建支出	建筑安装工程			九、未付款 其中： 未交基建收入 未交包干收入		八、预付及应收款	
	设备　工具　器具					九、有价证券	
	待摊投资 其中：建设单位管理费					十、原有固定资产	
				十、上级拨入资金			
	其他投资			十一、留成收入			
	待核销基建支出						
	非经营性项目转出投资						
	合计			合计		合计	

3. 建设工程竣工图

建设工程竣工图是真实地反映各种地上地下建筑物、构筑物等情况的技术文件，是工程进行交工验收、维护改建和扩建的依据。国家规定对于各项新建、扩建、改建的基本建设工程，特别是基础、地下建筑、管线、结构、港口、水坝、桥梁、井巷以及设备安装等隐蔽部位，都应该绘制详细的竣工平面示意图。为了提供真实可靠的资料，在施工过程中应做好这些隐蔽工程检查记录，整理好设计变更文件。具体要求有以下几方面：

（1）凡按图竣工未发生变动的，由施工单位在原施工图上加盖“竣工图”标志后，作为竣工图。

（2）凡在施工过程中，虽有一般性设计变更，但能将原施工图加以修改补充作为竣工图的，由施工单位负责在原施工图上注明修改部分，并附以设计变更通知和施工说明，加盖“竣工图”标志后作为竣工图。

（3）凡结构形式发生改变、施工工艺发生改变、平面布置发生改变、项目发生改变等重大变化，不宜在原施工图上修改、补充时，应按不同责任分别由不同责任单位组织重新绘制竣工图，施工单位负责在新图上加盖“竣工图”标志，并附以有关记录和说明，作为竣工图。

（4）为了满足竣工验收和竣工决算需要，还应绘制反映竣工工程全部内容的工程设计平面示意图。

（5）重大的改建、扩建工程项目涉及原有的工程项目变更时，应将相关项目的竣工图资料统一整理归档，并在原图案卷内增补必要的说明一起归档。

4. 工程造价比较分析

工程造价比较应侧重主要实物工程量、主要材料消耗量以及建设单位管理费、建筑安装工程其他直接费、现场经费和间接费等方面的分析。对比整个项目的总概算，然后再将设备及工器具购置费、建筑安装工程费和工程建设其他费用逐一与竣工决算财务表中所提供的实际数据和经批准的概算、预算指标、实际的工程造价进行比较分析，以确

定建设项目总造价是节约还是超支。

竣工决算的编制

6.2.3 竣工决算的编制

1. 竣工决算的编制依据

（1）经批准的可行性研究报告、投资估算书、初步设计或扩大初步设计、修正总概算、施工图设计以及施工图预算等文件。

（2）设计交底或图纸会审纪要。

（3）招投标标底价格、承包合同、工程结算等有关资料。

（4）施工记录、施工签证单及其他在施工过程中的有关费用记录。

（5）竣工平面示意图、竣工验收资料。

（6）历年基本建设计划、历年财务决算及批复文件。

（7）设备、材料调价文件和调价记录。

（8）有关财务制度及其他相关资料。

2. 竣工决算的编制步骤

根据财政部有关的通知要求，竣工决算的编制包括以下几步：

（1）收集、分析、整理有关原始资料。

（2）对照、核实工程变动情况，重新核实各单位工程、单项工程工程造价。

（3）如实反映项目建设有关成本费用。

（4）编制建设工程竣工财务决算说明书。

（5）编制建设工程竣工财务决算报表。

（6）做好工程造价对比分析。

（7）整理、装订好竣工工程平面示意图。

（8）上报主管部门审查、批准、存档。

竣工决算的审核

6.2.4 竣工决算的审核

1. 竣工决算的审核内容

（1）检查所编制的竣工结算是否符合建设项目实施程序，是否有未经审批立项，未经可行性研究、初步设计等环节而自行建设的项目编制竣工工程决算的问题；

（2）检查竣工决算编制方法的可靠性，有无造成交付使用的固定资产价值不实的问题；

（3）检查有无将不具备竣工决算编制条件的建设项目提前或强行编制竣工决算的情况；

（4）检查竣工工程概况表中的各项投资支出，并分别与设计概算数相比较，分析节约或超支的情况；

（5）检查交付使用资产明细表，将各项资产的实际支出与设计概算数进行比较，以确定各项资产的节约或超支数额；

（6）分析投资支出偏离设计概算的主要原因；

（7）检查建设项目结余资金及剩余设备材料等物资的真实性和处置情况，包括：检查建设项目工程物资盘存表，核实库存设备、专用材料账是否相符，检查建设项目现金结余的真实性，检查应收、应付款项的真实性，关注是否按合同规定预留了承包商在工程质量保证期间的保证金。

2. 竣工决算报表编审要点

建设项目竣工决算应能综合反映该工程从筹建到工程竣工投产（或使用）全过程中的各项资金实际运用情况、建设成果及全部建设费用。审计人员应审核其真实性、完整性。

1）审核竣工决算报告说明书

主要审核其内容是否完整和真实。

（1）对工程总的评价。

从工程的进度、质量、安全和造价四个方面进行分析说明。

① 进度主要说明开工和竣工日期，对照合同工期是提前还是延期。

② 质量根据启动验收委员会或相当一级质量监督部门的验收情况评定等级以及合格率和优良品率。

③ 安全根据劳动工资和施工部门的记录，对有无设备和人身事故进行说明。

④ 造价应对照概算，说明节约还是超支，用金额和百分率进行分析说明。

（2）审核各项财务和技术经济指标的分析是否真实。

① 概算执行情况分析说明工程的造价控制情况，如出现超概算，需详细说明原因。

② 新增生产能力的效益分析说明交付使用财务占总投资额的比例、不增加固定资产的造价占投资总数的比例，分析有机构成和成果。

③ 基本建设投资包干情况的分析说明投资包干数、实际使用数和节约额以及投资包干结余的构成和包干结余的分配情况。

④ 财务分析列出历年资金来源和资金占用情况。

2）工程竣工决算比较分析

由于竣工决算是综合反映竣工建设项目或单项工程的建设成果和财务情况的总结性文件，所以在竣工决算书中必须对控制工程造价所采取的措施、效果及其动态的变化情况进行认真的比较分析，从而总结经验教训，供以后项目参考。

在实际工作中主要应从以下四个方面入手进行比较分析：

① 工程变更、价差与索赔；

② 主要实物工程量；

③ 主要材料消耗量；

④ 考核建设工单位管理费。

课题 6.3　新增资产价值的确定

建设工程竣工投产运营后，建设期内支出的投资，按照国家财务制度和企业会计准则和税法的规定，形成相应的资产。按性质这些新增资产可分为固定资产、流动资产、无形资产和其他资产四类。

1. 新增固定资产

新增固定资产

固定资产是指使用期限超过一年，并且在使用过程中保持原有实物形态的资产，如房屋、建筑物、机械、运输工具等。

1）新增固定资产价值的构成

新增固定资产价值是建设项目竣工投产后所增加的固定资产的价值，它是以价值形态表示的固定资产投资最终成果的综合性指标；是投资项目竣工投产后所增加的固定资产价值，即交付使用的固定资产价值。

新增固定资产价值的内容包括：

（1）已经投入生产或者交付使用的建筑安装工程价值，主要包括建筑工程费、安装工程费。

（2）达到固定资产使用标准的设备、工具及器具的购置费用。

（3）预备费，主要包括基本预备费和涨价预备费。

（4）增加固定资产价值的其他费用，主要包括建设单位管理费、研究试验费、设计勘察费、工程监理费、联合试运转费、引进技术和进口设备的其他费用等。

（5）新增固定资产建设期间的融资费用，主要包括建设期利息和其他相关融资费用。

2）新增固定资产价值的计算

新增固定资产价值的确定是以能够独立发挥生产能力的单项工程为对象，当某单项工程建成，经有关部门验收合格并正式交付使用或生产时，即可确认新增固定资产价值。新增固定资产价值的确定原则如下：一次交付生产或使用的单项工程，应一次计算确定新增固定资产价值；分期分批交付生产或使用的单项工程，应分期分批计算确定新增固定资产价值。

在确定新增固定资产价值时要注意以下几种情况。

（1）对于为了提高产品质量、改善劳动条件、节约材料消耗、保护环境等建设的附属辅助工程，只要全部建成，正式验收合格并交付使用后，也作为新增固定资产确认其价值。

（2）对于单项工程中虽不能构成生产系统，但可以独立发挥效益的非生产性项目，例如职工住宅、职工食堂、幼儿园、医务所等生活服务网点，在建成、验收合格并交付使用后，应确认为新增固定资产并计算资产价值。

（3）凡购置并达到固定资产使用标准，不需要安装的设备、工具、器具，应在交付使用后确认新增固定资产价值，凡购置并达到固定资产使用标准，需要安装的设备、工具、器具，在安装完毕交付使用后应确认新增固定资产价值。

（4）属于新增固定资产价值的其他投资，应随同收益工程交付使用时一并计入。

（5）交付使用资产的成本，按下列内容确定。

① 房屋建筑物、管道、线路等固定资产的成本包括建筑工程成本和应由各项工程分摊的待摊费用。

② 生产设备和动力设备等固定资产的成本包括需要安装设备的采购成本（即设备的买价和支付的相关税费）、安装工程成本、设备基础支柱等建筑工程成本或砌筑锅炉及各种特殊炉的建筑工程成本、应由各设备分摊的待摊费用。

③ 运输设备及其他不需要安装的设备、工具、器具等固定资产一般仅计算采购成本，不包括待摊费用。

（6）共同费用的分摊方法。新增固定资产的其他费用，如果是属于整个建设项目或两个以上单项工程的，在计算新增固定资产价值时，应在各单项工程中按比例分摊。一般情况下，建设单位管理费按建筑工程、安装工程、需要安装设备价值占价值总额的一定比例分摊，而土地征用费、地质勘察和建筑工程设计费等费用则按建筑工程造价分摊，生产工艺流程系统设计费按安装工程造价比例分摊。

应用案例 6-5

单项选择：某工业建设项目及其动力车间有关数据见表 6.8，则应分摊到动力车间固定资产价值中的土地征用费和设计费合计为（　　）万元。

表 6.8　某工业建设项目及其动力车间竣工决算数据　　单位：万元

项目名称	建筑工程	安装工程	需安装设备	土地征用费	设计费
建设项目竣工决算	3000	800	1200	200	90
动力车间竣工决算	400	110	240		

A. 35.26　　B. 38.67　　C. 41.12　　D. 43.50

答案：B

【案例解析】 本题考查新增固定资产价值的确定，考核的关键是计算过程。建设单位管理费按建筑工程、安装工程、需安装设备价值总额按比例分摊，而土地征用费、勘察设计费等费用则按建筑工程造价分摊。计算过程如下：应分摊的土地征用费及设计费 =(400/3000)×(200+90)=38.67 万元。

2. 新增无形资产

新增无形资产

无形资产是指企业拥有或者控制的没有实物形态的可辨认的非货币性资产。我国作为评估对象的无形资产通常包括专利权、非专利技术、生产许可证、特许经营权、租赁权、土地使用权、矿产资源勘探权和采矿权、商标权、版权、计算机软件及商誉等。

1）无形资产的计价原则

（1）投资者以无形资产作为资本金或者合作条件投入时，按评估确认或合同协议约定的金额计价。

（2）购入的无形资产，按照实际支付的价款计价。

（3）企业自创并依法申请取得的，按开发过程中的实际支出计价。

（4）企业接受捐赠的无形资产，按照发票账单所载金额或者同类无形资产市场价作价。

（5）无形资产计价入账后，应在其有效使用期内分期摊销，即企业为无形资产支出的费用应在无形资产的有效期内得到及时补偿。

2）无形资产的计价方法

（1）专利权的计价。专利权分为自创和外购两类。自创专利权的价值为开发过程中的实际支出，主要包括专利的研制成本和交易成本。研制成本包括直接成本和间接成本，直接成本是指研制过程中直接投入发生的费用，主要包括材料费用、工资费用、专用设备费、资料费、咨询鉴定费、协作费、培训费和差旅费等；间接成本是指与研制开发有关的费用，主要包括管理费、非专用设备折旧费、应分摊的公共费用及能源费用。交易成本是指在交易过程中的费用支出，主要包括技术服务费、交易过程中的差旅费及管理费、手续费及税金。由于专利权是具有独占性并能带来超额利润的生产要素，因此，专利权转让价格不按成本估价，而是按照其所能带来的超额收益计价。

（2）非专利技术的计价。非专利技术具有使用价值和价值，使用价值是非专利技术本身应具有的，非专利技术的价值在于非专利技术的使用所能产生的超额获利能力，应在研究分析其直接和间接的获利能力的基础上，准确计算出其价值。如果非专利技术是自创的，一般不作为无形资产入账，自创过程中发生的费用，按当期费用处理。对于外购非专利技术，应由法定评估机构确认后再进行估价，其方法往往通过能产生的收益采用收益法进行估价。

（3）商标权的计价。如果商标权是自创的，一般不作为无形资产入账，而将商标设计、制作、注册、广告宣传等发生的费用直接作为销售费用计入当期损益。只有当企业购入或转让商标时，才需要对商标权计价。商标权的计价一般根据被许可方新增的收益确定。

（4）土地使用权的计价。根据取得土地使用权的方式不同，土地使用权可有以下几种计价方式：当建设单位向土地管理部门申请土地使用权并为之支付一笔出让金时，土地使用权作为无形资产核算；当建设单位获得土地使用权是通过行政划拨的，这时土地使用权就不能作为无形资产核算；在将土地使用权有偿转让、出租、抵押、作价入股和投资，按规定补交土地出让价款时，才作为无形资产核算。

应用案例 6-6

单项选择：关于新增无形资产价值的确定与计价，下列说法中正确的是（　　）。

A. 企业接受捐赠的无形资产，按开发中的实际支出计价

B. 专利权转让价格按成本估计进行

C. 自创非专利技术在自创中发生的费用按当期费用处理

D. 行政划拨的土地使用权作为无形资产核算

答案：C

【案例解析】 如果专有技术是自创的，一般不作为无形资产入账，自创过程中发生的费用，按当期费用处理。

新增流动资产

3. 新增流动资产

流动资产是指可以在一年或者超过一年的一个营业周期内变现或者运用的资产，包括现金、各种存款、其他货币资金、短期投资、存货、应收及预付账款以及其他流动资产等。

新增流动资产应按下列规定确定：

（1）货币性资金。货币性资金是指现金、各种银行存款及其他货币资金。其中：现金是指企业的库存现金，包括企业内部各部门用于周转使用的备用金；各种存款是指企业的各种不同类型的银行存款；其他货币资金是指除现金和银行存款以外的其他货币资金，根据实际入账价值核定。

（2）应收及预付款项。应收账款是指企业因销售商品、提供劳务等应向购货单位或受益单位收取的款项；预付款项是指企业按照购货合同预付给供货单位的购货订金或部分货款。应收及预付款项包括应收票据、应收款项、其他应收款、预付货款和待摊费用。一般情况下，应收及预付款项按企业销售商品、产品或提供劳务时的实际成交金额入账核算。

（3）短期投资包括股票、债券、基金。股票和债券根据是否可以上市流通分别采用市场法和收益法确定其价值。

（4）存货。存货是指企业的库存材料、在产品、产成品等。各种存货应当按照取得时的实际成本计价。存货的形成，主要有外购和自制两个途径。外购的存货，按照买价加运输费、装卸费、保险费、途中合理损耗、入库前加工整理及挑选费用以及缴纳的税金等计价；自制的存货，按照制造过程中的各项实际支出计价。

新增其他资产

4. 新增其他资产

其他资产是指具有专门用途，但不参加生产经营的经国家批准的特种物资，银行冻结存款和冻结物资、涉及诉讼的财产等。

其他资产不能全部计入当年损益，应当在以后年度分期摊销的各种费用，包括开办费、租入固定资产改良支出等。

（1）开办费的计价。开办费筹建期间建设单位管理费中未计入固定资产的其他各项费用，如建设单位经费，包括筹建期间工作人员工资、办公费、差旅费、印刷费、生产职工培训费、样品样机购置费、农业开荒费、注册登记费等以及不计入固定资产和无形资产购建成本的汇兑损益、利息支出。按照新财务制度规定，除了筹建期间不计入资产

价值的汇兑净损失外，开办费从企业开始生产经营月份的次月起，按照不短于 5 年的期限平均摊入管理费用中。

（2）租入固定资产改良支出的计价。租入固定资产改良支出是企业从其他单位或个人租入的同定资产，所有权属于出租人，但企业依合同享有使用权。通常双方在协议中规定，租入企业应按照规定的用途使用，并承担对租入固定资产进行修理和改良的责任，即发生的修理和改良支出全部由承租方负担。对租入固定资产的大修理支出，不构成固定资产价值，其会计处理与自有固定资产的大修理支出无区别。对租入固定资产实施改良，因有助于提高固定资产的效用和功能，应当另外确认为一项资产。由于租入固定资产的所有权不属于租入企业，不宜增加租入固定资产的价值而作为递延资产处理。租入固定资产改良及大修理支出应当在租赁期内分期平均摊销。

课题 6.4　质量保证金的处理

6.4.1　缺陷责任期的概念和期限

1. 缺陷责任期与保修期的概念区别

质量保证金

（1）缺陷责任期。缺陷责任期是指承包人对已交付使用的合同工程承担合同约定的缺陷修复责任的期限，其实质上就是指预留质保金（即保证金）的一个期限，具体可由发承包双方在合同中约定。

（2）保修期。保修期是发承包双方在工程质量保修书中约定的期限。保修期自实际竣工日期起计算。保修的期限应当按照保证建筑物合理寿命期内正常使用，依照维护使用者合法权益的原则确定。按照《建设工程质量管理条例》的规定，保修期限如下：

① 地基基础工程和主体结构工程，为设计文件规定的该工程的合理使用年限。

② 屋面防水工程、有防水要求的卫生间、房间和外墙面的防渗漏为 5 年。

③ 供热与供冷系统为 2 个采暖期和供热期。

④ 电气管线、给排水管道、设备安装和装修工程为 2 年。

2. 缺陷责任期的期限

缺陷责任期一般为 6 个月、12 个月或 24 个月，具体可由发承包双方在合同中约定。

缺陷责任期从工程通过竣（交）工验收之日起计。由于承包人原因导致工程无法按规定期限进行竣（交）工验收的，缺陷责任期从实际通过竣（交）工验收之日起计。由于发包人原因导致工程无法按规定期限进行竣（交）工验收的。在承包人提交竣（交）工验收报告 90 天后，工程自动进入缺陷责任期。

3. 缺陷责任期内的维修及费用承担

1）保修责任

缺陷责任期内，属于保修范围、内容的项目，承包人应当在接到保修通知之日起 7 天内派人保修。发生紧急抢修事故的，承包人在接到事故通知后，应当立即到达事故现场抢修。对于涉及结构安全的质量问题，应当按照《房屋建筑工程质量保修办法》的规定，立即向当地建设行政主管部门报告，采取安全防范措施；由原设计单位或者由相应资质等级的设计单位提出保修方案，承包人实施保修。质量保修完成后，由发包人组织验收。

2）费用承担

由他人及不可抗力原因造成的缺陷，发包人负责维修，承包人不承担费用，且发包人不得从保证金中扣除费用。如发包人委托承包人维修的，发包人应该支付相应的维修费用。

发承包双方就缺陷责任有争议时，可以请有资质的单位进行鉴定，责任方承担鉴定费用并承担维修费用。

缺陷责任期内，由承包人原因造成的缺陷，承包人应负责维修，并承担鉴定及维修费用。如承包人不维修也不承担费用，发包人可按合同约定扣除保留金，并由承包人承担违约责任。承包人维修并承担相应费用后，不免除对工程的一般损失赔偿责任。

缺陷责任期的起算日期必须以工程的实际竣工日期为准，与之相对应的工程照管义务期的计算时间是以业主签发的工程接收证书起。对于有一个以上交工日期的工程，缺陷责任期应分别从各自不同的交工日期算起。

由于承包人原因造成某项缺陷或损坏使某项工程或工程设备不能按原定目标使用而需要再次检查、检验和修复的，发包人有权要求承包人相应延长缺陷责任期，但缺陷责任期最长不超过 2 年。

应用案例 6-7

多项选择：关于责任缺陷期内的工程维修及费用承担，下列说法中正确的是(　　)。

A. 由于勘查、设计的原因造成的质量缺陷，由建设单位承担经济责任

B. 由于建设单位采购的材料、设备质量不合格引起的质量缺陷，由建设单位承担经济责任

C. 由于不可抗力或者其他自然灾害造成的质量问题和损失，由建设单位和施工单位共同承担

D. 由于业主或使用人在项目竣工验收后使用不当造成的质量问题，由设计单位承担经济责任

E. 由于施工单位未按施工质量验收规范、设计文件要求组织施工而造成的质量问题，由施工单位承担经济责任

答案：B E

【案例解析】 工程维修及费用承担要根据不同的情况区别对待。

6.4.2 质量保证金的使用及返还

1. 质量保证金的含义

建设工程质量保证金（以下简称保证金）是指发包人与承包人在建设工程承包合同

中约定，从应付的工程款中预留，用以保证承包人在缺陷责任期（即质量保修期）内对建设工程出现的缺陷进行维修的资金。缺陷是指建设工程质量不符合工程建设强制标准、设计文件，以及承包合同的约定。

2. 质量保证金预留及管理

（1）质量保证金的预留。发包人应按照合同约定的质量保证金比例从结算款中扣留质量保证金。全部或者部分使用政府投资的建设项目，按工程价款结算总额 5%左右的比例预留保证金，社会投资项目采用预留保证金方式的，预留保证金的比例可以参照执行。发包人与承包人应该在合同中约定保证金的预留方式及预留比例，建设工程竣工结算后，发包人应按照合同约定及时向承包人支付工程结算价款并预留保证金。

（2）质量保证金的管理。缺陷责任期内，实行国库集中支付的政府投资项目，保证金的管理应按国库集中支付的有关规定执行。其他政府投资项目，保证金可以预留在财政部门或发包方。缺陷责任期内，如发包方被撤销，保证金随交付使用资产一并移交使用单位，由使用单位代行发包人职责。

社会投资项目采用预留保证金方式的，发承包双方可以约定将保证金交由金融机构托管；采用工程质量保证担保、工程质量保险等其他方式的，发包人不得再预留保证金，并按照有关规定执行。

（3）质量保证金的使用。承包人未按照合同约定履行属于自身责任的工程缺陷修复义务的，发包人有权从质量保证金中扣留用于缺陷修复的各项支出。若经查验，工程缺陷属于发包人原因造成的，应由发包人承担查验和缺陷修复的费用。

3. 质量保证金的返还

在合同约定的缺陷责任期终止后的 14 天内，发包人应将剩余的质量保证金返还给承包人。剩余质量保证金的返还，并不能免除承包人按照合同约定应承担的质量保修责任和应履行的质量保修义务。

应用案例 6-8

单项选择：关于质量保证金的使用及返还，下列说法中正确的是（　　）。

A. 不实行国库集中支付的政府投资项目，保证金可以预留在财政部门

B. 采用工程质量保证担保的，发包人仍可预留 5%的保证金

C. 非承包人责任的缺陷，承包人仍有缺陷修复的义务

D. 缺陷责任期终止后 28 天内，发包人应将剩余的质量保证金连同利息返还给承包人

答案：A

【案例解析】 缺陷责任期内，实行国库集中支付的政府投资项目，保证金的管理应按国库集中支付的有关规定执行。

单 元 小 结

本单元利用 4 个课题简述了建设项目竣工阶段工程造价控制需掌握的内容。在竣工验收课题中介绍了竣工验收的含义、范围与条件、依据与标准、验收的内容、方式、组织与程序；在建设项目竣工决算课题中详细介绍了竣工决算的概念、编制内容、竣工决算的编制和审核；在新增固定资产的确定课题中详细介绍了固定资产、无形资产、流动资产、其他资产等四种资产的确定方法；在质量保证金部分详细介绍了质量责任缺陷期和保修期中发承包人的责任划分以及保证金的处理等问题。在学习时要着重掌握基本概念的理解。

综合应用案例

【综合应用案例 6-1】

【背景】

某建设项目办理竣工结算交付使用后，办理竣工决算。实际总投资为 50000 万元。其中建筑安装工程费 30000 万元；设备购置费 4500 万元；工器具购置费 200 万元；建设单位管理费及勘察设计费 1200 万元；土地使用权出让金 1600 万元；开办费及劳动培训费 1000 万元；专利开发费 1600 万元；库存材料 150 万元。

【问题】

按资产性质分类并计算新增固定资产、无形资产、流动资产、其他资产的价值。

【案例解析】

（1）固定资产主要包括：达到固定资产使用标准的设备购置费、建安工程造价、其他费用。

固定资产价值=30000+4500+200+1200=35900（万元）

（2）无形资产主要包括：专利、商标权、土地使用权。

无形资产价值=1600+1600=3200（万元）

（3）流动资产主要包括：货币、各类应收款项、各种存货。

流动资产价值=150（万元）

（4）其他资产主要包括：开办费及劳动培训费。

其他资产价值=1000（万元）

【综合应用案例 6-2】

【背景】

某大、中型建设项目 2009 年开工建设，2010 年底有关财务核算资料如下：

（1）已经完成部分单项工程，经验收合格后，已经交付使用的资产包括：

① 固定资产价值 32550 万元，其中房屋、建筑物价值 12200 万元，折旧年限为 40 年；机器设备价值 20350 万元，折旧年限 12 年。

② 为生产准备的使用期限在一年以内的备品备件、工具、器具等流动资产价值 800 万元；期限一年以上的，单位价值在 800 到 1500 万元的工具 60 万元。

③ 建造期间购置的专利权、非专利技术等无形资产 12000 万元，摊销期 5 年。

④ 筹建期间发生的开办费 80 万元。

（2）基本建设支出的项目包括：

建筑安装工程支出 25400 万元。设备工器具投资 18700 万元。建设单位管理费、勘察设计费等待摊投资 500 万元。通过出让方式购置的土地使用权形成的其他投资 230 万元。

（3）非经营项目发生待核销基建支出 60 万元。

（4）应收生产单位投资借款 1500 万元。

（5）购置需要安装的器材 50 万元，其中待处理器材 20 万元。

（6）货币资金 600 万元。

（7）预付工程款及应收有偿调出器材款 20 万元。

（8）建设单位自用的固定资产原值 43200 万元，累计折旧 5800 万元。

反映在“资金平衡表”上的各类资金来源的期末余额是：

（9）预算拨款 70000 万元。

（10）自筹资金拨款 40000 万元。

（11）其他拨款 320 万元。

（12）建设单位向商业银行借入的借款 10000 万元。

（13）建设单位当年完成交付生产单位使用的资产价值中，250 万元属于利用投资借 1 亿元款形式形成的待冲基建支出。

（14）应付器材销售商 20 万元贷款和尚未支付的应付工程款 120 万元。

（15）未交税金 40 万元。

（16）其余为法人资本金。

【问题】

1. 计算交付使用资产与在建工程有关数据，并将其填写在表 6.9 中。

表 6.9　交付使用资产与在建工程数据表（万元）

资金项目	金额	资金项目	金额
一、交付使用资产		二、在建工程	
1. 固定资产		1. 建筑安转工程投资	
2. 流动资产		2. 设备投资	
3. 无形资产		3. 待摊投资	
4. 递延资产		4. 其他投资	

2. 编制大、中型建设项目竣工财务决算表。

3．计算基本建设结余资金。

【案例解析】

问题1，交付使用资产与在建工有关数据见表6.10。

表6.10　交付使用资产与在建工程数据表（万元）

资金项目	金额	资金项目	金额
一、交付使用资产	51490	二、在建工程	44830
1．固定资产	32550	1．建筑安转工程投资	25400
2．流动资产	6860	2．设备投资	18700
3．无形资产	12000	3．待摊投资	500
4．递延资产	80	4．其他投资	230

问题2，大、中型建设项目竣工财务决算表见表6.11。

表6.11　大、中型建设项目竣工财务决算表

建设项目名称：××建设项目　　　　单位：万元

<table>
<tr><th>资金来源</th><th>金额</th><th>资金占用</th><th>金额</th><th>补充资料</th></tr>
<tr><td>一、基建拨款</td><td>110320</td><td>一、基本建设支出</td><td>96380</td><td rowspan="5">1．基建投资借款期末余额</td></tr>
<tr><td>1．预算拨款</td><td>70000</td><td>1．交付使用资产</td><td>51490</td></tr>
<tr><td>2．基建基金拨款</td><td></td><td>2．在建工程</td><td>44830</td></tr>
<tr><td>其中：国债专项资金拨款</td><td></td><td>3．待核销基建支出</td><td>60</td></tr>
<tr><td>3．专项建设基金拨款</td><td></td><td>4．非经营性项目转出投资</td><td></td></tr>
<tr><td>4．进口设备转账拨款</td><td></td><td>二、应收生产单位投资借款</td><td>1500</td><td rowspan="5">2．应收生产单位投资借款期末数</td></tr>
<tr><td>5．器材转账拨款</td><td></td><td>三、拨付所属投资借款</td><td></td></tr>
<tr><td>6．煤代油专用基金拨款</td><td></td><td>四、器材</td><td>50</td></tr>
<tr><td>7．自筹资金拨款</td><td>40000</td><td>其中：待处理器材损失</td><td>20</td></tr>
<tr><td>8．其他拨款</td><td>320</td><td>五、货币资金</td><td>600</td></tr>
<tr><td>二、项目资本金</td><td>15200</td><td>六、预付及应收款</td><td>20</td><td rowspan="3">3．基建结余资金</td></tr>
<tr><td>1．国家资本</td><td></td><td>七、有价证券</td><td></td></tr>
<tr><td>2．法人资本</td><td>15200</td><td>八、固定资产</td><td>37400</td></tr>
<tr><td>3．个人资本</td><td></td><td>固定资产原价</td><td>43200</td><td></td></tr>
<tr><td>三、项目资本公积金</td><td></td><td>减：累计折旧</td><td>5800</td><td></td></tr>
<tr><td>四、基建借款</td><td>10000</td><td>固定资产净值</td><td>37400</td><td></td></tr>
<tr><td>其中：国债转贷</td><td></td><td>固定资产清理</td><td></td><td></td></tr>
<tr><td>五、上级拨入投资借款</td><td></td><td>待处理固定资产损失</td><td></td><td></td></tr>
<tr><td>六、企业债券资金</td><td></td><td></td><td></td><td></td></tr>
<tr><td>七、待冲基建支出</td><td>250</td><td></td><td></td><td></td></tr>
<tr><td>八、应付款</td><td>140</td><td></td><td></td><td></td></tr>
<tr><td>九、未交款</td><td>40</td><td></td><td></td><td></td></tr>
<tr><td>1．未交税金</td><td>40</td><td></td><td></td><td></td></tr>
<tr><td>2．其他未交款</td><td></td><td></td><td></td><td></td></tr>
</table>

续表

资金来源	金额	资金占用	金额	补充资料
十、上级拨入资金				
十一、留成收入				
合计	135950	合计	135950	

问题3，基建结余资金=基建拨款+项目资本+项目资金公积金+基建投资借款+企业债券基金+待冲基建支出-基本建设支出-应收生产单位投资借款=110320+15200+10000+250-96380-1500 =37890（万元）

单元考核题

一、单选题

1．关于竣工验收的说法中，正确的是（　　）。

A．凡新建、扩建、改建项目，建成后都必须及时组织验收，但政府投资项目可不办理固定资产移交手续

B．通常所说的“动用验收”是指单项工程验收

C．能够发挥独立生产能力的单项工程，可根据建成顺序，分期分批组织竣工验收

D．竣工验收后或有剩余的零星工程和少数尾工应按保修项目处理

2．建设项目竣工验收方式中，又称交工验收的是（　　）。

A．分部工程验收　　B．单位工程验收

C．单项工程验收　　D．工程整体验收

3．大中型和限额以上建设项目及技术改造项目，工程整体验收的组织单位可以是（　　）。

A．监理单位　B．业主单位　C．使用单位　D．国家发改委

4．建设项目全部建成，经过各单项工程的验收符合设计要求，并具备竣工图表、竣工决算、工程总结等必要文件资料，向负责验收的单位提出竣工验收申请报告的是（　　）。

A．设计单位　B．发包单位　C．监理单位　D．施工单位

5．单项工程验收合格后，共同签署“交工验收证书”的责任主体是（　　）。

A．发包人和承包人　　B．发包人和监理人

C．发包人和主管部门　　D．承包人和监理人

6．完整的竣工决算所包含的内容是（　　）。

A．竣工财务决算说明书、竣工财务决算报表、工程竣工图、工程竣工造价对比分析

B．竣工财务决算报表、竣工决算、工程竣工图、工程竣工造价对比分析

C．竣工财务决算说明书、竣工决算、竣工验收报告、工程竣工造价对比分析

D．竣工财务决算报表、工程竣工图、工程竣工造价对比分析

7．竣工决算文件中，真实记录各种地上、地下建筑物、构筑物、特别是基础、地下管线以及设备安装等隐蔽部分的技术文件是（　　）。

A．总平面图　　B．竣工图　　C．施工图　　D．交付使用资产明细表

8．用来反映大、中型建设项目全部资金来源和资金占用情况的竣工决算报表是（　　）。

A．建设项目竣工财务决算审批表　　B．建设项目概况表

C．建设项目竣工财务决算表　　D．建设项目交付使用资产总表

9．根据无形资产计价规定，下列内容中，一般作为无形资产入账的是（　　）。

A．自创专利权　　B．自创非专利技术

C．自创商标　　D．划拨土地使用权

10．根据国务院《建设工程质量管理条例》的有关规定，对于有防水要求的卫生间的防渗漏保修期限为（　　）年。

A．建设工程的合理使用年限　　B．2 年

C．5 年　　D．按双方协商的年限

二、多选题

1．竣工决算是建设工程经济效益的全面反映，具体包括（　　）。

A．竣工财务决算报表　　B．工程造价比较分析

C．建设项目竣工结算　　D．竣工工程平面示意图

E．竣工财务决算说明书

2．大、中型建设项目竣工决算报表包括（　　）。

A．建设项目概况表　　B．建设项目竣工财务决算表

C．竣工财务决算总表　　D．建设项目交付使用财产总表

E．建设项目交付使用财产明细表

3．小型建设项目竣工财务决算报表由（　　）构成。

A．建设项目交付使用资产总表　　B．建设项目进度结算表

C．建设项目竣工财务决算审批表　　D．建设项目交付使用资产明细表

E．建设项目竣工财务决算总表

4．建设项目建成后形成的新增资产按性质可划分为（　　）。

A．著作权　　B．无形资产

C．固定资产　　D．流动资产

E．其他资产

5．关于新增固定资产价值的确定，下列说法中正确的有（　　）。

A．新增固定资产价值是以独立发挥生产能力的单项工程为对象计算的

B．分期分批交付的工程，应在最后一期（批）交付时一次性计算新增固定资产价值

C．凡购置的达到固定资产标准不需安装的设备，应计入新增固定资产价值

D．运输设备等固定资产，仅计算采购成本，不计分摊的“待摊投资”

E．建设单位管理费按建筑工程、安装工程以及不需安装设备价值总额按比例分摊

6．根据我国《建设工程质量管理条例》规定，下列关于保修期限的表述，正确的是（　　）。

A．屋面防水工程的防渗漏为5年　　B．给排水管道工程为2年

C．供热系统为2年　　D．电气管线工程为2年

三、简答题

1．简述建设项目竣工验收的方式与程序。

2．简述建设工程竣工决算与工程竣工结算的区别。

3．简述建设项目竣工决算的编制方法。

4．试述新增资产价值的确定方法。

5．试述工程质量保证金的预留及管理方法。

四、案例分析题

1．某工程竣工交付使用后，经有关部门审计实际投资为50800万元，分别为：设备购置费4500万元；建安工程费35000万元；工器具购置费300万元；土地使用权出让金4000万元；企业开办费2500万元；专利技术开发及申报登记费650万元，垫支的流动资金3900万元。经项目可行性研究结果预计，项目交付使用后年营业收入为31000万元，年总成本为24000万元，年销售税金及附加950万元。

根据以上所给资料按照资产性质划分项目的新增资产类型并分别计算新增资产的价值。

2．某建设单位拟编制某工业生产项目的竣工决算。该项目包括A、B两个主要生产车间和C、D、E、F四个辅助生产车间及若干办公、生活建筑物。在建设期，各单项工程竣工决算数据见表6.12。工程建设其他投资情况如下：支付行政划拨土地的土地征用及迁移费500万元，支付土地使用权出让金700万元，建设单位管理费400万元（其中300万元构成固定资产），勘察设计费340万元，专利费70万元，非专利技术30万元，获得商标权90万元，生产职工培训费50万元。

表6.12　某工业生产项目的竣工决算相关数据

单位：万元

项目名称	建筑工程	安装工程	需安装设备	不需安装设备	生产工器具	
					总额	达到固定资产标准
A生产车间	1800	380	1600	300	130	80
B生产车间	1500	350	1200	240	100	60

续表

项目名称	建筑工程	安装工程	需安装设备	不需安装设备	生产工器具	
					总额	达到固定资产标准
辅助生产车间	2000	230	800	160	90	50
附属建筑	700	40		20		
合计	6000	1000	3600	720	320	190

根据以上资料试确定A生产车间的新增固定资产价值；试确定该建设项目的固定资产、流动资产、无形资产和其他资产价值。

主要参考文献

鲍学英. 2014. 工程造价管理［M］. 2版. 北京：中国铁道出版社.

国家发展改革委，原建设部. 2006. 建设项目经济评价方法与参数［M］. 3版. 北京：中国计划出版社.

马永军. 2009. 工程造价控制［M］. 北京：机械工业出版社.

全国一级建造师执业资格考试用书编写委员会. 2011. 建设工程经济［M］. 北京：中国建筑工业出版社.

全国造价工程师执业资格考试培训教材编审委员会. 2014. 建设工程计价［M］(2014年修订). 北京：中国计划出版社.

全国造价工程师执业资格考试培训教材编审委员会. 2014. 建设工程造价案例分析［M］(2014年修订). 北京：中国计划出版社.

全国造价工程师执业资格考试培训教材编审委员会. 2014. 建设工程造价管理（2014 年修订）［M］. 北京：中国计划出版社.

天津理工大学造价工程师培训中心. 2011. 工程造价案例分析（2011版）［M］. 北京：中国建筑工业出版社.

天津理工大学造价工程师培训中心. 2011. 工程造价计价与控制（2011版）［M］. 北京：中国建筑工业出版社.

徐锡权，刘永坤. 2012. 工程造价管理［M］. 北京：北京大学出版社.

张凌云. 2015. 工程造价控制［M］. 3版. 北京：中国建筑工业出版社.

中国建设工程造价管理协会. 2007. 建设项目设计概算编审规程（CECA/GC 2—2007）［S］. 北京：中国计划出版社.

中国建设工程造价管理协会. 2007. 建设项目投资估算编审规程（CECA/GC 1—2007）［S］. 北京：中国计划出版社.

中国建设工程造价管理协会. 2009. 建设项目全过程造价咨询规程（CECA/GC 4—2009）［S］. 北京：中国计划出版社.

中国建设工程造价管理协会. 2010. 建设项目工程结算编审规程（CECA/GC 3—2010）［S］. 北京：中国计划出版社.

中国建设工程造价管理协会. 2010. 建设项目施工图预算编审规程（CECA/GC 5—2010）［S］. 北京：中国计划出版社.

中国建设工程造价管理协会. 2011. 建设工程招标控制价编审规程（CECA/GC 6—2011）［S］. 北京：中国计划出版社.

中国建设监理协会. 2011. 建设工程投资控制［M］. 北京：知识产权出版社.

中华人民共和国住房和城乡建设部. 2013. 房屋建筑与装饰工程工程量计算规范（GB 50854—2013）［S］. 北京：中国计划出版社.

中华人民共和国住房和城乡建设部. 2013. 建设工程工程量清单计价规范（GB 50500—2013）［S］. 北京：中国计划出版社.

周和生，尹贻林. 2008. 建设项目全过程造价管理［M］. 天津：天津大学出版社.